数据结构及其
C语言实现

李少辉　郑志华　刘　丽　王　皓◎主编

- 化繁为简　把抽象的问题具体化
- 图文并茂　以图形、表格为全新的视角描述问题
- 主线分明　以认知顺序为主线，循序渐进
- 结构严谨　提出问题，分析问题，解决问题

北京邮电大学出版社
www.buptpress.com

内 容 简 介

　　本书共分 9 章,包括数据结构基础、线性表、栈和队列、串、数组与广义表、树、图、查找、内部排序。本书以每种数据元素的数据描述、数据元素之间的关系、对该数据元素的主要操作、C 语言实现为主线进行编写,每一章都设置了大量的习题,方便读者对所学内容的掌握。该书结构清晰、易教易学、实例丰富、可操作性强、注重能力,对在学习过程中常见的重点和难点进行立体、详细的讲解,以帮助读者更好地掌握数据结构的基本知识。

　　本书适合作为高等院校计算机及相关专业本、专科学生教材,也适合数据结构的初学者研读和考研复习之用,还可作为从事计算机软件开发和应用研究人员的参考书。

图书在版编目(CIP)数据

数据结构及其 C 语言实现 / 李少辉等主编 . -- 北京:北京邮电大学出版社,2015.1
ISBN 978-7-5635-4272-7

Ⅰ. ①数… Ⅱ. ①李… Ⅲ. ①数据结构-高等学校-教材②C 语言-程序设计-高等学校-教材 Ⅳ. ①TP311.12②TP312

中国版本图书馆 CIP 数据核字(2014)第 304426 号

书　　名	:	数据结构及其 C 语言实现
主　　编	:	李少辉　郑志华　刘　丽　王　皓
责任编辑	:	刘春棠
出版发行	:	北京邮电大学出版社
社　　址	:	北京市海淀区西土城路 10 号　(邮编:100876)
发 行 部	:	电话:010-62282185　传真:010-62283578
E-mail	:	publish@bupt.edu.cn
经　　销	:	各地新华书店
印　　刷	:	北京鑫丰华彩印有限公司
开　　本	:	787 mm×1 092 mm　1/16
印　　张	:	17
字　　数	:	443 千字
印　　数	:	1—3 000 册
版　　次	:	2015 年 1 月第 1 版　2015 年 1 月第 1 次印刷

ISBN 978-7-5635-4272-7　　　　　　　　　　　　　　　　定　价:35.00 元

· 如有印装质量问题,请与北京邮电大学出版社发行部联系 ·

前　　言

"数据结构"课程是计算机科学与技术、计算机通信及相关专业的专业基础课,是我国计算机教学中较早形成和完善的一门专业基础课程,也是计算机课程体系中的核心课程之一。通过这门课程的学习,学生能够掌握执行速度快、占用空间少、可靠性高、可读性好的程序的编写方法与技巧,在面对一个具体应用问题时,能选择最佳的逻辑结构、存储结构及实现算法,并能使用时间、空间复杂度来正确地评价算法。

多年来,在数据结构方面出版了许多很好的教材,这些教材一般都各有特色并在各高校的计算机教学中发挥了重要的作用。随着计算机技术的飞速发展,程序设计方法及软件开发技术也出现了重大的发展及变革,这对各专业课程的教材更新提出了新的要求。为了适应程序设计方法的变革,我们编写了本书。本书讲解时始终贯穿由浅入深、易于理解的宗旨,对于重要和复杂的概念,讲述时配有例题进行示范,并使用 C 语言实现了关键的算法;在文字表达上力求简练清楚、概念清晰、通俗易懂;实现的算法具体,易于调试;描述的数据结构和算法结构清晰、可读性高、符合软件工程的规范,学生的学习过程也就是复杂程序的设计过程。本书的算法使用类 C 语言进行描述,配有相关的解释,以帮助读者理解。

本书共分 9 章,包括数据结构基础、线性表、栈和队列、串、数组与广义表、树、图、查找、内部排序。本书以每种数据元素的数据描述、数据元素之间的关系、对该数据元素的主要操作、C 语言实现为主线进行编写,每一章都设置了大量的习题,方便读者对所学内容的掌握。该书结构清晰、易教易学、实例丰富、可操作性强、注重能力,对在学习过程中常见的重点和难点进行立体、详细的讲解,以帮助读者更好地掌握数据结构的基本知识。

本书以培养、提高学生的基本专业素质及综合应用能力为目标,注重体现以下特色。

1. 简易性。采用深入浅出的讲解方法,对于重要的、比较难的知识点,采用不同的角度进行讲解,力求简单易懂。采用的问题解决方案也具有较好的可靠性、可维护性和可复用性。

2. 实用性。在本教材中设置了大量的习题,每一节中的习题可以帮助学生更好地理解该节中的知识点;每一章中的习题有助于学生课后进行练习、巩固。

3. 适应性。在本教材中对每一种数据类型都有比较规范的表述过程,对每一种算法都有比较规范统一的说明步骤,对算法的含义、参数与功能、工作变量说明、处理过程都进行明确的说明,并通过图示、文字注释、实例的执行过程等多种方式来帮助学生理解算法,提高学生的计算机思维能力。

在本课程学习结束时,希望学生能够彻底地理解数据类型及其不同数据类型的有关算法,并通过算法解决实际遇到的问题,为将来考研提供帮助,或为成为一名真正的程序员打下良好的基础。

本书第 1 章、第 2 章由李少辉编写,第 3~5 章由刘丽编写,第 6 章、第 7 章由郑志华编写,第 8 章、第 9 章由王皓编写,最后由李少辉进行统稿。

由于本书在总体策划及实现方法都做了一些新的尝试,加之作者水平有限,书中难免存在缺点与疏漏,敬请读者及同行批评指正。

目　　录

第1章　数据结构基础

本章内容提要：

　　数据结构的基本概念、常用术语，数据结构发展的历史以及数据结构在计算机科学中的地位，数据结构描述语言，抽象数据类型（ADT），数据的存储结构，算法描述、分析及其复杂度问题。

　　当今社会被称为信息社会，在信息社会中，信息、知识成为重要的生产力要素，和物质、能量一起构成社会赖以生存的三大资源。信息的符号化被称为数据，是进行各种统计、计算、科学研究或技术设计等所依据的数值。有用的信息是对数据进行加工处理后得到的结果。现在社会已经进入大数据（big data）时代，指的是所涉及的信息量规模巨大到无法通过目前主流软件工具，在合理时间内达到撷取、管理、处理并整理成为帮助经营决策更积极目的的资讯。哈佛大学的社会学教授加里·金称："这是一场革命，庞大的数据资源使得各个领域开始了量化进程，无论学术界、商界还是政府，所有领域都将开始这种进程。"随着大数据应用的爆发性增长，它已经衍生出了自己独特的架构，而且也直接推动了存储、网络以及计算技术的发展。毕竟处理大数据这种特殊的需求是一个新的挑战。硬件的发展最终还是由软件需求推动的，我们很明显地看到大数据分析应用需求正在影响着数据存储基础设施的发展。随着结构化数据和非结构化数据量的持续增长以及分析数据来源的多样化，此前存储系统的设计已经无法满足大数据应用的需要，因此应该探寻新的数据结构以适应这些新的要求。

　　计算机是处理信息的机器。数据结构不仅研究这些信息的数学性质，也关心如何在计算机中有效地存储和处理这些信息。随着计算机信息量的增加、信息范围的拓宽和信息结构复杂化的加深，为了编写出高质量的程序，还必须分析这些信息的特征以及它们之间存在的关系。程序设计的实质就是为确定的问题选择一种适当的数据结构并设计一个好的算法。

　　本章介绍数据结构的基本概念与基本术语。要求熟练掌握这些概念和术语，为后续章节的学习与理解打下基础。

1.1　数据结构的基本概念

1.1.1　数据结构的产生和发展

　　数据结构是随着电子计算机的产生和发展而发展起来的一门计算机学科。最近20年来，电子计算机技术飞速发展，这不仅体现在计算机本身运算速度的不断提高、信息存储量日益扩大，而且更重要的是其应用范围的扩展。早期的电子计算机主要用于科学计算，所处理的对象

1

是纯数值性的信息。这类问题解题的算法比较复杂，但数据量较少，结构也简单，因此早期是以研究程序及所描述的算法为中心。目前，计算机已广泛地应用于情报检索、事务管理、系统工程等领域。与此相应，计算机加工处理的对象也从简单的纯数值性信息发展到文字、数字、图形、图像、音频、视频等各种复杂的、具有一定结构的数据。人们称前者为数值问题，而后者为非数值问题。非数值问题要求用复杂的数据结构来描述系统的状态，它们的运算是实现对数据结构的访问或修改。当前要设计出效率高、可靠性强的非数值程序，程序设计人员不但要掌握一般的程序设计技巧，而且还必须研究计算机程序加工的对象，即研究各种数据的特性以及数据之间的关系，这就促进了数据结构这一学科的发展。然而，数据必须在计算机中进行处理，因此不仅要考虑数据本身的数学性质，还必须考虑数据在计算机内的存储方式和相应的运算，从而扩大了数据结构研究的范围。随着数据库系统、情报检索系统的不断发展，在数据结构的技术中又增加了文件结构，特别是增加了大型文件的组织和树、图的知识，使得数据结构逐步成为一门比较完整的学科。"数据结构"是计算机各专业及其相关专业本、专科生必修的核心课程，是研究计算机程序设计的重要理论和技术的专业基础课程。

1.1.2　数据结构的基本概念

计算机的算法与数据结构密切相关，即每一个算法无不依赖于具体的数据结构，而数据结构直接影响着算法的选择和算法的效率。数据结构还必须给出适用于每种结构类型所定义的各种运算。所以，数据结构是一门研究程序设计中计算机操作的对象以及它们之间的关系和运算的一门学科。

数据结构是指数据以及数据相互之间的关系，可以看作是相互之间存在的某种特定关系的数据元素的集合，因此可以把数据结构看成是带结构的数据元素的集合。

1.1.3　常用术语

1. 数据（data）

计算机中的数据是广义的，包括日常生活中使用的数字、字符、字符串、表、文件、声音、图形、图像等。数据是人们利用文字符号、数字符号以及其他规定的符号对现实世界的事物及其活动所作的抽象描述，是对客观事物的符号表示。在计算机科学中其含义是指所有能够输入到计算机中并被计算机程序处理的符号集合，信息的符号化被称为数据。它是计算机处理信息的某种特定的符号表示形式。计算机解决问题的实质是对数据进行加工处理。

2. 数据元素（data element）

数据元素是数据集合中的一个实体，是计算机程序中加工处理的基本单位。在计算机程序中通常作为一个整体来考虑和处理。每个数据元素可以由若干个数据项组成，数据项的取值范围通常称为域（field）。例如，学生信息管理系统中，每个学生的情况（一条记录）为一个数据元素，而其中的学号、姓名、性别、年龄等信息分别称为数据项，年龄的取值范围只能是 $0\sim$ 120 岁，超出范围就会报错，这被称为数据的有效性，也被称为域。**数据项就是数据中不可再分割的最小单位**。数据元素在不同的数据结构里也被称为结点（node）、顶点（vertex）和记录（record）等。另外，**数据元素是数据（集合）中的一个"个体"，是数据的基本单位**。

3. 数据对象（data object）

数据对象是性质相同的数据元素的集合。它是数据的一个子集。数据对象可以是有限的,也可以是无限的。

4. 数据结构(data structure)

同一数据对象中的数据不是孤立的,而是彼此相关的,是相互之间存在一种或多种特定关系的数据元素的集合。数据结构研究的是数据元素之间抽象化的相互关系和这种关系在计算机中的存储表示。可以根据每种结构定义各自的运算,设计出相应的算法。数据结构与数据对象不同,在描述一种数据结构时,不但要描述数据对象,还要描述数据元素之间的相互关系。

5. 数据类型(data type)

数据类型是程序设计语言中各变量可取的种类。各种程序设计语言不仅规定了每种类型变量的取值范围,而且还规定了该类型变量能执行的运算。有些语言允许由内部类型构造出新的数据类型。可以把数据类型看作是程序设计语言中已经实现的数据结构。数据结构是在程序设计语言的基础上由用户建立起来的,它依靠语言提供的数据类型来描述数据的逻辑结构,也依靠语言提供的各种设施来定义、描述运算及其算法。这些运算按实际问题的需要由用户自己定义,而不是由语言系统事先规定。因此,数据类型和数据结构的主要区别是:前者面向系统,后者面向对象,是高一层的数据抽象。如果程序设计语言提供有抽象数据类型设施,则二者可以统一起来。

6. 抽象数据类型(abstract data type)

抽象数据类型是指一个数学模型以及定义在该模型上的一组操作。抽象数据类型的定义仅仅取决于它的一组逻辑特性,而与它在计算机内的表示和实现无关,即不论其内部结构如何变化,只要它的数学特性不变,就不会影响其外部的使用。在面向对象的程序设计(object oriented programming)技术中,数据和对数据的操作是融合在一起的。一般借助"对象"来描述抽象数据类型,一旦定义了一个对象,就可使用对象的名字来说明变量,调用其中的操作,从而实现信息的隐蔽和封装。抽象数据类型可以通过高级语言中已有的数据类型来表示和实现。数据结构的选择首先会从抽象数据类型的选择开始。

1.2 数据结构的研究对象

数据结构研究的内容可以包含以下三个方面。

1. 数据的逻辑结构(logical structure)

数据的逻辑结构主要用于描述数据元素之间的逻辑关系,是用户按使用需要建立起来,并呈现在用户面前的数据元素的结构形式。数据结构中所说的"关系"实际上是指数据元素之间的逻辑关系。根据**数据元素**之间的**关系**,有以下四类基本的结构。

(1)集合(元素之间无密切关系,如稀疏矩阵)。

(2)线性结构(元素之间有一对一的关系(1∶1),如线性表)。

(3)树形结构(元素之间有一对多(1∶n)的关系,如二叉树)。

(4)图状结构或网状结构(元素之间有多对多($n∶m$)的关系)。

其中数据元素之间的关系如图 1-1 所示。

线性表、堆栈、队列、串都可认为是线性结构,树和二叉树都是树形结构,而图则属于图状结构。也可以说,**数据元素之间的关系分为线性和非线性两类。**

2. 数据的存储结构

数据元素及其关系在计算机中的存储方式，即数据的存储结构，也称为数据的物理结构（physical structure），是指数据在计算机内实际的存储形式。常见的数据存储结构包括顺序存储结构、链式存储结构、索引存储结构、哈希存储结构（也叫散列存储结构）。每种数据结构都可通过映像的方式得到相应的存储结构。常用的映像方式有两种：顺序映像和非顺序映像。由此，可得出两种不同的最常用的存储结构：顺序存储结构和链式存储结构。

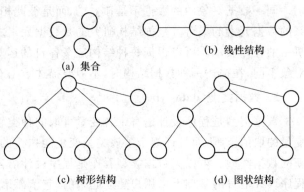

图 1-1　数据元素之间的关系

（1）顺序存储结构（相当于 C 语言中的数组）：借助于数据元素的相对存储位置来表示数据元素之间的逻辑结构，把数据元素存储在一段连续的存储单元里，结点之间的关系由存储单元的关系来直接或间接反映。其主要特点如下。

① 结点中只有自身信息域，没有连接信息域，因此存储密度大（存储密度＝信息域字节数/结点总字节数），存储空间利用率高。

② 存储空间是连续的，可以通过计算直接确定数据结构中任意一个结点的存储地址。

（2）链式存储结构（相当于 C 语言中的指针）：借助指示元素地址的指针来指示逻辑上相邻的数据元素在存储器中的物理位置，因此可以把逻辑上相邻的两个元素存放在物理上不相邻的存储单元中。其主要特点如下。

① 结构中除自身信息外，还有表示连接信息的指针域，因此比顺序存储结构的存储密度小，存储空间利用率低。

② 存储空间可以是不连续的，因而更适合动态数据的管理。

通常把数据的逻辑结构简称为数据结构，将数据的物理结构称为存储结构。人们也常常用哈希和索引方式映像，从而可得到哈希存储结构和索引存储结构。与孤立的数据元素表示形式不同，数据结构中的数据元素不但要表示其本身的实际内容，还要表示清楚数据元素之间的逻辑结构。

3. 数据运算

施加在该数据结构上的操作，即数据运算。操作算法主要包括查找、插入、删除、修改（更新）、排序等。

在计算机科学或信息科学中，数据结构是计算机中存储、组织数据的方式。通常情况下，精心选择的数据结构可以带来最优效率的算法。

1.3　抽象数据类型

1.3.1　抽象数据类型的基本概念

抽象数据类型就是一个数学模型以及定义在该模型上的一组操作。作用是可以使我们更容易描述现实世界。例如,用线性表描述学生成绩表,用树或图描述遗传关系。使用它的人可以只关心它的逻辑特征,不需要了解它的存储方式。定义它的人同样不必要关心它如何存储。

抽象数据类型主要采用三元组表示:(D,R,P),其中 D 是数据对象,R 是 D 上的关系集,P 是对 D 的基本操作集。

定义格式为:

```
ADT 抽象数据类型名{
数据对象:<数据对象的定义>
数据关系:<数据关系的定义>
基本操作:<基本操作的定义>
}ADT 抽象数据类型名
```

1.3.2　抽象数据类型的 C 语言实现

基本要求:利用抽象数据类型设计并实现一个可进行复数运算的演示程序。

要求:由输入的实部和虚部生成一个复数;从已知复数中分离出实部和虚部;对复数进行四则混合运算。

【解析】

抽象数据类型在 C 语言中可以使用结构体实现,具体的定义描述如下。

数据对象:由结构体类型定义一个复数 cpxNum。

数据关系:(1) 两个操作数 real 和 imag 具有序偶关系,real 表示实部,imag 表示虚部。

(2) 定义 c1、c2 两个复数,分别用 c1. real 和 c1. imag 表示 c1 的实部和虚部。

基本操作:(1) CreatComplexNumber (cpxNum ＊c,double a,double b)

操作结果:构造两个复数。

(2) cplus(cpxNum ＊c,cpxNum c1,cpxNum c2)

操作结果:实现两个复数加法,并输出结果。

(3) cminus(cpxNum ＊c,cpxNum c1,cpxNum c2)

操作结果:实现两个复数减法,并输出结果。

(4) cmultiply(cpxNum ＊c,cpxNum c1,cpxNum c2)

操作结果:实现两个复数乘法,并输出结果。

(5) cdivide(cpxNum ＊c,cpxNum c1,cpxNum c2)

操作结果:实现两个复数除法,并输出结果。

【C 语言实现】

```
# include <stdio. h>
# include <math. h>

//定义复数类型的存储结构
typedef struct {
double real; //复数的实部
double imag; //复数的虚部
}cpxNum; //定义结构体类型 cpxNum 表示"复数"

/＊用 double a, double b 初始化复数 c＊/
void CreateComplexNumber(cpxNum ＊c,double a,double b)
```

```c
{
    c->real = a;
    c->imag = b;
}

/* 实现两个复数 c1,c2 的加法,和作为结果输出 */
void cplus(cpxNum * c,cpxNum c1,cpxNum c2)
{
    c->real = c1.real + c2.real;
    c->imag = c1.imag + c2.imag;

printf("\n 数据和为: %3.2f% +3.2fi\n", c->real,c->imag);
}

/* 实现两个复数 c1,c2 的减法,差作为结果输出 */
void cminus(cpxNum * c,cpxNum c1,cpxNum c2)
{
    c->real = c1.real - c2.real;
    c->imag = c1.imag - c2.imag;

printf("\n 数据差为: %3.2f% +3.2fi\n", c->real,c->imag);
}

/* 实现两个复数 c1,c2 的乘法,积作为结果输出 */
void cmultiply(cpxNum * c,cpxNum c1,cpxNum c2)
{
    c->real = c1.real * c2.real - c1.imag * c2.imag;
    c->imag = c1.real * c2.imag + c1.imag * c2.real;

printf("\n 数据积为: %3.2f% +3.2fi\n", c->real,c->imag);
}

/* 实现两个复数 c1,c2 的除法,输出结果 */
void cdivide(cpxNum * c,cpxNum c1,cpxNum c2)
{
    double result_real,result_imag;
    c->real = 1/(pow(c2.real,2) + pow(c2.imag,2)) * ( c1.real * c2.real + c1.imag * c2.imag);
    c->imag = 1/(pow(c2.real,2) + pow(c2.imag,2)) * (c1.imag * c2.real - c1.real * c2.imag);

printf("\n 结果为: %3.2f% +3.2fi\n",c->real,c->imag);
}

void main( )
{
    cpxNum c1,c2,c; //声明两个复数类型的变量 c1 和 c2,c 用来表示运算结果
    double a,b; //声明 2 个双精度数,用于接收复数的实部和虚部
    char e; //用于显示复数虚部的正负号
    int number;

    /* 输入两个复数 */
    printf("输入第一个复数 \n ");
    printf("(如果你输入复数的虚部为负数,则在输入虚部之前输入空格): \n");
    scanf(" %1f%c%1f",&a,&e,&b);
```

```
CreateComplexNumber(&c1,a,b);
printf("你输入的第一个数是：%2.1f%c%2.1fi\n",a,e,b);

printf("输入第二个复数 \n");/
printf("(如果你输入复数的虚部为负数,则在输入虚部之前输入空格):\n");
scanf("%lf%c%lf",&a,&e,&b);
CreateComplexNumber(&c2,a,b);
printf("你输入的第二个数是：%2.1f%c%2.1fi\n",a,e,b);

/*调用复数加减乘除函数,并在每个函数中输出运算结果*/
printf("选择一种运算,1为加法,2为减法,3为乘法,4为除法,5为输出所有结果:");
scanf("%d",&number);

switch(number)
{
    case 1:
        cplus(&c,c1,c2);
        break;
    case 2:
        cminus(&c,c1,c2);
        break;
    case 3:
        cmultiply(&c,c1,c2);
        break;
    case 4:
        cdivide(&c,c1,c2);
        break;
    case 5:
        printf("\n-----复数运算结果-----\n");
        cplus(&c,c1,c2);
        cminus(&c,c1,c2);
        cmultiply(&c,c1,c2);
        cdivide(&c,c1,c2);
        break;
}

}
```

1.4　数据结构与算法的关系

1.4.1　算法的定义

算法是解决某个特定问题的一种方法或一个过程,是指在解决问题时按照某种步骤一定可以得到问题的结果(有解时给出解,无解时给出无解的结论)的处理过程。简言之,算法就是计算机解决问题的步骤。当面临某个问题时,需要找到用计算机解决这个问题的方法和步骤,算法就是解决这个问题的方法和步骤的描述。所谓机械步骤是指,算法中有待执行的运算和操作,必须是相当基本的。换言之,它们都是能够精确地被计算机运行的算法,计算机甚至不需要掌握算法的含义,即可根据该算法的每一步骤要求,进行操作并最终得出正确的结果。算

7

法由操作、控制结构、数据结构三要素构成。

计算机对数据的操作可以分为数值性和非数值性两种类型。在数值性操作中主要进行的是算术运算；而在非数值性操作中主要进行的是检索（查找）、排序、插入、删除、更新（修改）等。

设计算法的基本过程如下。

第一步，通过对问题进行详细的分析，抽象出相应的数学模型。

第二步，确定使用的数据结构，并在此基础上设计对此数据结构实施各种操作的算法。

第三步，选用某种语言将算法转换成程序。

第四步，调试并运行这些程序。

1.4.2 算法分析

算法分析的主要任务是对设计出的每一个具体的算法，利用数学工具，讨论其复杂度。对算法的分析一方面能深刻地理解问题的本质以及可能的求解技术，另一方面可以探讨某种具体算法适用于哪类问题，或某类问题宜采用哪种算法。算法分析就是研究算法从而达到优化计算机解决问题的效率的目的。

对算法的分析和评价一般应考虑正确性、可维护性、可读性、运算量、占用存储空间等诸多因素。其中评价算法的三条主要标准如下。

（1）算法实现所耗费的时间。

（2）算法实现所耗费的存储空间，其中主要考虑辅助存储空间。

（3）算法应易于理解，易于编码，易于调试等。

1.4.3 数据结构与算法的联系

数据结构与算法关系密切，两者既有联系又有区别，下面就这两个方面分别进行讨论。

1. 数据结构与算法的联系

程序＝算法＋数据结构。数据结构是算法实现的基础，算法总是要依赖于某种数据结构来实现的。往往是在发展一种算法的时候，构建了适合于这种算法的数据结构。例如针对当前的大数据，就修改了基于块和文件的存储系统的架构设计以适应这些新的要求。

算法的操作对象是数据结构。算法的设计和选择要同时结合数据结构，简单地说数据结构的设计就是选择存储方式，如确定问题中的信息是用数组存储还是用普通的变量存储或其他更加复杂的数据结构。算法设计的实质就是对实际问题要处理的数据选择一种恰当的存储结构，并在选定的存储结构上设计一个好的算法。不同的数据结构的设计将导致差异很大的算法。数据结构是算法设计的基础。

用一个形象的比喻来解释：采金过程中，金子以各种形式深埋于地下。金矿石的结构就相当于计算机领域的数据结构，而金子就相当于一个个数据元素。开采金矿然后运输、加工这些"操作"技术就相当于算法。显然，如何开采、如何运输必须考虑到金矿的存储（物理）结构，只拥有开采技术而没有金矿是没有任何意义的。算法设计必须考虑到数据结构，算法设计是不可能独立于数据结构的。

另外，数据结构的设计和选择需要为算法服务。如果某种数据结构不利于算法实现它将没有太大的实际意义。知道某种数据结构的典型操作才能设计出好的算法。

总之，算法的设计同时伴有数据结构的设计，两者都是为最终解决问题服务的。一种数据结构如果脱离了算法，那还有什么用呢？实际上也不存在一本书单纯地讲数据结构，或者单纯地讲算法。当然两者也是有一定区别的,算法更加抽象一些,侧重于对问题的建模,而数据结构则是具体实现方面的问题了,两者是相辅相成的。

2. 数据结构与算法的区别

数据结构关注的是数据的逻辑结构、存储结构以及基本操作,而算法更多的是关注如何在数据结构的基础上解决实际问题。算法是编程思想,数据结构则是这些思想的逻辑基础。

1.4.4 数据结构的主要运算

数据结构的主要运算包括以下几种。

(1) 建立(create)一个数据结构的运算。

(2) 消除(destroy)一个数据结构的运算。

(3) 从数据结构中删除(delete)一个数据元素的运算。

(4) 把一个数据元素插入(insert)到一个数据结构中的运算。

(5) 对一个数据结构进行访问(access)的运算。

(6) 对一个数据结构进行修改(modify)的运算。

(7) 对一个数据结构进行排序(sort)的运算。

(8) 对一个数据结构进行查找(search)的运算。

以上是主要的常见运算,还有一些其他运算,当用到时我们再逐一进行介绍。

1.4.5 算法的特性

算法是执行特定计算的有穷过程,该过程有下述几个特性。

(1) 有穷性:当执行一个算法时,不论是何种情况,在经过了有限步骤后,该算法一定会终止。

(2) 确定性:算法中的每一条指令都必须是清楚的,执行算法时不会产生二义性。并且任何条件下,算法只有唯一的一条执行路径,即对于相同的输入有相同的输出。

(3) 可行性:算法是可行的,即算法中描述的操作都是可以通过已实现的基本运算的执行来完成。

(4) 输入:一个算法有零个或多个由外界提供的量。

(5) 输出:一个算法产生一个或多个输出。

1.4.6 算法的描述方法

描述算法的方法很多,本书使用类 C 语言来描述。由于 C 语言不是抽象数据类型的理想描述工具,所以从 C 语言选出一个核心子集,并添加了可用抽象数据类型的 C++ 的引用调用参数传递方式等,构成了类 C 语言。C 语言是面向过程的,类 C 语言是面向对象的,是可以继承、重载、多态的。类 C 语言与 C 语言相似但又有一些不同,这种语言是专门为某种具体的应用而仿照 C 语言开发的,比如,在无线传感网络界比较有名的由加州大学伯克利分校(Berkeley)开发的 TinyOS 系统就是用类 C 语言(NesC)来写的。类 C 语言精选了 C 语言的一个子集,同时作了一定扩充。为便于算法的理解,我们有时也用自然语言描述。

类 C 语言采用了标准 C 语言的语法结构,同时对一些语法细节进行了简化,并添加了一些描述方法。用类 C 写的代码是伪代码,因为不完全符合 C 语言的规范,所以不能被 C 编译器编译。本文采用的类 C 语言基本语法如下。

1. 预定义常量和类型

```
#define TRUE 1
#define FALSE 0
#define OK 1
#define ERROR 0
#define INFEASIBLE - 1
#define OVERFLOW - 2
typedef int Status；//Status 是函数的类型，其值是函数结果状态代码
```

2. 存储结构用类型定义（typedef）描述

数据元素（结点）的类型名约定为 ElemType。**注意**：这不是一种具体的类型名，在具体使用时，必须用具体的数据类型类代替 ElemType。

3. 操作算法用以下形式的函数描述

```
函数返回值类型 函数名（参数表）{
      //对算法的说明文字
            函数语句序列
    }
```

4. 选择语句

（1）条件句 1

```
if(条件表达式)语句 T；
```

（2）条件句 2

```
if(条件表达式)语句 T；
else   语句 F；
```

（3）开关语句

```
格式 1：
switch（表达式）{
case 值 1：语句序列 1；break；
case 值 2：语句序列 2；break；
...
case 值 n：语句序列 n；break；
default：语句序列 n + 1；
}
```

```
格式 2：
switch {
case 条件 1：语句序列 1；break；
case 条件 2：语句序列 2；break；
...
case 条件 n；语句序列 n；break；default：
语句序列 n + 1；
}
```

5. 循环语句

（1）for 语句

```
for(赋初值句；条件；修改句)语句；
```

（2）while 语句

```
while(条件)语句；
```

（3）do... while 语句

```
do{
  语句序列；
  }while(条件)；
```

6. 结束语句

（1）函数结束语句

```
return；或 return(表达式)；
```

（2）case 结束语句

break;

（3）异常结束语句

exit(错误代码);

7. 输入输出语句

（1）输入语句

scanf("格式串",变量1,...,变量n);

scanf(变量1,...,变量n);

（2）输出语句

printf("格式串",变量1,...,变量n);

printf(变量1,...,变量n);

8. 逻辑运算约定

（1）与运算 &&

条件表达式 A&& 条件表达式 B

 当条件表达式 A 为假时,不再对条件表达式 B 求值

（2）或运算 ‖

条件表达式 A‖条件表达式 B

 当条件表达式 A 为真时,不再对条件表达式 B 求值

9. 内存的动态分配与释放

（1）分配空间

指针变量 =（强制指针类型)malloc(分配长度);

指针变量 =（强制指针类型)realloc(老基址,新分配的长度);

（2）释放空间

free(指针变量);

10. 关于"引用参数"

在函数参数表中,参数的前面可以加符号"&"修饰,表示该参数为引用参数(变参)。

在函数体内,如果对引用参数的值进行了修改,这个变化能够传递到相应的实参。

没有用"&"修饰的参数是值参。

引用参数可以用来作为传递运算结果的通道。

除了采用类 C 语言基本语法外,算法的书写要注意以下几点。

（1）书写算法说明:算法说明是一个完整算法不可缺少的部分。它应包括如下几个方面的内容。

① 指明算法的功能。

② 形式参数表中各种形式参数的含义和输入、输出的属性。

③ 算法中引用了哪些全局变量或外部定义变量,它们的作用,入口时的初值如何,以及应满足哪些限制条件。

例如,链表是否带有表头结点,是否为循环链表,表中元素是否有序,若为有序的,是递增有序还是递减有序等。必要时,算法说明还可以用来陈述算法思想、采用的存储结构等。

（2）算法的输入和输出：算法的输入和输出可通过三种途径来实现。

第一种是通过调用标准输入输出库函数 scanf 和 printf 实现，其特点是实现了算法与计算机环境的信息交换。

第二种是以算法中形式参数表里显示列出的形参作为输入输出的媒介。

第三种是通过全局变量（外部变量）隐式地传递信息。

后两种方法的特点是实现了一个算法与其调用者之间的信息交换。一般情况下，应尽量避免使用第三种情况，以防止产生"副作用"（破坏了变量的访问范围）。

（3）运行状态的反馈：尽可能利用函数值返回算法的执行状态，包括正确的执行结果、代码或错误代码，便于人们了解算法的运行情况与错误的排除。

（4）注释：在算法难于理解的语句后面，应加上一定的注释，以提高算法的可读性。其格式为：/＊中文或英文的注释＊/或//。需要书写注释的主要地方如下。

① 函数，需要注释清楚功能、返回值及类型、参数及类型。

② 选择语句，作用及条件成立、不成立执行情况等。

③ 循环语句，作用及初始值、判断条件和结束条件。

④ 关键变量及初始值。

（5）基本操作的算法描述：基本操作的算法都以函数形式来描述，其格式为：

```
/＊算法说明＊/
函数类型 函数名(形式参数表)
{
    局部变量说明;
    语句序列;
    //return();
}
```

注意：在形参表中，需要改变的量采用引用参数，以"＆"开头，其他参数为值调用参数。算法中使用的局部变量一般要求做变量说明。

本书在讨论各种数据结构基本运算的同时，尽可能都将给出相应的算法并把主要算法转化成 C 语言的程序实现，以帮助读者进行更好地理解，这是本书的亮点。

1.4.7　算法设计的要求

（1）正确性：要求算法能够正确地执行预先规定的功能，并达到所期望的性能要求。

（2）可读性：为了便于理解、测试和修改算法，算法应该具有良好的可读性。

（3）健壮性：算法中拥有对输入数据、打开文件、读取文件记录、分配内存空间等操作的结果检测，并通过与用户对话的形式做出相应的处理选择。

（4）时间效率：算法的时间效率是指将算法变换为程序后，该程序在计算机上运行时所花费的时间。

（5）空间效率：算法的空间效率是指将算法变换为程序后，该程序在计算机上运行时所占据存储空间的大小。

算法执行时间需要由该算法所对应的程序在计算机上执行时所消耗的时间来衡量。计算消耗时间可以采用两种方法。

一是事前分析估计的方法：假设给定的是一台通用计算机，满足执行一条基本语句或一个基本运算需花一个单位时间。

二是事后统计的方法：算法转换为相对应的程序后在计算机中的实际运行时间。

基本语句指赋值语句、输入语句、输出语句。

基本运算指算术运算、一次比较（字符比较、数值比较）。

做法：从算法中选取一种对于所研究的问题（或算法类型）来说是基本操作的原操作，以该基本操作重复执行的次数作为算法的时间量度。描述如下。

（1）基本操作：一个算法由控制语句和原操作（指固有数据类型的操作）组成，则算法时间取决于两者的综合效果。为便于比较同一问题的不同算法的效率，通常的做法是从算法中选取一种对所研究问题来说是基本操作的原操作，以该基本操作重复执行的次数作为算法的时间量度。

（2）问题规模函数 $f(n)$：如果某个算法的执行时间同其基本操作的重复次数 $f(n)$ 成正比，则称 $f(n)$ 为问题的规模函数。

（3）渐进时间复杂度（时间复杂度）：

$$T(n) = O(f(n))$$

表示随着问题规模 n 的增大，算法执行时间的增长率和 $f(n)$ 的增长率相同，则 $T(n)$ 称为渐进时间复杂度，简称时间复杂度。

（4）常用时间复杂度之间的关系：

$$O(1) \leqslant O(\log_2 n) \leqslant O(n) \leqslant O(n\log_2 n) \leqslant O(n^2) \leqslant O(n^3) \leqslant \cdots < O(n^k) \leqslant O(2^n)$$

简言之，分析算法时间复杂性方法就是：分析并确定算法的哪些参数决定算法的"输入规模"，明确被分析算法的"基本操作"是什么。

算法分析的目标是考察算法的"基本操作"数、随"问题规模"而变化的规律。

例 1-1 在下面的程序段中，对 x 的赋值语句的频度为（ ）。

```
for (i=1;i<=n;i++)
  for (j=1; j<=n;j++)
    x++;
```

A. $O(2n)$ B. $O(n)$ C. $O(n^2)$ D. $O(\log_2 n)$

【答案】C

【解析】二重循环内部的语句频度往往是 $O(n^2)$。

本 章 小 结

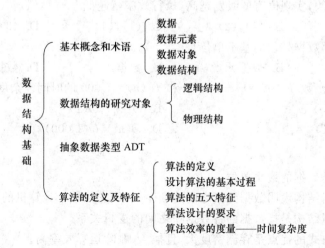

13

练 习 强 化

一、选择题

1. 数据结构是指(　　)。
A. 数据元素的组织形式　　　　　　　B. 数据类型
C. 数据存储结构　　　　　　　　　　D. 数据定义

2. 数据在计算机存储器内表示时,物理地址与逻辑地址是不相同的,称之为(　　)。
A. 存储结构　　　B. 逻辑结构　　　C. 链式存储结构　　　D. 顺序存储结构

3. 从逻辑上可以把数据结构分为(　　)两大类。
A. 动态结构、静态结构　　　　　　　B. 顺序结构、链式结构
C. 线性结构、非线性结构　　　　　　D. 初等结构、构造型结构

4. 算法的计算量的大小称为计算的(　　)。
A. 效率　　　　　B. 复杂性　　　　　C. 现实性　　　　　D. 难度

5. 算法分析的两个主要方面是(　　)。
A. 空间复杂度和时间复杂度　　　　　B. 正确性和简明性
C. 可读性和文档性　　　　　　　　　D. 数据复杂性和程序复杂性

6. 数据在计算机内有链式和顺序两种存储方式,在存储空间使用的灵活性上,链式存储比顺序存储要(　　)。
A. 低　　　　　　B. 高　　　　　　C. 相同　　　　　　D. 不好说

7. 算法的时间复杂度取决于(　　)。
A. 问题的规模　　　　　　　　　　　B. 待处理数据的初态
C. A 和 B

8. 下面说法错误的是(　　)。
(1) 算法原地工作的含义是指不需要任何额外的辅助空间
(2) 在相同的规模 n 下,复杂度 $O(n)$ 的算法在时间上总是优于复杂度 $O(2^n)$ 的算法
(3) 所谓时间复杂度是指最坏情况下,估算算法执行时间的一个上界
(4) 同一个算法,实现语言的级别越高,执行效率就越低
A. (1)　　　　　B. (1),(2)　　　　C. (1),(4)　　　　D. (3)

9. 计算机内部数据处理的基本单位是(　　)。
A. 数据　　　　　B. 数据元素　　　　C. 数据项　　　　　D. 数据库

10. 运行时间函数 $T_2(n)=n^2+1\,000n$ 和 $T_1(n)=1\,000$ 的时间复杂度分别是(　　)。
A. $O(n^2)$,$O(n)$　　　　　　　　　B. $O(2n)$,$O(1)$
C. $O(n^2)$,$O(1)$　　　　　　　　　D. $O(n^2)$,$O(1\,000)$

二、判断题

1. 数据元素是数据的最小单位。(　　　)
2. 数据的逻辑结构说明数据元素之间的顺序关系,它依赖于计算机的存储结构。(　　　)
3. 数据的逻辑结构是指数据的各数据项之间的逻辑关系。(　　　)
4. 顺序存储方式的优点是存储密度大,且插入、删除运算效率高。(　　　)

5. 健壮的算法不会因非法的输入数据而出现莫名其妙的状态。　　　　　（　　）

6. 算法可以用不同的语言描述,如果用 C 语言等高级语言来描述,则算法实际上就是程序了。　　　　　　　　　　　　　　　　　　　　　　　　　　（　　）

7. 程序一定是算法。　　　　　　　　　　　　　　　　　　　　　（　　）

8. 数据的物理结构是指数据在计算机内的实际存储形式。　　　　　　（　　）

9. 数据结构的抽象操作的定义与具体实现有关。　　　　　　　　　　（　　）

10. 在顺序存储结构中,有时也存储数据结构中元素之间的关系。　　　（　　）

三、填空题

1. 数据的物理结构包括_____的表示和_____的表示。

2. 对于给定的 n 个元素,可以构造出的逻辑结构有_____、_____、_____、_____四种。

3. 数据的逻辑结构是指_____。

4. 一个数据结构在计算机中_____称为存储结构。

5. 抽象数据类型的定义仅取决于它的一组_____,而与_____无关,即不论其内部结构如何变化,只要它的_____不变,都不影响其外部使用。

6. 数据结构是研讨数据的_____和_____,以及它们之间的相互关系,并对与这种结构定义相应的_____,设计出相应的_____。

7. 一个算法具有 5 个特性:_____、_____、_____、有零个或多个输入、有一个或多个输出。

四、计算题

1. ```
x = 0;
for(i = 1;i<n;i ++)
    for(j = i + 1;j< = n;j ++)
        x ++;
```

2. ```
x = 0;
for(i = 1;i<n;i ++)
  for(j = 1;j< = n - i;j ++)
        x ++;
```

3. ```
inti,j,k;
for(i = 0;i<n;i ++)
    for(j = 0;j< = n;j ++)
        { c[i][j] = 0;
           for(k = 0;k<n;k ++)
                c[i][j] + = a[i][k] * b[k][j];
        }
```

4. ```
i = n - 1;
    while((i> = 0)&&A[i]! = k))
      i -- ;
    return(i);
```

5. ```
fact(n)
{ if(n< = 1)
        return(1);
    else
```
```

```
        return(n * fact(n - 1));
    }
6. i = s = 0;
   while(s<n)
     {  i++;
        s + = i;
     }
7. i = 1;
   while(i< = n)
     i = i * 3;
```

练 习 答 案

一、选择题

1. A   2. C   3. C   4. B   5. A   6. B   7. C   8. C   9. B   10. C

二、判断题

1. ×   2. ×   3. ×   4. ×   5. √   6. ×   7. ×   8. √   9. ×   10. ×

三、填空题

1. 数据元素   数据元素间关系

2. 集合   线性结构   树形结构   图状结构或网状结构

3. 数据的组织形式,即数据元素之间逻辑关系的总体。而逻辑关系是指数据元素之间的关联方式或称"邻接关系"

4. 表示(又称映像)

5. 逻辑特性   在计算机内部如何表示和实现   数学特性

6. 逻辑结构   物理结构   操作(运算)   算法

7. 有穷性   确定性   可行性

四、计算题

1. $O(n^2)$ 2. $O(n^2)$ 3. $O(n^3)$ 4. $O(n)$ 5. $O(n)$

6. $O(\sqrt{n})$ 7. $O(\log_3 n)$

第2章 线 性 表

本章内容提要:

线性表的定义和基本操作,线性表的逻辑结构,线性表的实现,线性表的顺序存储结构及链式存储结构,线性表的应用。

2.1 线性表的基本概念

1. 线性表的定义

线性表(linear list)是由 $n(n \geqslant 0)$ 个类型相同的数据元素(结点)组成的有限序列。通常表示成下列形式:

$$L = (a_1, a_2, \ldots, a_{i-1}, a_i, a_{i+1}, \ldots, a_n)$$

其中,a_1 是最前结点,a_n 是最后结点。结点也被称为数据元素或者记录。

注意:(1) L 为线性表名称,习惯用大写书写。

(2) a_i 为组成该线性表的数据元素,习惯用小写书写。

(3) 线性表中数据元素的个数被称为线性表的长度,当 $n = 0$ 时(表里没有一个元素),长度为 0 的线性表称为空表。

(4) 将非空的线性表($n > 0$)也可以记作:$(a[0], a[1], a[2], \cdots, a[n-1])$。

(5) 数据元素 $a[i]$($0 \leqslant i \leqslant n-1$)只是个抽象符号,其具体含义在不同情况下可以不同。

一个数据元素可以由若干个数据项组成。数据元素也称为记录,含有大量记录的线性表又称为文件。

线性表的特点是存在一个唯一的没有前驱的(头)数据元素;存在一个唯一的没有后继的(尾)数据元素;此外,每一个数据元素均有一个直接前驱和一个直接后继数据元素。称 a_{i-1} 是 a_i 的直接**前驱结点**(简称前驱),a_{i+1} 是 a_i 的直接**后继结点**(简称后继)。

2. 线性表的性质

(1) 线性表结点间的相对位置是**固定**的,结点间的关系由结点在表中的位置确定。

(2) 如果两个线性表有相同的数据结点,但它们的结点顺序不一致,该两个线性表也是不相等的。

注意:线性表中结点的类型可以是任何数据(包括简单类型和复杂类型),即结点可以有多个成分,其中能唯一标识表元的成分称为关键字(key),或简称键。以后的讨论都只考虑关键字,而忽略其他成分,这样有利于把握主要问题,便于理解。

3. 线性表的抽象数据类型

线性表是一个相当灵活的数据结构，其长度可以根据需要增加或减少。从操作上讲，用户不仅可以对线性表的数据元素进行访问操作，还可以进行插入、删除、定位等操作。

假设线性表 L 有：

数据对象 $D = \{a_i \mid a_i \in \mathrm{ElemType}, i = 1, 2, 3, \cdots, n, n \geqslant 0\}$

数据元素之间的关系 $R = \{\langle a_{i-1}, a_i \rangle \mid a_{i-1}, a_i \in D, i = 1, 2, \cdots, n\}$

则线性表 L 的基本操作 P 如下所示：

- InitList(&L)：其作用是构造一个长度为 0 的线性表（空线性表）；
- DestoryList(&L)：其作用是销毁当前的线性表 L；
- ClearList(&L)：清空线性表 L，使之成为空表；
- ListLength(L)：返回线性表 L 的长度，即线性表中数据元素的个数；
- ListEmpty(L)：判断线性表 L 是否为空表，是则返回 true，否则返回 false；
- GetElem(L, i, &e)：将线性表 L 中第 i 个数据元素的值返回到变量 e 中；
- LocateElem(L, e, compare())：判断线性表 L 中是否存在与 e 满足 compare() 条件的数据元素，有则返回第一个数据元素；
- PriorElem(L, cur_e, &pri_e)：返回线性表 L 中当前数据元素 cur_e 的前驱结点；
- NextElem(L, cur_e, &next_e)：返回线性表 L 中当前数据元素 cur_e 的后继结点；
- ListInsert(&L, i, e)：向线性表 L 的第 i 个位置之前插入一个值为 e 的数据元素；
- ListDelete(&L, i, &e)：删除线性表 L 的第 i 个数据元素，并将该数据元素的值返回 e 中；
- ListTraverse(L, visit())：遍历线性表中的每个数据元素。

本书介绍的线性表的存储结构主要分为顺序存储结构和链式存储结构。

2.2 顺序存储结构

2.2.1 顺序表的定义

线性表的顺序存储结构是指用一组连续的存储单元（数组的形式）依次存储线性表中的每个数据元素，如表 2-1 所示。

表 2-1　顺序存储结构

存储地址	内存单元	存储地址	内存单元
	...	$d+(i-1)L$	a_i
d	a_1	...	
$d+L$	a_2	$d+(n-1)L$	a_n
$d+2L$	a_3	...	...
...			

注意：其中，d 为起始地址，L 为每个数据元素所占据的存储单元数目。

相邻两个数据元素的存储位置计算公式为

$$\mathrm{LOC}(a_{i+1}) = \mathrm{LOC}(a_i) + L$$

线性表中任意一个数据元素的存储位置的计算公式为

$$LOC(a_i) = LOC(a_1) + (i-1)L \qquad 下标从 1 开始$$

或

$$LOC(a_i) = LOC(a_0) + iL \qquad 下标从 0 开始$$

注意：如没有特殊说明，本书中后续章节所使用的数组起始下标都是从 0 开始。

顺序存储结构的特点如下。

（1）利用数据元素的存储位置表示线性表中相邻数据元素之间的前后关系，即线性表的逻辑结构与存储结构（物理结构）一致。

（2）在访问线性表时，可以利用上述给出的数学公式，快速地计算出任何一个数据元素的存储地址。因此，我们可以粗略地认为，访问每个数据元素所花费的时间相等。这种存取元素的方法被称为随机存取法，使用这种存取方法的存储结构也被称为随机存储结构。

顺序表的存储结构定义如下：

```
#define TRUE 1
#define FALSE 0
#define OK 1
#define ERROR 0
#define INFEASIBLE -1
#define OVERFLOW -2
#define LIST_INIT_SIZE 5          //线性表存储空间的初始分配量
#define LISTINCREMENT 1           //线性表存储空间分配增量
```

线性表的顺序存储结构的类型定义如下：

```
#define  MAXSIZE  100             //线性表的最大长度
  typedef  struct {
    ElemType  Elem[MAXSIZE];      //数组 Elem，它的存储位置就是存储空间的存储位置
    int  length;                  //线性表的当前长度
  }SqList;
```

2.2.2 顺序表典型操作的算法实现

1. 初始化线性表 *L*

```
//////////////////////////////////
//函数名:InitList()
//参数:SqList L
//初始条件:无
//功能:构造一个空线性表
//返回值:存储分配失败:OVERFLOW
//      存储分配成功:OK
//////////////////////////////////
Status InitList(SqList &L)
{
    Status flag = OVERFLOW;
    L.Elem = (ElemType * )malloc(LIST_INIT_SIZE * sizeof(ElemType));
    if (L.Elem! = NULL)
    {
        L.length = 0;
        flag = OK;
    }
    return flag;
}
```

2. 销毁线性表 L

```
//////////////////////////////////////////////
//函数名:DestroyList()
//参数:SqList L
//初始条件:线性表 L 已存在
//功能:销毁线性表
//返回值:L.Elem == NULL:ERROR
//        L.Elem! = NULL:OK
//////////////////////////////////////////////
Status DestroyList(Sqlist &L)
{
    Status flag = ERROR;
    if (L.Elem! = NULL)
    {
        free(L.Elem);
        flag = OK;
    }
    return flag;
}
```

3. 清空线性表 L

```
//////////////////////////////////////////////
//函数名:ClearList()
//参数:SqList L
//初始条件:线性表 L 已存在
//功能:清空线性表
//返回值:L.Elem == NULL:ERROR
//        L.Elem! = NULL:OK
//////////////////////////////////////////////
Status ClearList(Sqlist &L)
{
    Status flag = ERROR;
    if (L.Elem! = NULL)
    {
        for(i = 0;i<L.length;i++)
            L.Elem[i] = NULL;
            flag = OK;
    }
    return flag;
}
```

4. 判断线性表 L 是否为空

```
//////////////////////////////////////////////
//函数名:ListEmpty()
//参数:SqList L
//初始条件:线性表 L 已存在
//功能:判断线性表是否为空
//返回值:空:TRUE
//        非空:FALSE
//////////////////////////////////////////////
```

```
Status ListEmpty(Sqlist L)
{
    Status flag = TRUE;
    for(i = 0;i<L.length;i++)
        if(L.Elem[i]! = NULL)
            flag = FALSE;
    return flag;
}
```

5. 求线性表 L 的长度

```
//////////////////////////////////////
//函数名:ListLength()
//参数:SqList L
//初始条件:线性表 L 已存在
//功能:返回线性表长度
//返回值:线性表长度(L.length)
//////////////////////////////////////
int ListLength(Sqlist L)
{
        return L.length;
}
```

6. 获取线性表 L 中第 i 个数据元素的内容

```
//////////////////////////////////////
//函数名:GetElem()
//参数:SqList L,int i,ElemType &e
//初始条件:线性表 L 已存在,0≤i<L.length
//功能:用 e 返回线性表中第 i 个元素的值
//返回值:(i<0)‖(i≥L.length):OVERFLOW
//        0≤i<L.length:OK
//////////////////////////////////////
Status GetElem(Sqlist L,int i,ElemType &e)
{
        Status flag = OK;
        if (i<0‖i> = L.length)
            flag = OVERFLOW;
        else
            e = L.Elem[i-1];
        return flag;
}
```

7. 在线性表 L 中检索值为 e 的数据元素

```
//////////////////////////////////////
//函数名:LocateElem()
//参数:Sqlist L,ElemType e
//初始条件:线性表 L 已存在
//功能:返回顺序表 L 中第 1 个与 e 相等的元素
//返回值:若在 L 中存在与 e 相等的元素:其位序
//        若在 L 中不存在与 e 相等的元素:-1
//////////////////////////////////////
int LocationElem(Sqlist L,ElemType e)
```

```
{
        int flag = -1;
        for(i = 0;i<L.length;i++)
        {
                if(L.elem[i] == e)
                {
                        flag = i;
                        break;
                }
        }
        return flag;
}
```

8. 在线性表 *L* 中检索结点 *e* 的前驱结点

```
/////////////////////////////////////
//函数名:PriorElem()
//参数:Sqlist L,ElemType e,ElemType &pri_e
//初始条件:线性表 L 已存在,i>0&&i<L.length,LocateElem()存在
//功能:用 pri_e 返回线性表中 e 的前驱
//返回值:i<=0‖i>=L.length:OVERFLOW
//       i>0&&i<L.length:OK
/////////////////////////////////////
Status PriorElem(Sqlist L,ElemType e,ElemType &pri_e)
{
        Status flag;
        i = LocateElem(L,e);
        if(i<=0‖i>=L.length)
                flag = OVERFLOW;
        else
        {
                pri_e = L.elem[i-1];
                flag = OK;
        }
        return flag;
}
```

9. 在线性表 *L* 中检索结点 *e* 的后继结点

```
/////////////////////////////////////
//函数名:NextElem()
//参数:Sqlist L,ElemType e,ElemType &next_e
//初始条件:线性表 L 已存在,i>=0&&i<L.length-1,LocateElem()存在
//功能:用 next_e 返回线性表中 e 的后继
//返回值:i<0‖i>=L.length-1:OVERFLOW
//       i>=0&&i<L.length-1:OK
/////////////////////////////////////
Status NextElem(Sqlist L,ElemType e,ElemType &next_e)
{
        Status flag;
        i = LocateElem(L,e);
        if(i<0‖i>=L.length)
                flag = OVERFLOW;
```

```
else
{
        next_e = L.elem[i+1];
        flag = OK;
}
    return flag;
}
```

10. 在线性表 L 中第 i 个数据元素之前插入数据元素 e

```
/////////////////////////////////////
//函数名:ListInsert()
//参数:SqList L,int i,ElemType e
//初始条件:线性表 L 已存在,0≤i<L.length
//功能:在线性表中第 i 个数据元素之前插入数据元素 e
//返回值:失败:ERROR
//        成功:OK
/////////////////////////////////////
Status ListInsert(Sqlist &L,int i,ElemType e)
{
        Status flag = OK;
        if(i<0 || i>L.length || L.length+1> MAXSIZE)
        {
            flag = ERROR;
            break;
        }
        else
            for(j = L.length-1;j> = i-1;j--)
                L.Elem[j+1] = L.Elem[j];
        L.Elem[i-1] = e;
        L.length++ ;
        return flag;
}
```

插入算法的分析:假设线性表中含有 n 个数据元素,在进行插入操作时,若假定在 $n+1$ 个位置上插入元素的可能性均等,则平均移动元素的个数为

$$E_{is} = \frac{1}{n+1}\sum_{i=1}^{n+1}(n-i+1) = \frac{n}{2}$$

11. 将线性表 L 中第 i 个数据元素删除

```
/////////////////////////////////////
//函数名:ListDelete()
//参数:SqList L,int i,Elemtype &e
//初始条件:线性表 L 已存在,0≤i<L.length
//功能:将线性表 L 中第 i 个数据元素删除
//返回值:失败:ERROR
//        成功:OK
/////////////////////////////////////
Status ListDelet(Sqlist &L,int i,ElemType &e)
{
        Status flag = OK;
        if(i<0 || i> = L.length)
                flag = ERROR;
```

```
    else
    {
      e = L. Elem[i - 1];
      for(j = i - 1;j<L.lenght;j++)
          L. Elem[j] = L. Elem[j + 1];
    }
    L. length--;
    return flag;
}
```

删除算法的分析:在进行删除操作时,若假定删除每个元素的可能性均等,则平均移动元素的个数为

$$E_{dl} = \frac{1}{n}\sum_{i=1}^{n}(n-i) = \frac{n-1}{2}$$

分析结论:顺序存储结构表示的线性表在进行插入或删除操作时,平均需要移动大约一半的数据元素。当线性表的数据元素量较大,并且经常要对其进行插入或删除操作时,这一点需要考虑。

例 2-1 用两个线性表 La、Lb 分别表示两个集合 A、B,现要求两个集合的合集,使得 $A=A\cup B$。

【算法分析】操作如下:依次取出 Lb 中的元素,然后到 La 中去找,如果找不到,则将该元素加入 La 末尾,同时修改 La 的长度;如果 Lb 中的元素同 La 中的元素相同,那么按照集合的概念,不再加入到 La 中。

【参考答案】
```
void union(SqList &La , SqList Lb)
{
    La_len = ListLength(La);
    Lb_len = ListLength(Lb);
    for (i = 0; i<Lb_len; i++)
    {
        GetElem(Lb,i,e); //取出 Lb 的第 i 个元素,并将之赋值给 e
        if (! LocateElem(La,e,equal))
            ListInsert(La, La_len++  ,e);
    }
}
```

例 2-2 有序线性表合并问题:已知线性表 La 和 Lb 中的数据元素按照非递减有序排列,现在要求 La 和 Lb 归并为一个新的有序线性表 Lc,使得 Lc 仍然是非递减有序排列。

【算法分析】先设 Lc 为空表,从 La、Lb 的开头开始,比较 La、Lb 当前两个元素的大小,将较小者插入到 Lc 中。为了比较方便,我们辅设两个下标 i 和 j,让它们分别指向 La 和 Lb 即将参与比较的元素。

将较小元素插入 Lc 后,该较小元素所在的线性表上辅设的下标向后移动一个位置(+1),另一个下标不变,继续参与下一轮比较,这样一直到某一个线性表结束($i\geqslant$La_len ∥ $j\geqslant$Lb_len)。

最后再将还没有比较完的线性表中剩余的元素全部插入 Lc 中即可。

【参考答案】
```
void MergeList(SqList La , SqList Lb , SqList &Lc)
{
```

```
InitList(Lc);
i = j = 0; //两个下标初始化,i 指向 La 的第一个元素,j 指向 Lb 的第一个元素
k = 0; //用于存储 Lc 当前元素个数,初始为 0
La_Len = ListLength(La);
Lb_Len = ListLength(Lb);
while (i<La_Len&& j< Lb_Len)
{
    GetElem(La,i,ai);
    GetElem(Lb,j,bj);
    if (ai< = bj)
    {
        ListInsert(Lc, k ++ ,ai);
        i ++ ;
    }
    else
    {
        ListInsert(Lc, k ++ ,bj);
        j ++ ;
    }
}
//将 La 或 Lb 中剩余所有元素全部插入 Lc 中,以下两句只可能执行一句
while (i<La_len)
{
    GetElem(La,i ++ ,ai);
    ListInsert(Lc,k ++ ,ai);
}
while (j< Lb_len)
{
    GetElem(Lb,j ++ , bj);
    ListInsert(Lc,k ++ ,bj);
}
}
```

2.2.3 顺序表的 C 语言实现

```
# include <stdio. h>
# include <stdlib. h>

# define MAXSIZE 50
typedef int ElemType;
typedef struct
{
    ElemType data[MAXSIZE];
    int length;
}SqList;

# define TRUE 1
# define FALSE 0

typedef enum
{
    ERROR = 0,
    OK = 1
```

```c
}Status;

/*用 a 返回线性表 s 的第 i 个元素(即 i-1 位置的元素)的值*/
Status GetElem(SqList s,int i,ElemType * a)
{
    Status flag;
    if((s.length == 0) || (i<1) || (i>s.length))
    //表为空或者 i 不在表范围内
        flag = ERROR;      /* 返回查找失败 */
    else
    {
        * a = s.data[i-1];   /* a 表示 i-1 位置的元素 */
        flag = OK;
    }
    return flag;          /* 返回查找成功 */
}


/*在线性表 s 的第 i 个位置之前插入元素 a*/
Status ListInsert(SqList * s,int i,ElemType a)
{
    int j;
    Status flag;
    if(s->length == MAXSIZE || (i<1) || (i>s->length+1)) /* 表已满 */
        flag = ERROR;    /* 返回插入失败 */
    else
    {
        for (j = s->length-1;j>= i-1; j--)
        //要插入数据的位置以后的元素依次后移一位
        {
            s->data[j+1] = s->data[j];
        }

        s->data[i-1] = a;   /* 数据 a 插入第 i-1 位置 */
        s->length++;   /* 插入后长度加 1 */
        flag = OK;
    }
    return flag;  /* 返回插入成功 */
}

/* 删除表 s 的第 i 个元素,用 a 表示删除的值 */
Status ListDelete(SqList * s,int i,ElemType * a)
{
    int j;
    Status flag;
    if(s->length == 0 || (i<1) || (i>s->length))    /* 表为空 */
        flag = ERROR;    /* 返回删除错误 */
    else
    {
        * a = s->data[i-1];   /* a 表示要删除的值 */
        for(j = i-1;j<s->length;j++)
        //要删除元素以后的每个值都向前移动一位
        {
            s->data[j] = s->data[j+1];
```

```
        }
        s - >length -- ;     /* 表长度减 1 */
        flag = OK;
    }

    return flag;     /* 返回删除成功 */
}


/* 打印表 s 的所有数据 */
void ListDisplay(SqList  * s)
{
    int i;
    printf("SqList is: ");
    for(i = 0;i<s - >length;i ++ )
    {
        printf(" % d ",s - >data[i]);
    }
    printf("\n");
}


void main()
{
    SqList test;
    test. length = 0;
    ListDisplay(&test);
    int i;
    for(i = 0;i<10;i ++ )
    {
        ListInsert(&test,i,i * 2);
        printf("insert data % d,now ",i * 2);
        ListDisplay(&test);
    }
    int data = 0;
    GetElem(test,5,&data);
    printf("SqList test fifth data is % d\n",data);
    printf("SqList test fifth data is % d\n",test.data[4]);
    int len = test. length;
    for(i = 0;i<len;i ++ )
    {
        int b;
        ListDelete(&test,1,&b);
        printf("delete data % d,now ",b);
        ListDisplay(&test);
    }
}
```

2.3　链式存储结构

　　链表(linked list)开发于 1955 年,由当时美国兰德公司的艾伦纽维尔(Allen Newell)、克里夫肖(Cliff Shaw)和赫伯特西蒙(Herbert Simon)在他们编写的信息处理语言(IPL)中作为原始数据类型所编写。IPL 被作者们用来开发几种早期的人工智能程序,包括逻辑推理机、通用问题解算器和一个计算机象棋程序。

链表可以在多种编程语言中实现。像 Lisp 和 Scheme 这样的语言的内建数据类型中就包含了链表的访问和操作。程序语言 C/C++和 Java 等可以依靠易变工具来生成链表。

在计算机科学中,链表作为一种基础的数据结构可以用来生成其他类型的数据结构。链表通常由一连串结点组成,每个结点包含任意的实例数据(data fields)和一个或两个用来指明上一个或下一个结点的位置的链接。链表最明显的好处就是,常规数组排列关联项目的方式可能不同于这些数据项目在存储设备上的顺序,数据的访问往往要在不同的排列顺序中转换。而链表是一种自我指示数据类型,因为它包含指向另一个相同类型的数据的指针(链接)。链表允许插入和删除表上任意位置上的结点,但是不允许随机存取。链表主要类型包括单向链表、双向链表以及循环链表等。

链表并不会按线性的顺序存储数据,而是在每一个结点里存到下一个结点的指针(pointer)。由于不必按顺序存储,链表在插入的时候可以达到 $O(1)$ 的复杂度,比顺序表快得多,但是查找一个结点或者访问特定编号的结点则需要 $O(n)$ 的时间,而顺序表相应的时间复杂度分别是 $O(n)$ 和 $O(1)$。

使用链表结构可以克服数组需要预先知道数据大小的缺点,链表结构可以充分利用计算机内存空间,实现灵活的内存动态管理。但是链表失去了数组随机读取的优点,同时链表由于增加了结点的指针域,空间开销比较大。因此,链表常用于组织遍历较少,而添加、删除较多的数据。

线性表的链式存储结构是指用一组任意的存储单元(可以连续,也可以不连续)存储线性表中的数据元素。为了反映数据元素之间的逻辑关系,对于每个数据元素不仅要表示它的具体内容,还要附加一个表示它的直接后继元素存储位置的信息。其组成如下。

数据域(data):表示数据元素内容的部分。

指针或**指针域(next)**:表示直接后继元素存储地址的部分。

结点:表示每个数据元素的两部分信息组合在一起。

链式存储结构的特点如下。

(1)线性表中的数据元素在存储单元中的存放顺序与逻辑顺序不一定一致。

(2)在对线性表操作时,只能通过头指针进入链表,并通过每个结点的指针域向后扫描其余结点,这样就会导致寻找第一个结点和寻找最后一个结点所花费的时间不等。

假设有一个线性表(a,b,c,d),可用图 2-1 所示的形式存储。

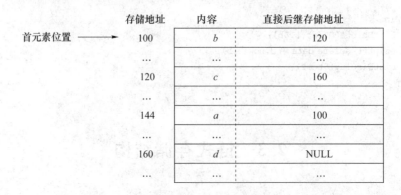

	存储地址	内容	直接后继存储地址
首元素位置 →	100	b	120
	...	...	...
	120	c	160
	...	...	...
	144	a	100
	...	...	...
	160	d	NULL
	...	...	...

图 2-1 链表的基本存储形式

2.4 单 链 表

2.4.1 单链表的概念

链表最基本的结构是在每个结点保存数据和到下一个结点的地址,在最后一个结点保存一个特殊的结束标记,另外在一个固定的位置保存指向第一个结点的指针,有的时候也会同时存储指向最后一个结点的指针。一般查找一个结点的时候需要从第一个结点开始依次访问下一个结点,一直访问到需要的位置。但也可以提前把一个结点的位置另外保存起来,然后直接访问。当然如果只是访问数据就没必要了,不如在链表上存储指向实际数据的指针。这样一般是为了访问链表中的下一个或者前一个(需要存储反向的指针)结点。

每个结点只有一个指针的链表叫单向链表或者单链表,通常用在每次都只会按顺序遍历这个链表的时候(例如,图的邻接表通常都是按固定顺序访问的),从链表的第一个数据元素开始,依次将线性表的结点存入。需要注意的是,链表的每个数据元素除了要存储线性表的数据元素信息之外,还要有一个成分存储其后继结点的指针,单链表就是通过这个指针来表明数据元素之间的先后关系的。

单链表包含两个域,即一个信息域和一个指针域,信息域存放数据信息,指针域指向列表中的下一个结点,而最后一个结点则指向一个空值。单向链表只可向一个方向遍历,如图 2-2 所示。

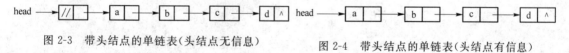

图 2-2 单链表的基本形式

为了简化对链表的操作,人们经常在链表的第一个结点之前附加一个结点,并称为头结点,如图 2-3 所示,这样可以免去对链表第一个结点的特殊处理。头结点的数据域可以不存任何信息,也可以存储线性表的长度等附加信息,其指针域中存储指向第一个结点的指针(即第一个元素结点的存储位置)。故单链表的头指针指向头结点,如果头结点的指针域为空,则说明是空表(head—>next==NULL)。

带头结点(头结点有信息)的单链表如图 2-4 所示。

head ─→ // ─→ a ─→ b ─→ c ─→ d ∧   head ─→ a ─→ b ─→ c ─→ d ∧

图 2-3 带头结点的单链表(头结点无信息)　　图 2-4 带头结点的单链表(头结点有信息)

其中,head 是头指针,它指向单链表中的第一个结点,这是单链表操作的入口点。由于最后一个结点没有直接后继结点,所以它的指针域放入一个特殊的值 NULL。NULL 值在图示中常用(∧)符号表示。

单链表的数据结构如下:

```
typedef struct LNode{
    ElemType data;
    struct LNode * next;
}LNode, * LinkList;
```

链表中的结点不需要以特定的方式存储,但是集中存储也是可以的,主要分下面这几种具体的存储方法。

1. 共用存储空间

链表的结点和其他的数据共用存储空间,优点是可以存储无限多的内容(不过要在处理器支持这个大小,并且存储空间足够的情况下),不需要提前分配内存;缺点是由于内容分散,有时候可能不方便调试。

2. 独立存储空间

一个链表或者多个链表使用独立的存储空间,一般用数组或者类似结构实现,优点是可以自动获得一个附加数据:唯一的编号,并且方便调试;缺点是不能动态地分配内存。当然,另外的在上面加一层块状链表用来分配内存也是可以的,这样就解决了这个问题。这种方法有时候被叫作数组模拟链表,但是事实上只是用表示在数组中的位置的下标索引代替了指向内存地址的指针,这种下标索引其实也是逻辑上的指针,整个结构还是链表,并不算是被模拟的(但是可以说成是用数组实现的链表)。

2.4.2 单链表典型操作的算法实现

1. 初始化单链表 *L*

```
Status InitList(LinkList * L)
{
  Status flag = ERROR;
  L->head = ( LinkList)malloc(sizeof(LNode));        //为头结点分配存储单元
  if (L->head)
  {
    L->head->next = NULL;
    flag = OK;
  }
  return flag;
}
```

2. 清空单链表 *L*

```
void ClearList((LinkList * L)
{
    LNode * p;
    while (L->head->next)
    {
        p = L->head->next;              //p指向链表中头结点后面的第一个结点
        L->head->next = p->next;        //删除 p 结点
        free(p);                        //释放 p 结点占据的存储空间
    }
}
```

3. 求单链表 *L* 的长度

```
int ListLength((LinkList L)
{
  int len = 0;
  p = L. head;
  while(p->next! = NULL
  {
    len ++ ;
```

```
        p = p - >next;
    }
    return(len);
}
```

4. 判断单链表 L 是否为空

```
Status IsEmpty((LinkList L)
{
    Status flag = FALSE;
    if (L. head - >next = = NULL)
        flag = TRUE;
    return flag;
}
```

5. 通过 e 返回单链表 L 中第 i 个数据元素的内容

```
Status GetElem (LinkList L , int i , ElemType &e)
{
    Status flag;
    p = L - >next;                    //p指向第一个结点
    j = 1;
    while (p && j<i)
    {
        p = p - >next;
        j + + ;
    }
    if (! p ‖ j>i)   flag = ERROR;    //不存在
    else
    {
        e = p - >data;
        flag = OK;
    }
    return flag;
}
```

说明:读取第 i 个元素须从头指针开始查找,因此单链表是一种"非随机存取"的数据结构。

6. 在单链表 L 中检索值为 e 的数据元素

```
LNode * LocateElem((LinkList L,ElemType e)
{
    p = L. head - >next;
    while(p&&p - >data! = e)          //寻找满足条件的结点
        p = p - >next;
    return(p);
}
```

7. 返回单链表 L 中结点 e 的直接前驱结点

```
LNode * PriorElem((LinkList L, LNode * e)
{
    p = L. head;
    while (p - >next&&p - >next! = e)
        p = p - >next;
    if (p - >next = = e)
```

```
            return p;
    esle
        return NULL;
}
```

8. 返回单链表 *L* 中结点 *e* 的直接后继结点

```
LNode * NextElem((LinkList L, LNode * e)
{
    p = L. head - >next;
    while(p&&p! = e)
        p = p - >next;
    if (p)
    {
        p = p - >next;
        return p;
    }
    else
        return NULL;//没有找到或没有后继
}
```

9. 在单链表 *L* 中第 *i* 个数据元素之前插入数据元素 *e*

```
Status ListInsert((LinkList * L,int i,ElemType e)
{
    Status flag = OK;
    LNode * p, * s;
    if (i<1 ‖ i>ListLength(L) + 1)
        flag = ERROR;
    else
    {
        s = ( LinkList)malloc(sizeof(LNode));
        if (s = = NULL)
            flag = ERROR;
        else
        {
            s - >data = e;
            p = L - >head;
            j = 0;
            while (p&&j<i - 1)
            {
             p = p - >next;
             j + + ;   //寻找第 i - 1 个结点
            }
            s - >next = p - >next;
            p - >next = s;        //将 s 结点插入
        }
    }
    return flag;
}
```

在单链表 *L* 的某结点(设该结点由指针 p 指向)之后插入一个新的数据元素,如图 2-5 所示。设该新数据元素由 s 指向。操作如下:

```
s - >next = p - >next;   p - >next = s;
```

32

注意语句顺序不能调整。

10. 将链表 L 中第 i 个数据元素删除,并将其内容保存在 e 中

```
Status ListDelete((LinkList * L,int i,ElemType * e)
{
  Status flag = OK;
  LNode * p,* s;
  if (i<1 || i>ListLength(L))
      flag = ERROR;          //检查 i 值的合理性
  else
  {
    p = L->head;
    j = 0;
    while(j<i-1)
    {
      p = p->next;
      j++;                   //寻找第 i-1 个结点
    }
    s = p->next;             //用 s 指向将要删除的结点
    e = s->data;
    p->next = s->next;       //删除 s 指针所指向的结点
    free(s);
  }
  return flag;
}
```

在单链表 L 中的某结点(该结点由指针 p 指向)之后的结点需要删除,如图 2-6 所示,则操作为:

q = p->next;   p->next = q->next;   free(q);

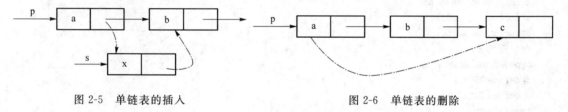

图 2-5　单链表的插入　　　　　　　　　　图 2-6　单链表的删除

如果不考虑释放被删除的结点,则下面的操作也是正确的:

p->next = p->next->next;

例 2-3 假设有两个按元素值递增次序排列的线性表,均以单链表形式存储。请编写算法将这两个单链表归并为一个按元素值递减次序排列的单链表,并要求利用原来两个单链表的结点存放归并后的单链表。

【解析】因为两个链表已按元素值递增次序排列,将其合并时,均从第一个结点起进行比较,将小的链入链表中,同时后移链表工作指针。该问题要求结果链表按元素值递减次序排列,故在合并的同时,将链表结点逆置。

```
LinkList Union(LinkList la, LinkList lb)
/* la,lb 分别是带头结点的两个单链表的头指针,链表中的元素值按递增序排列,本算法将两链表合并
成一个按元素值递减次序排列的单链表 */
{
    pa = la->next; pb = lb->next;          //pa,pb 分别是链表 la 和 lb 的工作指针
    la->next = null;                       //la 作结果链表的头指针,先将结果链表初始化为空
    while(pa! = null && pb! = null)        //当两链表均不为空时进行
```

```
    {
        if (pa->data<= pb->data)
        { r = pa->next;                    //将 pa 的后继结点暂存于 r
          pa->next = la->next;             //将 pa 结点链于结果表中,同时逆置
          la->next = pa;
          pa = r;                          //恢复 pa 为当前待比较结点
        }
        else
        {r = pb->next;                     //将 pb 的后继结点暂存于 r
          pb->next = la->next;             //将 pb 结点链于结果表中,同时逆置
          la->next = pb;
          pb = r;                          //恢复 pb 为当前待比较结点
        }
    }
    while(pa! = null)                      //将 la 或 lb 表的剩余部分链入结果表,并逆置
    {r = pa->next; pa->next = la->next; la->next = pa; pa = r; }
    while(pb! = null)
    {r = pb->next; pb->next = la->next; la->next = pb; pb = r; }
}//算法 Union 结束
```

【算法讨论】上面两链表均不为空的表达式也可简写为 while(pa&&pb),两递增有序表合并成递减有序表时,上述算法是边合并边逆置,也可先合并完,再作链表逆置,后者不如前者优化。算法中最后两个 while 语句不可能执行两个,只能二者取一,即哪个表尚未到尾,就将其逆置到结果表中,即将剩余结点依次前插到结果表的头结点后面。

2.4.3 单链表的 C 语言实现

```c
# include <stdio. h>
# include <stdlib. h>
# include <math. h>
//常量定义
typedef int ElemType;
# define TRUE 1
# define FALSE 0
typedef enum
{
    ERROR = 0,
    OK = 1
}Status;

/ * 线性表的单链表存储结构 * /
typedef struct LNode
{
    ElemType data;
    struct LNode * next;
}LNode, * LinkList;

/ * 操作结果:构造一个空的线性表 L * /
void InitList(LinkList * L)
{
    * L = (LinkList)malloc(sizeof(struct LNode));
    //产生头结点,并使 L 指向此头结点
    if( ! * L)// 存储分配失败
```

```
        exit(OVERFLOW);
    ( * L) - >next = NULL; // 指针域为空
}


/ * 初始条件:线性表 L 已存在 * /
/ * 操作结果:销毁线性表 L * /
void DestroyList(LinkList * L)
{
    LinkList q;
    while( * L)
    {
        q = ( * L) - >next;
        free( * L);
        * L = q;
    }
}


    / * 初始条件:线性表 L 已存在 * /
    / * 操作结果:将 L 重置为空表 * /
    void ClearList(LinkList L) // 不改变 L
    {
        LinkList p, q;
        p = L - >next; // p 指向第一个结点
        while(p) // 没到表尾
        {
            q = p - >next;
            free(p);
            p = q;
        }
        L - >next = NULL; // 头结点指针域为空
    }


    / * 初始条件:线性表 L 已存在 * /
    / * 操作结果:若 L 为空表,则返回 TRUE,否则返回 FALSE * /
    int ListEmpty(LinkList L)
    {
        //非空
        return (L - >next) ? FALSE : TRUE;
    }


    / * 初始条件:线性表 L 已存在 * /
    / * 操作结果:返回 L 中数据元素个数 * /
    int ListLength(LinkList L)
    {
        int i = 0;
        LinkList p = L - >next; // p 指向第一个结点
        while(p) // 没到表尾
        {
            i ++ ;
            p = p - >next;
        }
        return i;
    }
```

```
/* L 为带头结点的单链表的头指针 */
/* 当第 i 个元素存在时,其值赋给 e 并返回 OK,否则返回 ERROR */
Status GetElem(LinkList L, int i, ElemType * e)
{
    Status flag = OK;
    int j = 1; // j 为计数器
    LinkList p = L->next; // p 指向第一个结点
    while(p && j<i) // 顺指针向后查找,直到 p 指向第 i 个元素或 p 为空
    {
        p = p->next;
        j++;
    }
    if( ! p‖j>i)
        flag = ERROR; // 第 i 个元素不存在
    else
        * e = p->data; // 取第 i 个元素
    return flag;
}


/* 初始条件:线性表 L 已存在,compare()是数据元素判定函数(满足为 1,否则为 0) */
/* 操作结果:返回 L 中第 1 个与 e 满足关系 compare()的数据元素的位序 */
/* 若这样的数据元素不存在,则返回值为 0 */
int LocateElem(LinkList L, ElemType e, Status( * compare)(ElemType, ElemType))
{
    int flag = 0;
    int i = 0;
    LinkList p = L->next;
    while(p)
    {
        i++;
        if(compare(p->data,e)) // 找到这样的数据元素
        {
            flag = i;
            break;
        }
        p = p->next;
    }
    return flag;
}


/* 初始条件:线性表 L 已存在 */
/* 操作结果:若 cur_e 是 L 的数据元素,且不是第一个,则用 pre_e 返回它的前驱,返回 OK;否则操作
   失败,pre_e 无定义,返回 INFEASIBLE */
Status PriorElem(LinkList L, ElemType cur_e, ElemType * pre_e)
{
    Status flag = ERROR;
    LinkList q, p = L->next; // p 指向第一个结点
    while(p->next) // p 所指结点有后继
    {
        q = p->next; // q 为 p 的后继
        if(q->data == cur_e)
        {
            * pre_e = p->data;
            flag = OK;
```

```
            break;
        }
        p = q; // p 向后移
    }
    return flag;
}


/* 初始条件:线性表 L 已存在 */
/* 操作结果:若 cur_e 是 L 的数据元素,且不是最后一个,则用 next_e 返回它的后继,返回 OK; 否则操
   作失败,next_e 无定义,返回 INFEASIBLE */
Status NextElem(LinkList L, ElemType cur_e, ElemType * next_e)
{
    Status flag = ERROR;
    LinkList p = L->next; // p 指向第一个结点
    while(p->next) // p 所指结点有后继
    {
        if(p->data == cur_e)
        {
            * next_e = p->next->data;
            flag = OK;
            break;
        }
        p = p->next;
    }
    return flag;
}


/* 在带头结点的单链线性表 L 中第 i 个位置之前插入元素 e */
Status ListInsert(LinkList L, int i, ElemType e)
{
    Status flag = OK;
    int j = 0;
    LinkList p = L, s;
    while( p && j<i-1) // 寻找第 i-1 个结点
    {
        p = p->next;
        j++;
    }
    if( ! p || j>i-1)
        flag = ERROR;// i 小于 1 或者大于表长
    else
    {
        s = (LinkList)malloc(sizeof(struct LNode)); // 生成新结点
        s->data = e; // 插入 L 中
        s->next = p->next;
        p->next = s;
    }
    return flag;
}

/* 在带头结点的单链线性表 L 中,删除第 i 个元素,并由 e 返回其值 */
Status ListDelete(LinkList L, int i, ElemType * e)
{
    Status flag = OK;
```

37

```
    int j = 0;
    LinkList p = L, q;
    while(p->next && j<i-1) // 寻找第 i 个结点,并令 p 指向其前驱
    {
      p = p->next;
      j++;
    }
    if( ! p->next || j>i-1) // 删除位置不合理
      flag = ERROR;
    else
    {
      q = p->next; // 删除并释放结点
      p->next = q->next;
      *e = q->data;
      free(q);
    }
     return flag;
}


/* 初始条件:线性表 L 已存在 */
/* 操作结果:依次对 L 的每个数据元素调用函数 vi() */
void ListTraverse(LinkList L, void( * vi)(ElemType))
{
    LinkList p = L->next;
    while(p)
    {
      vi(p->data);
      p = p->next;
    }
    printf("\n");
}


/* 初始条件:线性表 L 已存在。打印链表的 data 域 */
void ListPrint(LinkList L)
{
    LinkList p = L->next;
    while(p)
    {
        printf(" % d ", p->data);
         p = p->next;
    }
    printf("\n");
}


void printInt(int data)
{
    printf(" % d ", data);
}


/* 插入排序 */
void ListSort(LinkList L)
{
    LinkList first, p, q; //为原链表剩下用于直接插入排序的结点头指针
    LinkList t;      //临时指针变量:插入结点
```

```
//原链表剩下用于直接插入排序的结点链表
first = L->next;

//只含有一个结点的链表的有序链表
L->next = NULL;

//遍历剩下无序的链表
while (first != NULL)
{
    //无序结点在有序链表中找插入的位置
    for (t = first, q = L; ((q != NULL) && (q->data<t->data)); p = q, q = q->next);

    //退出 for 循环,就是找到了插入的位置
    first = first->next;

    p->next = t;

    //完成插入动作
    t->next = q;
}
}

void main()
{
    LinkList L;
    InitList(&L);
    ListInsert(L, 1, 6);
    ListInsert(L, 2, 2);
    ListInsert(L, 3, 67);
    ListInsert(L, 4, 9);
    ListInsert(L, 5, 16);
    ListInsert(L, 6, 14);
    ListInsert(L, 7, 10);
    ListInsert(L, 8, 8);
    ListInsert(L, 9, 3);
    ListSort(L);
    ListTraverse(L, printInt);
}
```

2.5　循 环 链 表

2.5.1　循环链表的概念

在一个循环链表中,首结点和末结点被连接在一起。这种方式在单向和双向链表中皆可实现。循环链表可以被视为"无头无尾"。循环链表中第一个结点之前就是最后一个结点,反之亦然。循环链表的无边界使得在这样的链表上设计算法会比普通链表更加容易。对于新加入的结点应该是在第一个结点之前还是最后一个结点之后,可以根据实际要求灵活处理,区别不大。当然,如果只需在最后插入数据(或者只会在之前),处理也是很容易的。若将链表中最后一个结点的 next 域指向起始结点,整个链表形成一个环。其特点为:从表中任何一个结点

出发,都可以找到表中其他结点。循环链表也可以分为无头结点(图 2-7 所示)和带头结点(图 2-8所示)的形式。

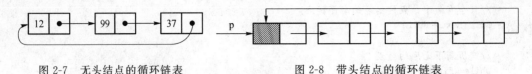

图 2-7　无头结点的循环链表　　　　　　　图 2-8　带头结点的循环链表

设 p 指向最后一个结点(如图 2-9 所示),则循环结束的条件是:p->next==H,H 为线性表的头指针。

循环链表在实现时,有时为了操作的方便,设置尾指针,而不设置头指针,如图 2-10 所示。

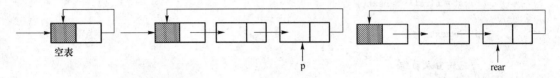

图 2-9　任意结点作为起始结点的循环链表　　　图 2-10　设置尾指针的循环链表

实现循环链表的类型定义与单链表完全相同,它的所有操作也都与单链表类似,只是判断链表结束的条件有所不同。下面我们就列举循环链表操作的算法示例。

例 2-4　在循环链表 L 中检索值为 e 的数据元素。

```
LNode * LocateELem(LinkList L,ElemType e)
{
    LNode * p;
    p = L. head->next;
    while ((p! = L. head)&&(p->data! = e))
        p = p->next;
    if (p! = L. head)
        return p;
    else
        return NULL;
}
```

2.5.2　循环链表的 C 语言实现

```
# include <stdio. h>
# include <malloc. h>
# include <stdlib. h>
typedef struct LNode
{
    int data;
    struct LNode * next;
}LinkList;
LinkList * creat()//创建循环链表
{
    LinkList * head, * p1, * p2;
    int i;
    if((head = (LinkList * )malloc(sizeof(LNode))) == NULL)
    {
```

```
            printf("Error");
            exit(0);
        }
    p1 = p2 = head;
    printf("输入创建链表的长度:");
    scanf("%d",&head->data);//创建列表,带头结点,头结点数据域表示输入的个数
    if(head->data==0)
    {
        head->next = NULL;
        printf("已创建带头结点的空链表");
    }
    else
    {
        printf("输入数据:\n");
        for(i=0;i<head->data;i++)
        {
            if((p1=( LinkList *)malloc(sizeof(LNode)))==NULL)
            {
                printf("Error");
                exit(0);
            }
            scanf("%d",&p1->data);
            p2->next = p1;
            p2 = p1;
        }
        p1->next = head;
    }
    return(head);
}
void print(LinkList * head)//输出循环链表中的数据
{
    LinkList * p;
    p = head->next;
    while(p! = head)
    {
        printf("%d",p->data);
        p = p->next;
    }
    printf("\n");
}
void main()
{
    LinkList * head;
    head = creat();
    print(head);
}
```

2.6 双 向 链 表

2.6.1 双向链表的概念

有的时候第一个结点可能会被删除或者在之前添加一个新的结点。这时候就要修改指向

首个结点的指针。有一种可以方便地消除这种特殊情况的方法,就是在最后一个结点之后、第一个结点之前存储一个永远不会被删除或者移动的虚拟结点,形成一个循环链表。这个虚拟结点之后的结点就是真正的第一个结点。这种情况通常可以用这个虚拟结点直接表示这个链表,对于把链表单独存在数组里的情况,也可以直接用这个数组表示链表并用第 0 个或者第一1 个(如果编译器支持)结点固定地表示这个虚拟结点。

双向链表也叫"双链表"或"双面链表",如图 2-11 所示。双向链表中不仅有指向后一个结点的指针(当此"连接"为最后一个"连接"时,指向空值或者空列表),还有指向前一个结点的指针(当此"连接"为第一个"连接"时,指向空值或者空列表)。这样可以从任何一个结点访问前一个结点,当然也可以访问后一个结点,以至整个链表。一般是在需要大批量另外储存数据在链表中的位置的时候用。双向链表也可以配合其他链表的扩展使用。

双向链表的每个结点有两个指针域(一个指向后继结点,另一个指向前驱结点)、一个数据域,如图 2-12 所示。在需要频繁地同时访问前驱和后继结点的时候,需使用双向链表。

图 2-11　双向链表　　　　　　　　　　图 2-12　双向链表的数据结构

1. 双向链表的数据结构

```
Typedef struct DuLNode
{  ElemType data;
   struct DuLNode * prior; //前驱指针
   struct DuLNode * next; //后继指针
}DuLNode , * DuLinkList;
```

设 d 为指向某结点的指针,则下式成立:

$d->next->prior == d->prior->next == d$

2. 双向链表的插入、删除操作

同单链表相比,双向链表的插入、删除操作需同时修改两个指针,因此操作较为复杂。

(1)插入一个结点 s,如图 2-13 所示。

步骤:s->prior = p->prior;

p->prior->next = s;

s->next = p;

p->prior = s;

(2)删除一个结点 p,如图 2-14 所示。

步骤:p->prior->next = p->next;

p->next->prior = p->prior;

free(p);

若将双向链表中第一个结点的 prior 域指向最后一个结点,将最后一个结点的 next 域指向起始结点,整个链表形成一个双向环,这就生成了一个双向循环链表,如图 2-15 所示。

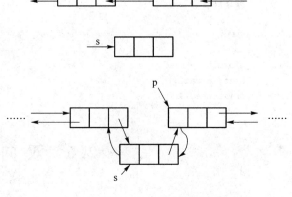

图 2-13　双向链表插入结点

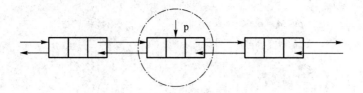

图 2-14　双向链表删除结点

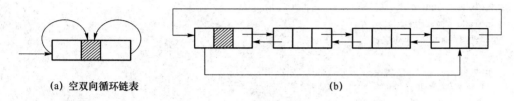

(a) 空双向循环链表 　　　　　　　　　　　　　　　　 (b)

图 2-15　双向循环链表

① 创建双向循环链表 DL。

```
void Create_Du_Link_List(DuLinkList * DL)
{
    if (InitDulist(DL) == ERROR)
        exit ERROR;
    scanf(" % d",&data);
    for (int i = 1;data;i++){
        DuListInsert(DL,i,data);
        scanf(" % d",&data);
    }
}
```

② 初始化双向循环链表 DL。

```
int InitDuList DuLinkList * DL)
{
    DL->head = ( DuLinkList * )malloc(sizeof(DuLNode));      //为头结点分配存储单元
    if (DL->head == NULL) return ERROR;
    DL->head->next = DL->head;        //让头结点的 next 域指向自身
    DL->head->prior = DL->head;       //让头结点的 prior 域指向自身
    return OK;
}
```

③ 在双向循环链表 DL 中第 i 个数据元素之前插入数据元素 e。

```
int DuListInsert(DuLinkList * L,int i,ElemType e)
{
    DuLNode * p, * s;
    p = L->head;
    j = 0;
    if(i<1 || i>ListLength(DL) + 1) return ERROR;        //检测 i 值的合理性
    s = ( DuLinkList * )malloc(sizeof(DuLNode));         //为新结点分配存储单元
    if(s == NULL) return ERROR;
    s->item = e;
    while (p&&j<i) //寻找第 i 个结点
    {
        p = p->next;
        j++;
```

```
    }
    s->next = p;   s->prior = p->prior;            //将新结点插入
    p->prior->next = s;   p->prior = s;
    return OK;
}
```

2.6.2 双向链表的 C 语言实现

```c
# include <stdio.h>
# include <malloc.h>
typedef struct DuLNode
{
    int i;
    struct DuLNode * next, * prior;
}DuLNode, * DuLinkList;

DuLNode * create_list()
{
    int a[] = {1,2,3,4,5};
    int j;
    DuLNode * head, * p1, * p2;
    p2 = head = (DuLinkList)malloc(sizeof(DuLNode));
    head->next = head->prior = NULL;
    for(j = 4;j >= 0;j--)
    {
        p1 = (DuLinkList)malloc(sizeof(DuLNode));
        p1->i = a[j];
        p1->prior = head;
        p1->next = head->next;
        head->next = p1;
    }
    return head;
}

DuLNode * insert_list(DuLNode * head,int i,int num)
{
    DuLNode * p, * q;
    int j;

    for(j = 1,p = head->next;j<i&&p->next;j++)
    {
        q = p->next;
        q->prior = p;
        p = q;
    }

    q = (DuLinkList)malloc(sizeof(DuLNode));
    q->i = num;

    q->prior = p->prior;
    q->next = p;
    p->prior->next = q;
    p->prior = q;
```

44

```
    return head;
}

void printf_list(DuLNode * head)
{
    DuLNode * p;
    for(p = head->next;p;p = p->next)
    {
     printf("%d  ",p->i);
    }
    printf("\n");
}

    void main()
    {
     struct DuLNode * head;

     int i,num;
     head = create_list();
     printf_list(head);

     scanf("%d",&i);
     scanf("%d",&num);
     head = insert_list(head,i,num);
     printf_list(head);
    }
```

2.7　链表的应用

链表可用来构建许多其他数据结构,如堆栈、队列和它们的派生等。

例 2-5　用 C 语言建立一个单链表实现一个通讯录,要求包含姓名、地址、家庭电话号码、QQ 号码。要求根据 QQ 号码从小到大输出,只要求录入和输出。

```
# include <stdio.h>
# include <stdlib.h>
# include <conio.h>
# include <string.h>
typedef struct LNode{
    char name[16];
    char addr[64];
    unsigned long phone;
    unsigned long qq;
    struct LNode * next;

} LNode, * LinkList;
/* insert a node */
LinkList Insert(LinkList * head, LinkList pos, LNode * l )
{
    LinkList tmp;
```

```c
        tmp = (LinkList)malloc( sizeof(LNode) );
        strcpy( tmp->name, l->name );
        strcpy( tmp->addr, l->addr );
        tmp->phone = l->phone;
        tmp->qq = l->qq;
        tmp->next = pos ? pos->next : *head;
        if(pos){
            pos->next = tmp;
        } else {
            *head = tmp;
        }
        return tmp;
}
/* create a list */
LinkList Create()
{
    LinkList head, t;
    LNode input;
    head = t = NULL;
    printf( "请按［姓名］［地址］［家庭电话］［qq］的顺序输入\n" );
    printf( "每行一组数据,输入空行结束:\n" );
    while(1){
        if(getchar() == '\n')break;
        scanf( "%s%s%lu%lu", input.name, input.addr, &input.phone, &input.qq );
        while(getchar() != '\n');
        t = Insert( &head, t, &input );
    }
    return head;
}


/* view list */
void Print(LinkList head )
{
    while(head){
        printf( "%s\t%s\t%lu\t%lu\n", head->name, head->addr, head->phone, head->qq );
        head = head->next;
    }
    putchar( '\n' );
}
/* merge sort */
LinkList msort(LinkList * head, int n )
{
    int i, m;
    LinkList l, r, p, *x, *y;
    if(n<2)return *head;
    m = n/2;
    p = l = r = *head;
    for(i = m; i>0; --i)
```

46

```
            p = r, r = r->next;
        p->next = NULL;
        l = msort( &l, m );
        r = msort( &r, n - m );
        x = &p;
        while(l && r){
            *x = l->qq < r->qq ? (y = &l, l) : (y = &r, r);
            *y = (*y)->next; x = &(*x)->next;
        }
        l = l ? l : r ? r : NULL;
        *x = l; *head = p;
        return p;
}


/* sort wrapper */
void Sort(LinkList * head )
{
    int i;
    LinkList tmp = *head;
    for(i = 0; tmp; ++i, tmp = tmp->next );
    msort( head, i );
}


void main()
{
    LinkList head = Create();
    printf( "\n 链表内容:\n" );
    Print( head );
    Sort( &head );
    printf( "\n 排序之后:\n" );
    Print( head );
    getch();
}
```

本 章 小 结

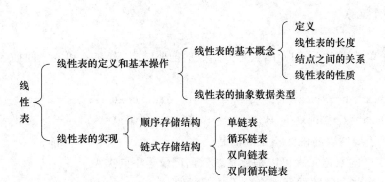

练 习 强 化

一、选择题

1. 线性表是(　　　)。

A. 一个有限序列,可以为空　　　　　　　B. 一个有限序列,不可以为空

C. 一个无限序列,可以为空　　　　　　　D. 一个无限序列,不可以为空

2. 在一个长度为 n 的顺序表中删除第 i 个元素($0 \leqslant i \leqslant n$)时,需向前移动(　　　)个元素。

A. $n-i$　　　　　　　B. $n-i+1$　　　　　C. $n-i-1$　　　　D. i

3. 线性表采用链式存储时,其地址(　　　)。

A. 必须是连续的　　　　　　　　　　　B. 一定是不连续的

C. 部分地址必须是连续的　　　　　　　D. 连续与否均可以

4. 从一个具有 n 个结点的单链表中查找其值等于 x 的结点时,在查找成功的情况下,需平均比较(　　　)个元素结点。

A. $n/2$　　　　　　　B. n　　　　　　　C. $(n+1)/2$　　　　D. $(n-1)/2$

5. 在双向循环链表中,在 p 所指的结点之后插入 s 指针所指的结点,其操作是(　　　)。

A. p—>next=s;　　s—>prior=p;

　　p—>next—>prior=s; s—>next=p—>next;

B. s—>prior=p;　　s—>next=p—>next;

　　p—>next=s;　　p—>next—>prior=s;

C. p—>next=s;　　p—>next—>prior=s;

　　s—>prior=p;　　s—>next=p—>next;

D. s—>prior=p;　　s—>next=p—>next;

　　p—>next—>prior=s;　　p—>next=s;

6. 设单链表中指针 p 指向结点 m,若要删除 m 之后的结点(若存在),则需修改指针的操作为(　　　)。

A. p—>next=p—>next—>next;　　　B. p=p—>next;

C. p=p—>next—>next;　　　　　　D. p—>next=p;

7. 在一个长度为 n 的顺序表中向第 i 个元素($0 < i < n+1$)之前插入一个新元素时,需向后移动(　　　)个元素。

A. $n-i$　　　　　　　B. $n-i+1$　　　　　C. $n-i-1$　　　　　D. i

8. 在一个单链表中,已知 q 结点是 p 结点的前驱结点,若在 q 和 p 之间插入 s 结点,则须执行(　　　)。

A. s—>next=p—>next;　p—>next=s B. q—>next=s;　s—>next=p

C. p—>next=s—>next;　s—>next=p D. p—>next=s;　s—>next=q

9. 以下关于线性表的说法不正确的是(　　　)。

A. 线性表中的数据元素可以是数字、字符、记录等不同类型

B. 线性表中包含的数据元素个数不是任意的

C. 线性表中的每个结点都有且只有一个直接前驱和直接后继

D. 存在这样的线性表：表中各结点都没有直接前驱和直接后继

10. 线性表的顺序存储结构是一种（　　　）的存储结构。

A. 随机存取　　　　　B. 顺序存取　　　　　C. 索引存取　　　　　D. 散列存取

11. 在顺序表中，只要知道（　　　），就可在相同时间内求出任一结点的存储地址。

A. 基地址　　　　　　B. 结点大小　　　　　C. 向量大小　　　　　D. 基地址和结点大小

12. 在等概率情况下，顺序表的插入操作要移动（　　　）结点。

A. 全部　　　　　　　B. 一半　　　　　　　C. 三分之一　　　　　D. 四分之一

13. 在（　　　）运算中，使用顺序表比链表好。

A. 插入　　　　　　　B. 删除　　　　　　　C. 根据序号查找　　　D. 根据元素值查找

14. 在一个具有 n 个结点的有序单链表中插入一个新结点并保持该表有序的时间复杂度是（　　　）。

A. $O(1)$　　　　　　B. $O(n)$　　　　　　C. $O(n^2)$　　　　　D. $O(\log_2 n)$

15. 下述哪一条是顺序存储结构的优点？（　　　）。

A. 存储密度大　　　　　　　　　　　B. 插入运算方便

C. 删除运算方便　　　　　　　　　　D. 可方便地用于各种逻辑结构的存储表示

16. 下面关于线性表的叙述中，错误的是哪一个？（　　　）。

A. 线性表采用顺序存储，必须占用一片连续的存储单元

B. 线性表采用顺序存储，便于进行插入和删除操作

C. 线性表采用链接存储，不必占用一片连续的存储单元

D. 线性表采用链接存储，便于插入和删除操作

17. 线性表是具有 n 个（　　　）的有限序列（$n > 0$）。

A. 表元素　　　　　　B. 字符　　　　　　　C. 数据元素　　　　　D. 数据项

18. 若某线性表最常用的操作是存取任一指定序号的元素和在最后进行插入和删除运算，则利用（　　　）存储方式最节省时间。

A. 顺序表　　　　　　　　　　　　　B. 双链表

C. 带头结点的双循环链表　　　　　　D. 单循环链表

19. 某线性表中最常用的操作是在最后一个元素之后插入一个元素和删除第一个元素，则采用（　　　）存储方式最节省运算时间。

A. 单链表　　　　　　　　　　　　　B. 仅有头指针的单循环链表

C. 双链表　　　　　　　　　　　　　D. 仅有尾指针的单循环链表

20. 设一个链表最常用的操作是在末尾插入结点和删除尾结点，则选用（　　　）最节省时间。

A. 单链表　　　　　　　　　　　　　B. 单循环链表

C. 带尾指针的单循环链表　　　　　　D. 带头结点的双循环链表

21. 若某表最常用的操作是在最后一个结点之后插入一个结点或删除最后一个结点，则采用（　　　）存储方式最节省运算时间。

A. 单链表　　　　　　　　　　　　　B. 双链表

C. 单循环链表　　　　　　　　　　　D. 带头结点的双循环链表

22. 静态链表中指针表示的是（　　　）。

A. 内存地址   B. 数组下标

C. 下一元素地址   D. 左、右孩子地址

23. 链表不具有的特点是(　　　)。

A. 插入、删除不需要移动元素   B. 可随机访问任一元素

C. 不必事先估计存储空间   D. 所需空间与线性长度成正比

24. 下面的叙述不正确的是(　　　)。

A. 线性表在链式存储时,查找第 i 个元素的时间同 i 的值成正比

B. 线性表在链式存储时,查找第 i 个元素的时间同 i 的值无关

C. 线性表在顺序存储时,查找第 i 个元素的时间同 i 的值成正比

D. 线性表在顺序存储时,查找第 i 个元素的时间同 i 的值无关

25. 以下错误的是(　　　)。

(1) 静态链表既有顺序存储的优点,又有动态链表的优点,所以它存取表中第 i 个元素的时间与 i 无关。

(2) 静态链表中能容纳的元素个数的最大数在表定义时就确定了,以后不能增加。

(3) 静态链表与动态链表在元素的插入、删除上类似,不需做元素的移动。

A. (1),(2)   B. (1)   C. (1),(2),(3)   D. (2)

26. 若长度为 n 的线性表采用顺序存储结构,在其第 i 个位置插入一个新元素的算法的时间复杂度为(　　　)($1 \leqslant i \leqslant n+1$)。

A. $O(0)$ B. $O(1)$

C. $O(n)$ D. $O(n^2)$

27. 对于顺序存储的线性表,访问结点和增加、删除结点的时间复杂度为(　　　)。

A. $O(n)$ $O(n)$ B. $O(n)$ $O(1)$ C. $O(1)$ $O(n)$ D. $O(1)$ $O(1)$

28. 线性表($a_1, a_2, \cdots, a_n$)以链接方式存储时,访问第 i 位置元素的时间复杂性为(　　　)。

A. $O(i)$ B. $O(1)$ C. $O(n)$ D. $O(i-1)$

29. 在单链表指针为 p 的结点之后插入指针为 s 的结点,正确的操作是(　　　)。

A. p—>next=s;s—>next=p—>next;   B. s—>next=p—>next;p—>next=s;

C. p—>next=s;p—>next=s—>next;   D. p—>next=s—>next;p—>next=s;

30. 对于一个头指针为 head 的带头结点的单链表,判定该表为空表的条件是(　　　)。

A. head==NULL   B. head→next==NULL

C. head→next==head   D. head!=NULL

二、填空题

1. 线性表是一种典型的_____结构。

2. 在一个长度为 n 的顺序表的第 i 个元素之前插入一个元素,需要后移_____个元素。

3. 顺序表中逻辑上相邻的元素的物理位置_____。

4. 要从一个顺序表删除一个元素时,被删除元素之后的所有元素均需_____一个位置,移动过程是从_____向_____依次移动每一个元素。

5. 在线性表的顺序存储中,元素之间的逻辑关系是通过_____决定的;在线性表的

链接存储中,元素之间的逻辑关系是通过_____决定的。

6. 在双向链表中,每个结点含有两个指针域,一个指向_____结点,另一个指向_____结点。

7. 当对一个线性表经常进行存取操作,而很少进行插入和删除操作时,采用_____存储结构为宜。相反,当经常进行的是插入和删除操作时,则采用_____存储结构为宜。

8. 顺序表中逻辑上相邻的元素,物理位置_____相邻;单链表中逻辑上相邻的元素,物理位置_____相邻。

9. 线性表、栈和队列都是_____结构,可以在线性表的_____位置插入和删除元素;对于栈只能在_____位置插入和删除元素;对于队列只能在_____位置插入元素和在_____位置删除元素。

10. 根据线性表的链式存储结构中每个结点所含指针的个数,链表可分为_____和_____;而根据指针的连接方式,链表又可分为_____和_____。

11. 在单链表中设置头结点的作用是_____。

12. 对于一个具有 n 个结点的单链表,在已知的结点 p 后插入一个新结点的时间复杂度为_____,在给定值为 x 的结点后插入一个新结点的时间复杂度为_____。

13. 以下程序的功能是实现带附加头结点的单链表数据结点逆序连接,请填空完善之。

```
void reverse(pointer h)
{  pointer p,q;
   p = h->next;   h->next = NULL;
   while((1))
   {q = p; p = p->next; q->next = h->next; h->next = (2);   }
}
```

14. 下面是对不带头结点的单链表进行就地逆置的算法,该算法用 L 返回逆置后的链表的头指针,试在空缺处填入适当的语句。

```
void   reverse(linklist &L){
       p = null;q = L;
       while(q! = null)
       {(1);   q->next = p;p = q;(2); }
       (3);
}
```

15. 对单链表中元素按插入方法排序的描述算法如下,其中 L 为链表头结点指针。请填充算法中标出的空白处,完成其功能。

```
typedef struct node
       {int data;   struct node * next;
       }linknode, * link;
void Insertsort(link L)
    {  link p,q,r,u;
       p = L->next;(1);
       while((2))
     { r = L;   q = L->next;
       while((3)&& q->data< = p->data) {r = q; q = q->next;}
       u = p->next;(4);(5);   p = u;
       }
}
```

16. 一线性表存储在带头结点的双向循环链表中,L 为头指针。在空缺处填写相应的语句,算法如下:

```
void unknown  (BNODETP * L)
{    ...
 p = L - >next; q = p - >next; r = q - >next;
 while (q! = L)
   { while (p! = L) && (p - >data>q - >data)  p = p - >prior;
     q - >prior - >next = r;(1);
     q - >next = p - >next;q - >prior = p;
     (2);(3); q = r;p = q - >prior;
     (4);
   }
}
```

三、判断题

1. 链表中的头结点仅起到标识的作用。　　　　　　　　　　　　　　　　　（　　）

2. 顺序存储结构的主要缺点是不利于插入或删除操作。　　　　　　　　（　　）

3. 线性表采用链表存储时,结点和结点内部的存储空间可以是不连续的。（　　）

4. 顺序存储方式插入和删除时效率太低,因此它不如链式存储方式好。　（　　）

5. 对任何数据结构,链式存储结构一定优于顺序存储结构。　　　　　　（　　）

6. 顺序存储方式只能用于存储线性结构。　　　　　　　　　　　　　　　（　　）

7. 集合与线性表的区别在于是否按关键字排序。　　　　　　　　　　　　（　　）

8. 所谓静态链表就是一直不发生变化的链表。　　　　　　　　　　　　　（　　）

9. 线性表的特点是每个元素都有一个前驱和一个后继。　　　　　　　　（　　）

10. 取线性表的第 i 个元素的时间同 i 的大小有关。　　　　　　　　　（　　）

11. 循环链表不是线性表。　　　　　　　　　　　　　　　　　　　　　　　（　　）

12. 线性表只能用顺序存储结构实现。　　　　　　　　　　　　　　　　　（　　）

13. 线性表就是顺序存储的表。　　　　　　　　　　　　　　　　　　　　（　　）

14. 为了很方便地插入和删除数据,可以使用双向链表存放数据。　　　　（　　）

15. 顺序存储方式的优点是存储密度大,且插入、删除运算效率高。　　　（　　）

16. 链表是采用链式存储结构的线性表,进行插入、删除操作时,在链表中比在顺序存储结构中效率高。　　　　　　　　　　　　　　　　　　　　　　　　　　　　　（　　）

四、算法设计题

1. 设计在无头结点的单链表中删除第 i 个结点的算法。

2. 在单链表上实现线性表的求表长 ListLength(L)运算。

3. 设计将带表头的单链表逆置算法。

4. 假设有一个带表头结点的双向链表,表头指针为 head,每个结点含三个域:data、next 和 prior。其中 data 为整型数域,next 和 prior 均为指针域。现在所有结点已经由 next 域连接起来,试编一个算法,利用 prior 域(此域初值为 NULL)把所有结点按照其值从小到大的顺序链接起来。

5. 假设在长度大于 1 的单循环链表中既无头结点也无头指针,s 为指向链表中某个结点的指针,试编写算法删除结点 s 的直接前驱结点。

练 习 答 案

一、选择题

1. A   2. A   3. D   4. C   5. D   6. A   7. B   8. B   9. C
10. A   11. D   12. B   13. C   14. B   15. A   16. B   17. C   18. A
19. D   20. D   21. D   22. C   23. B   24. B,C   25. B   26. C   27. C
28. C   29. B   30. B

二、填空题

1. 线性

2. $n-i+1$

3. 相邻

4. 前移　前　后

5. 物理存储位置　链域的指针值

6. 前驱　后继

7. 顺序　链接

8. 一定　不一定

9. 线性　任何　栈顶　队尾　队头

10. 单链表　双链表　非循环链表　循环链表

11. 使空表和非空表统一;算法处理一致

12. $O(1)$　$O(n)$

13. (1) p!＝null   //链表未到尾就一直进行

　　 (2) q   //将当前结点作为头结点后的第一元素结点插入

14. (1) L＝L－>next;   //暂存后继

　　 (2) q＝L;   //待逆置结点

　　 (3) L＝p;   //头指针仍为 L

15. (1) L－>next＝null   //置空链表,然后将原链表结点逐个插入有序表中

　　 (2) p!＝null   //当链表尚未到尾,p 为工作指针

　　 (3) q!＝null   //查 p 结点在链表中的插入位置,这时 q 是工作指针

　　 (4) p－>next＝r－>next //将 p 结点链入链表中

　　 (5) r－>next＝p   //r 是 q 的前驱,u 是下个待插入结点的指针

16. (1) r－>prior＝q－>prior;   //将 q 结点摘下,以便插入到适当位置

　　 (2) p－>next－>prior＝q;   //(2)(3)将 q 结点插入

　　 (3) p－>next＝q;

　　 (4) r＝r－>next;或 r＝q－>next; //后移指针,再将新结点插入到适当位置

三、判断题

1. ×   2. √   3. √   4. ×   5. ×   6. ×   7. ×   8. ×   9. ×
10. ×   11. ×   12. ×   13. ×   14. √   15. ×   16. √

四、算法设计题

1. 算法思想为：

（1）应判断删除位置的合法性，当 $i<0$ 或 $i>n-1$ 时，不允许进行删除操作；

（2）当 $i=0$ 时，删除第一个结点；

（3）当 $0<i<n$ 时，允许进行删除操作，但在查找被删除结点时，须用指针记住该结点的前驱结点。

算法描述如下：

```
delete(LinkList * q,int i)
{  //在无头结点的单链表中删除第 i 个结点
   LinkList * p, * s;
   int j;
   if(i<0)
        printf("Can't delete");
   else if(i==0)
   {  s = q;
      q = q->next;
      free(s);
   }
   else
   {  j = 0; s = q;
      while((j<i) && (s! = NULL))
      {  p = s;
         s = s->next;
         j++;
      }
      if (s == NULL)
         printf("Cant't  delete");
      else
      {  p->next = s->next;
         free(s);
      }
   }
}
```

2. 由于在单链表中只给出一个头指针，所以只能用遍历的方法来数单链表中的结点个数。算法描述如下：

```
int ListLength(LinkList * L)
{  //求带头结点的单链表的表长
   int len = 0;
   ListList * p;
   p = L;
   while(p->next! = NULL )
   {  p = p->next;
      len++;
   }
   return (len);
}
```

3. 设单循环链表的头指针为 head，类型为 LinkList。逆置时需将每一个结点的指针域进行修改，使其原前驱结点成为后继。如要更改 q 结点的指针域时，设 s 指向其原前驱结点，p指向其原后继结点，则只需进行 q−＞next＝s；操作即可，算法描述如下：

```
void invert(LinkList  * head)
{   //逆置 head 指针所指向的单循环链表
    linklist * p, * q, * s;
    q = head;
    p = head−＞next;
    while (p! = head)   //当表不为空时,逐个结点逆置
    {   s = q;
        q = p;
        p = p−＞next;
        q−＞next = s;
    }
    p−＞next = q;
}
```

4. 定义类型 LinkList 如下：

```
typedef struct node
{   int data;
    struct node * next, * prior;
}LinkList;
```

此题可采用插入排序的方法，设 p 指向待插入的结点，用 q 搜索已由 prior 域链接的有序表找到合适位置将 p 结点链入。算法描述如下：

```
insert (LinkList  * head)
{    LinkList  * p, * s, * q;
     p = head−＞next;  //p 指向待插入的结点,初始时指向第一个结点
     while(p! = NULL)
     {  s = head;  // s 指向 q 结点的前驱结点
        q = head−＞prior;  //q 指向由 prior 域构成的链表中待比较的结点
        while((q! = NULL) && (p−＞data＞q−＞data))
        //查找插入结点 p 的合适的插入位置
        {   s = q;
            q = q−＞prior;
        }
        s−＞prior = p;
        p−＞prior = q;  //结点 p 插入到结点 s 和结点 q 之间
        p = p−＞next;
     }
}
```

5. 算法描述如下：

```
void DeleteBefore (LinkList * s )
{
  LinkList  * p = s;
  while(p−＞next−＞next! = s)
      p = p−＞next;
  free(p−＞next);
  p−＞next = s;
}
```

第3章 栈和队列

本章内容提要：

栈和队列的基本概念，栈和队列的顺序存储和链式存储的表示及实现，栈和队列在实际问题中的应用。

栈和队列是两种特殊的线性结构，其特殊性在于栈和队列的基本操作是线性表操作的子集，它们是受限的线性表，因此可称为限定性的数据结构，广泛应用在各种软件开发过程中。

3.1 栈

3.1.1 栈的基本概念

栈是一种特殊的线性表，它的逻辑结构与线性表相同，只是其运算规则较线性表有更多的限制，故又称它为运算受限的线性表。

栈的定义：堆栈是一种特殊的线性表，它的操作被限制在某一端，即栈顶。若有一个栈

$$S=(a_1, a_2, \cdots, a_n)$$

则称 a_1 为栈底结点，a_n 为栈顶结点。习惯上称插入结点为入栈（压栈或进栈），删除结点称为出栈（弹栈）。最先进栈的结点必定最后出栈，最后进栈的结点必定最先出栈，因此栈是一种具有后进先出（last in first out）特性的数据结构，简称为 LIFO 表，如图 3-1 所示。

假设堆栈 S 有：

数据对象 $D=\{a_i \mid a_i \in \mathrm{ElemSet}, i=1,2,3,\cdots,n,n \geqslant 0\}$

数据元素之间的关系 $R=\{\langle a_{i-1},a_i \rangle \mid a_{i-1},a_i \in D, i=1,2,\cdots,n\}$，

约定 a_1 为栈顶，a_n 为栈底

则堆栈 S 的基本操作如下所示。

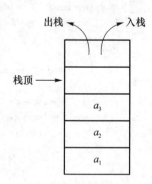

图 3-1 栈的示意图

（1）InitStack(&S)：其作用是构造一个空栈。

（2）DestoryStack(&S)：其作用是销毁当前的堆栈 S。

（3）ClearStack(&L)：清空堆栈 S，使之成为空栈。

（4）StackLength(L)：返回堆栈 S 的长度，即堆栈中数据元素的个数。

（5）GetTop(S,&e)：用 e 返回堆栈 S 的栈顶元素（注意不是出栈）。

（6）Push(&S,e)：将元素 e 插入到堆栈中，作为堆栈 S 的新的栈顶元素，称为入栈、进栈或压栈。

（7）Pop(&S,&e)：删除堆栈 S 的栈顶元素，并将其用 e 返回其值，称为出栈或弹栈。

（8）StackTraverse(S,visit())：从栈底到栈顶对每个数据元素利用函数 visit()访问。

可以看出，堆栈 S 的基本操作同线性表非常相近，不同之处在于堆栈增加了对数据元素的访问限制：线性表允许以任何方式访问其数据元素，而堆栈只允许从栈顶访问数据元素。

3.1.2 栈的表示和实现

由于栈是运算受限线性表，因此线性表的存储结构对栈也适用，而线性表有顺序存储和链式存储两种，所以栈也有顺序存储和链式存储两种。顺序栈，即栈的顺序存储结构是利用一组地址连续的存储单元依次存放自栈底到栈顶的数据元素，同时设指针 top 指示栈顶元素在顺序栈中的位置。

```
# define STACK_INIT_SIZE 100        //存储空间初始分配量
# define STACKINCREMENT 10          //存储空间分配增量
typedef struct
    {        ElemType  * base;       //栈底指针
             ElemType  * top;        //栈顶指针
             int stacksize;          //指当前堆栈可用的最大容量
    }SqStack;
```

重要说明：（1）base 始终指向栈底位置，在栈操作过程中，base 的取值保持不变。如果 base＝＝NULL，则说明栈结构不存在。

（2）top 为栈顶指针，其初始值指向栈底，即有 base＝＝top，这也可以看作是栈空的标志，如图 3-2(a)所示。删除栈顶元素时 top 减 1，插入新的元素时 top 增 1，因此非空栈的栈顶指针始终指向当前栈顶元素的下一个位置。栈有关的基本操作如图 3-2 所示。

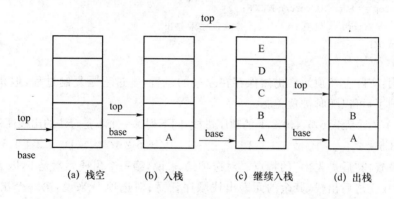

图 3-2 出栈和入栈

顺序栈的基本操作算法描述如下。

（1）初始化顺序栈

```
Status InitStack (SqStack &S)
{   S.base = (SElemType * )malloc(STACK_INIT_SIZE * sizeof(sElemType));
    If (! S.base) exit(OVERFLOW);//存储分配失败
    S.top = S.base;
    S.stacksize = STACK_INIT_SIZE;
    return OK;
}
```

（2）取得栈顶元素

```
Status GetTop(SqStack S , SElemType &e)
```

```
{  if (S.top = = S.base)  return ERROR;   //栈空的标志
   e = * (S.top - 1);
   return OK;
}
```

（3）入栈操作

```
Status Push(SqStack &S  ,SElemType e)
  {
     if (S.top-S.base> = stacksize)
  {
     S.base = (SelemType * ) realloc(S.base,
              (S.stacksize + STACKSIZE) * sizeof(SElemType));//重新分配空间
        if (! S.base) exit(OVERFLOW) //存储分配失败;
     S.top = S.base + S.stacksize;
     S.stacksize + = STACKSIZE;
  }

     * S.top + + = e; //先压栈,top再增加1,top总是指向下一个可以保存数据的位置
     return OK;
  }
```

说明:栈满的判定:S.top-S.base $\geq$=S.stacksize。

（4）出栈操作

```
Status Pop(SqStack & S , SElemType &e)
  {
     if (S.top = = S.base) return ERROR;
     e = * - - S.top; //先将top--,后将栈顶元素弹出
     return OK;
  }
```

重要说明:实际上栈顶元素仍然保存在原来的位置,本过程是复制过程,但是原栈顶位置已经不受保护了,可以随时被覆盖。

例 3-1 有六个元素 6,5,4,3,2,1 的顺序进栈,问下列哪一个不是合法的出栈序列?（   ）。
A. 5 4 3 6 1 2   B. 4 5 3 1 2 6   C. 3 4 6 5 2 1   D. 2 3 4 1 5 6

【解析】考查栈"后进先出"的特点。对选项 A 来说,第一个出栈元素是 5,因为 6 先于 5 进栈,所以必定在 5 之后出栈,其余的元素出栈顺序任意;对选项 B 来说,第一个出栈元素是 4,所以 5 和 6 两个元素必定在 4 之后依次出栈;对选项 C 来说,第一个出栈元素是 3,则必有 4、5、6 三个元素依次在 3 后面出栈,但是选项 C 中的顺序是 3、4、6、5,这是不符合要求的;对选项 D 来说,第一个出栈元素是 2,则必有 3、4、5、6 依次在 2 后面出栈,D 也是符合要求的,因此答案选 C。

总结:这种问题如何解决呢?我们看第一个出栈元素,然后确定先于第一个元素进栈的所有其他元素,这些元素一定在第一个出栈元素之后顺序出栈。如果第一个元素仍然无法判断出来,可继续看后面的元素,依此类推。举例如下:

假设第一个出栈的元素是 1,则出栈顺序一定是 6 5 4 3 2 1,没有其他情况。

假设第一个出栈的元素是 2,则出栈顺序可能有:2 1 3 4 5 6、2 3 1 4 5 6、2 3 4 1 5 6、2 3 4 5 1 6、2 3 4 5 6(可首先把 2 3 4 5 6 写出,然后可将 1 插到 2 之后的任意位置）。

假设第一个出栈的元素是 3,则出栈顺序可能有:3 1 2 4 5 6、3 4 1 2 5 6、3 4 5 1 2 6、3 4 5

612,但是 3 1 4 5 2 6 是不能的。因为 3 出栈之后,当前栈中仍有 4、5、6 三个元素,如果下一个是 1 出栈,则肯定先让 2 进栈,再让 1 进栈,然后 1 出栈,此时栈顶就变成 2 了,则下一个出栈的只能是 2,而不能是 4。

3.1.3 栈的链式存储结构

由于栈的插入和删除操作具有其特殊性,都是在栈顶进行的,所以用顺序存储结构表示的栈并不存在插入删除数据元素时需要大量移动的问题,但当入栈元素数量难以估计时,栈容量难以扩充的弱点仍没有摆脱。

若栈中元素的数目变化范围较大或不清楚栈元素的数目,就应该考虑使用链式存储结构。人们将用链式存储结构表示的栈称作"链栈"。链栈通常用一个无头结点的单链表表示。由于栈的插入删除操作只能在一端进行,而对于单链表来说,在首端插入删除结点要比尾端相对容易一些。因此,将单链表的首端作为栈顶端,即将单链表的头指针作为栈顶指针,如图 3-3 所示。

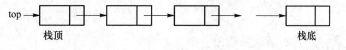

图 3-3 链栈示意图

栈的链式存储结构可用下列类型定义实现:

```
typedef struct node {        //链栈的结点结构
    StackEntry item;         //栈的数据元素类型
    struct node * next;      //指向后继结点的指针
}NODE;
typedef struct stack{
    NODE * top;
}STACK;
```

下面给出链栈各项基本操作的算法描述。

（1）初始化链栈

```
Status InitStack(STACK * S)
{
    S ->top = NULL;
    return OK;
}
```

（2）入栈操作

```
Status Push(STACK * S,StackEntry item)
{
    p = (NODE * )malloc(sizeof(NODE));
    if (! p) exit(OVERFLOW);
    else { p ->item = item;
         p ->next = S ->top;
         S ->top = p;
         }
    return OK;
}
```

（3）出栈操作

```
Status Pop(STACK * S, StackEntry * item)
{
    if (StackEmpty( * S)) exit("Stack is empty");
```

```
    else {
        * item = S - >top - >item;
        p = S - >top;
        S - >top = p - >next; free(p);
        }
    return OK;
}
```

（4）取得栈顶元素

```
Status GetTop(STACK S,StackEntry * item)
{
    if (StackEmpty(S)) exit("Stack is empty");
        else * item = S. top - >item;
    return OK;
}
```

（5）判断栈是否空

```
int StackEmpty(STACK S)
{   if (S. top = = NULL) return TRUE;
    else FALSE;
}
```

3.2 栈的应用举例

堆栈具有后进先出的特性,使得它成为程序设计的重要工具。程序中的函数调用、递归调用都需要利用栈。下面简要说明字符逆序输出、进制转换以及括号匹配问题,调用顺序栈中的基本函数实现相应算法。

1. 字符逆序输出

```
//从键盘上输入:tset a si sihT;算法将输出:This is a test
void ReverseRead( )
{
    SqStack S;                      //定义一个栈结构 S
    char ch;

    InitStack(S);                   //初始化栈
    while ((ch = getchar()))! = '\n')   //从键盘输入字符,直到输入换行符为止
        Push(S ,ch);                //将输入的每个字符入栈
    while (! StackEmpty(S)) {       //依次退栈并输出退出的字符
        Pop(S, ch);
        putchar(ch);
    }
    putchar('\n');
}
```

2. 进制转换

使用辗转相除法将一个十进制数值转换成二进制数值。即用该十进制数值除以 2,并保留其余数;利用得到的商作被除数,重复此操作,直到商变为 0 结束。最后将所有的余数逆向

60

输出,就得到对应的二进制数值。比如:$(692)_{10} = (1010110100)_2$。

```
void Decimal _ Binary()
{
  SqStack S;                    //定义栈结构 S

  InitStack(S);                 //初始化栈 S
  scanf(" % d",data);           //输入十进制正整数
  while (data) {
    Push(S,data % 2);           //余数入栈
    data/ = 2;                  //被除数 data 整除以 2,得到新的被除数
  }
  while (! StackEmpty(S)) {      //依次从栈中弹出每一个余数,并输出之
    Pop(&S,data);
    printf(" % d",data);
  }
}
```

3. 括号匹配问题

假设在一个算术表达式中,可以包含三种括号:圆括号"("和")",方括号"["和"]",花括号"{"和"}",并且这三种括号可以按任意的次序嵌套使用。比如,…[…{…}…[…]…]…[…]…(…)…。现在需要设计一个算法,用来检验在输入的算术表达式中所使用括号的合法性。

算术表达式中各种括号的使用规则为:出现左括号,必有相应的右括号与之匹配,并且每对括号之间可以嵌套,但不能出现交叉情况。我们可以利用一个栈结构保存每个出现的左括号,当遇到右括号时,从栈中弹出左括号,检验匹配情况。在检验过程中,若遇到以下几种情况之一,就可以得出括号不匹配的结论。

(1)当遇到某一个右括号时,栈已空,说明到目前为止,右括号多于左括号。

(2)从栈中弹出的左括号与当前检验的右括号类型不同,说明出现了括号交叉情况。

(3)算术表达式输入完毕,但栈中还有没有匹配的左括号,说明左括号多于右括号。

```
int Check( )
{
  SqStack S;          //定义栈结构 S
  char ch;

  InitStack(S);       //初始化栈 S
  while ((ch = getchar()) ! = '\n') {   //以字符序列的形式输入表达式
    switch (ch) {
    case (ch == '(' || ch == '[' || ch == '{): Push(&S,ch);break; //遇左括号入栈
    //在遇到右括号时,分别检测匹配情况
    case (ch == ')'): if (StackEmpty(S)) retrun FALSE;
                      else {Pop(&S,&ch);
                            if (ch! = '(') return FALSE; }
                 break;
    case (ch == ']'): if (StackEmpty(S)) retrun FALSE;
                      else {Pop(&S,&ch);
                            if (ch! = '[') return FALSE;  }
                 break;
```

```
             case (ch=='}'): if (StackEmpty(S)) retrun FALSE;
                            else {Pop(&S,&ch);
                                    if (ch! ='{') return FALSE;   }
                            break;
             default:break;
      }
   }
   if (StackEmpty(S)) return TRUE;
    else return FALSE;
}
```

3.3   栈和递归的实现

栈的一个非常重要的应用就是在程序设计语言中实现递归。一个直接调用自己或者通过一系列的调用语句间接地调用自己的函数，称为递归函数。递归是程序设计中一个强有力的工具。

(1) 很多数学函数是用递归定义的，如阶乘函数和 Fibonacci 数列等。

① 阶乘函数

$$\text{Fact}(n) = \begin{cases} 1, n = 0 \\ n \cdot \text{Fact}(n-1), n > 0 \end{cases}$$

② 2 阶 Fibonacci 数列

$$\text{Fib}(n) = \begin{cases} 0, n = 0 \\ 1, n = 1 \\ \text{Fib}(n-1) + \text{Fib}(n-2), 其他情形 \end{cases}$$

(2) 由于本身固有的特性，有些数据结构如二叉树、广义表等的操作和定义采用递归形式表达。

(3) 有些问题虽然本身没有明显的递归结构，但是递归求解比迭代求解更简单。

递归算法是一种分而治之的方法，把一个不能或不好直接求解的"大问题"转化成若干个"小问题"来解决，再把这些"小问题"进一步分解成更小的"小问题"来解决，如此分解，直至每个"小问题"都可以直接解决。但是递归分解不是随意的分解，分解过程要保证"大问题"与"小问题"相似，即求解过程与环境都相似，并且有一个分解的终点。

1. 阶乘函数非递归形式和递归形式

由阶乘函数的性质可见，该问题求解可通过递归函数求得，其递归形式的算法实现如下。

(1) 递归形式的算法实现为

```
int Fact(int n)
{
  int  i, mul = 1;
  if (n == 0) mul = 1;
  else mul = n * Fact(n - 1);
 return  mul;
}
```

(2) 阶乘函数问题也可以采用非递归形式表达，其算法实现为

```
int   Fact(int   n)
{
   int   i, mul = 1;
   for (i = 1;i< = n;i + +)
     mul = mul * i;
   return mul;
}
```

有一类问题,虽然问题本身没有明显的递归结构,但用递归求解比迭代求解更简单,如八皇后问题、汉诺塔问题。

2. N 阶汉诺塔问题(Hanoi 问题)

假设有三根标号分别为 x、y 和 z 的柱子,在 x 柱子上有 n 个直径大小各不相同、从小到大编号为 $1,2,\cdots,n$ 的圆盘。在满足条件:(1)每次只能移动一个圆盘;(2)圆盘可以在 x、y 和 z 的任意柱子上;(3)任何时刻都不能将一个较大的圆盘压在较小的圆盘上。要求将 x 柱子上的 n 个圆盘移至 z 柱子上并按同样的顺序排列,如图 3-4 所示。

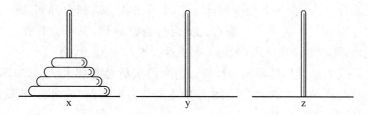

图 3-4   4 阶汉诺塔问题的初始状态

如何实现移动圆盘的操作呢? 当 $n=1$ 时,问题比较简单,只要将编号为 1 的圆盘从柱子 x 直接移至柱子 z 上就可以;当 $n>1$ 时,需要利用柱子 y 作为辅助柱子,可以简单地从 $n=2$ 和 $n=3$ 时分析,推广到 n 个圆盘。利用递归算法实现 n 阶汉诺塔问题,关键算法为:

```
void Hanoi(int n , char   x , char y , char z)
{
   If (n = = 1) move(x,1,z) else
      {  Hanoi(n-1 , x , z , y);          //将 x 上的 n-1 个盘子借助 z 移动到 y 上
         Move(x,n,z);                     //将编号为 n 的盘子从 x 移动到 z 上
         Hanoi(n-1 , y , x , z);          //将 y 上的 n-1 个盘子借助 x 移动到 z 上
      }
}
```

上述算法中 Move 函数的作用是打印盘子移动方式,Hanoi 函数实现了直接的自身调用。不管是不同函数之间的调用,还是函数对自身的调用,都是通过栈实现的。

递归函数的运行过程类似于多个函数的嵌套调用,只是调用函数和被调用函数是同一个函数,因此和每次调用相关的一个重要的概念是递归函数运行层次。假设调用该递归函数的主函数为第 0 层,则从主函数调用递归函数为进入第 1 层;从第 i 层递归调用本函数为进入下一层,即第 $i+1$ 层。反之,推出第 i 层递归应返回至上一层,即为第 $i-1$ 层。为了保证递归函数正确执行,系统需设立一个递归工作站作为整个递归函数运行期间使用的数据存储区。每一层递归所需信息构成一个工作记录,其中包括所有的实在参数、所有的局部变量以及上一层的返回地址。每进入一层递归,就产生一个新的工作记录压入栈顶。每推出一层递归,就从栈顶弹出一个工作记录,则当前执行层的工作记录必是递归工作栈栈顶的工作记录,称这个记录为活动记录。

由于递归函数结构清晰,程序易读,而且它的正确性容易得到证明,因此利用允许递归调用的语言进行程序设计时,给用户编制程序和调试程序带来很大方便。因此对这样一类递归问题编程时,不需用户自己而由系统来管理递归工作栈。但是需要说明的是,递归函数的运行效率较低,无论是耗费的计算时间还是占用的存储空间都比非递归函数要多。

3.4 队　列

3.4.1　队列的基本概念

队列与栈一样都是运算受限的线性表,但与栈的限制不同。

队列(queue)是只允许在表的一端进行插入,而在另一端进行删除的运算受限的线性表。向队列中插入元素称为入队,从队列中删除元素称为出队。队列允许删除的一端称为队头,允许插入的一端称为队尾。当队列中没有元素时称为空队列,队列亦称作先进先出(first in first out)的线性表,简称为 FIFO 表,如图 3-5 所示。

队列的修改是依先进先出的原则进行的。新来的成员总是加入队尾(即不允许"加塞"),每次离开的成员总是队列头上的成员(不允许中途离队),即当前"最老的"成员离队。

图 3-5 是队列的示意图。

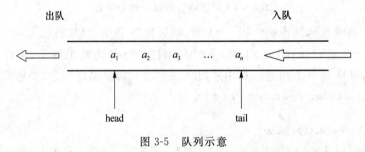

图 3-5　队列示意

假设队列 Q 有:

数据对象 $D=\{a_i \mid a_i \in \mathrm{ElemSet}, i=1,2,3,\cdots,n,n \geqslant 0\}$

数据元素之间的关系 $R=\{\langle a_{i-1},a_i\rangle \mid a_{i-1},a_i \in D, i=1,2,\cdots,n\}$,约定 a_1 为队列头,a_n 为队列尾

则队列 Q 的基本操作如下所示。

(1) InitQueue(&Q):其作用是构造一个空队列。

(2) DestoryQueue(&Q):其作用是销毁当前的队列 Q。

(3) ClearQueue(&Q):清空队列 Q,使之成为空队列。

(4) QueueEmpty(Q):判断队列 Q 是否为空,是则返回 True,否则返回 False。

(5) QueueLength(Q):返回队列 Q 的长度,即队列中数据元素的个数。

(6) GetHead(Q,&e):将队列 Q 的队头元素返回给 e。

(7) DeQueue(&Q,&e):删除队列 Q 的队首元素,并将队首元素返回给 e。

(8) EnQueue(&Q,e):插入元素为 e 的新的队尾元素。

(9) QueueTraverse(Q,visit()):从队列 Q 的队首到队尾,用 visit()函数依次访问。

3.4.2　队列的顺序表示和实现

　　和顺序栈类似,在队列的顺序存储中,除了用一组地址连续的存储单元依次存放从队列头到队列尾的元素之外,还需要辅设两个指针 front 和 rear,用于指示队列首元素和尾元素的位置。初始化创建空队列时,令 front＝rear＝0,每当插入新的队列尾元素时,rear 增1,每当删除一个队列首元素时,front 增1。因此,在非空队列中,头指针始终指向队列头元素,而尾指针始终指向队列尾元素的下一个位置,如图 3-6 所示。

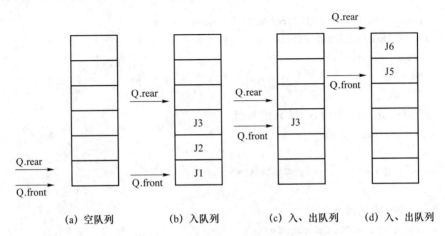

|(a) 空队列|(b) 入队列|(c) 入、出队列|(d) 入、出队列|

图 3-6　顺序队列的入队和出队

　　在入队列和出队列中我们发现了问题:队列不可再继续插入新的队尾元素,但是队列实际可用空间并未占满,如图 3-6(d)所示。由于入队和出队操作中,头尾指针只增加不减少,致使被删元素的空间永远无法重新利用。当队列中实际元素个数远远小于向量空间的规模时,也可能由于尾指针已超越向量空间的上界而不能进行入队操作。该现象称为“假上溢”现象。

　　解决“假上溢”现象的方法有以下两种。

　　(1) 当出现“假上溢”现象时,把所有的元素向低位移动,使得空位从低位区移向高位区,显然这种方法很浪费时间。

　　(2) 把队列的向量空间的元素位置 0～Queuesize－1 看成一个首尾相接的环形,当进队的队尾指针等于最大容量,即 rear＝＝Queuesize 时,使 rear＝0。

　　把向量空间的元素位置首尾相接的顺序队列称为循环队列。例如,设队列的容量 Queuesize＝8,元素 $a_1,a_2,a_3,a_4,a_5,a_6,a_7$ 依次入队,然后 a_1,a_2,a_3 出队的循环队列如图 3-7 所示。

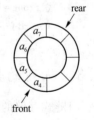

　　此时,关系式 rear＝＝front 无法判别队列空间是“空”还是“满”。可有两种处理方法:其一是另设一个标志位以区别队列是“空”还是“满”;其二是少用一个元素空间,约定以“队列头指针在队列尾指针的下一位置上”作为队列呈“满”状态的标志。

图 3-7　循环队列示意图

　　从上述分析可见,在 C 语言中不能用动态分配的一组数组来显示循环队列。如果用户的应用程序中设有循环队列,则必须为它设定一个最大队列长度;若用户无法预估所用队列的最大长度,则宜采用链队列。

　　循环队列的存储结构如下:

```
＃define MAXQSIZE  100
typedef struct  ｛
```

```
        QElemType ∗ base;  //初始化的动态分配空间
        int front;   //头指针,指向队头元素
        int rear;    //尾指针,指向队尾元素
}SqQueue;
```

循环队列重要操作的算法描述如下。

（1）初始化（MAXSIZE 为最大队列长度）

```
Status InitQueue(SqQueue &Q)
{
        Q.base = (QElemType ∗ ) malloc(MAXSIZE ∗ sizeof(QElemType));
        if (! Q.base) exit(OVERFLOW);//存储分配失败
        Q.front = Q.rear = 0;
        return OK;
        }
```

（2）返回 Q 中元素的个数,即队列的长度

```
int   QueueLength(SqQueue Q)
{
        return (Q.rear − Q.front + MAXSIZE) % MAXSIZE;
}
```

（3）插入元素（队尾插入）

```
Status EnQueue(SqQueue &Q, QelemType e)
{
        if ((Q.rear + 1) % MAXSIZE == Q.front) return ERROR;    // 队满判断
        Q.base[Q.rear] = e;
        Q.rear = (Q.rear + 1) % MAXSIZE;       //Q.rear 总是指向下一个可以插入新元素的位置
        return OK;
}
```

（4）删除元素（从队首删除）

```
Status DeQueue(SqQueue &Q,QelemType &e)
{
        if  (Q.front == Q.rear)return ERROR; //队空的判断
        e = Q.base[Q.front];
        Q.front = (Q.front + 1) % MAXSIZE;
        return OK;
}
```

3.4.3　队列的链式存储结构

利用链式存储的队列称为链队列。一个链队列需要两个分别指向队首和队尾的指针才能唯一确定,这两个指针分别称为头指针和尾指针。同线性表的链式存储（单链表）一样,队列也设一个头结点,让头指针指向头结点。

```
typedef struct QNode   //定义链队列的结点类型 QNode,以及指向 QNode 的指针类型 QueuePtr
    {   QElemType data;
        Struct QNode ∗ next;
    }QNode , ∗ QueuePtr;
    typedef struct        // 定义指向头结点的两个指针,它代表一个链队列
```

66

```
{    QueuePtr front; //队首指针
     QueuePtr rear; //队尾指针
}LinkQueue;
```
LinkQueue * Q; //定义链队列 Q

设 Q 是 LinkQueue 类型的指针变量,Q 是指向链队列的指针,队头指针、队尾指可分别表示为 $Q->front$、$Q->rear$,则链队列可表示如图 3-8 所示。

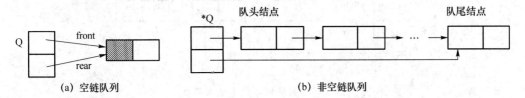

(a) 空链队列　　　　　　　　　　　　(b) 非空链队列

图 3-8　链队列示意图

由于链队列结点的存储空间是动态分配的,所以无须考虑判队满的运算。下面是链队列的基本运算算法实现。

（1）初始化

```
Status InitQueue( LinkQueue &Q)
{   Q. front = Q. rear =   (QueuePtr)malloc(sizeof(QNode));
                  //Q. front,Q. rear 均指向头结点
    if (! Q. front) exit(OVERFLOW);
    Q. front -> next = NULL;
}
```

（2）销毁队列（如图 3-9 所示）

```
Status DestroyQueue(LinkQueue &Q)
{   while (Q. front)
    {   Q. rear = Q. front -> next;
        free(Q. front);
        Q. front = Q. rear;
    }
}
```

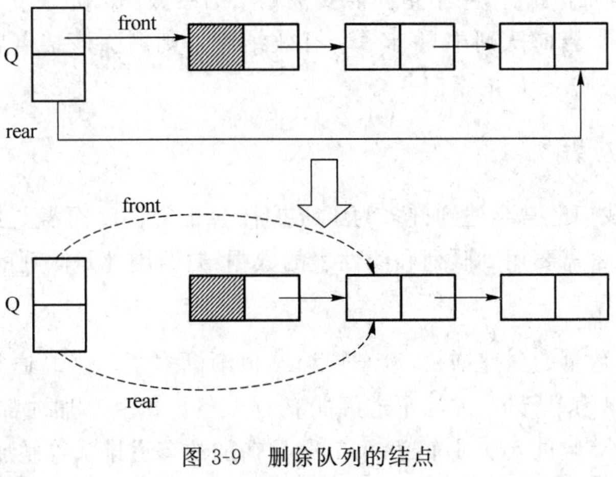

图 3-9　删除队列的结点

说明:① 从队列的头结点开始后,一个结点一个结点地释放,直到最后一个结点。

② 因为函数的目的是销毁队列,所以 rear 可以不必保留了,故 Q.rear 从一开始就不再指向队尾,而是作为一个工作指针,用于辅助结点的销毁工作。这一点请理解:如果 Q.rear 还处于正常工作状态,其作用还是指向队尾,则不能随意修改其指向,否则容易出现问题。

(3) 插入元素(从队尾插入,如图 3-10 所示)

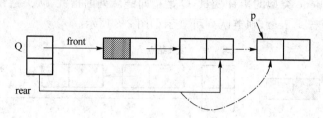

图 3-10　向队列队尾中插入结点

```
Status EnQueue(LinkQueue &Q , QElemType e)
{  p = (QueuePtr)malloc(sizeof(QNode);
   p->data = e; p->next = NULL;
   Q.rear->next = p;
   Q.rear = p;
}
```

说明:队列是在队尾插入,需要修改原队列队尾结点的 next 域(原来为 NULL),让它指向新的结点(利用 Q.rear->next=p;),并让 p 变为新的队尾结点(Q.rear=p;)。

(4) 删除元素(从队首删除)

```
Status DeQueue(LinkQueue & Q , QElemType &e)
{  if (Q.front == Q.rear) return ERROR; //空队列
   p = Q.front->next;
   Q.front->next = p->next;
   e = p->data;
   if (Q.rear == p) Q.rear = Q.front; //特殊情况,当 p 也是队尾元素时
   free(p);
   return OK;
}
```

重要说明:①p 是工作指针,用于指向需要被删除的结点。②如果 p 是队列中最后一个结点(也是第一个结点,即当前队列中只有一个有效结点),则删除该结点后队列就变成空队列了,此时需要重新设定 Q.rear 的指向。

3.4.4　队列的应用

在日常生活中,我们经常会遇到许多为了维护社会正常秩序而需要排队的情景。这样一类活动的模拟程序通常需要用到队列和线性表的数据结构,因此是队列的典型应用例子。

1. 汽车加油站

随着城市里汽车数量的急速增长,汽车加油站也渐渐多了起来。通常汽车加油站的结构基本上是:入口和出口为单行道,加油车道可能有若干条。每辆车加油都要经过三段路程,第一段是在入口处排队等候进入加油车道;第二段是在加油车道排队等候加油;第三段是进入出口处排队等候离开。实际上,这三段都是队列结构。若用算法模拟这个过程,就需要设置加油车道数加 2 个队列。

2. 模拟打印机缓冲区

在主机将数据输出到打印机时,会出现主机速度与打印机的打印速度不匹配的问题。这时主机就要停下来等待打印机。显然,这样会降低主机的使用效率。为此人们设想了一种办法:为打印机设置一个打印数据缓冲区,当主机需要打印数据时,先将数据依次写入这个缓冲区,写满后主机转去做其他的事情,而打印机就从缓冲区中按照先进先出的原则依次读取数据并打印,这样做既保证了打印数据的正确性,又提高了主机的使用效率。由此可见,打印机缓冲区实际上就是一个队列结构。

3. CPU 分时系统

在一个带有多个终端的计算机系统中,同时有多个用户需要使用 CPU 运行各自的应用程序,它们分别通过各自的终端向操作系统提出使用 CPU 的请求,操作系统通常按照每个请求在时间上的先后顺序,将它们排成一个队列,每次把 CPU 分配给当前队首的请求用户,即将该用户的应用程序投入运行,当该程序运行完毕或用完规定的时间片后,操作系统再将 CPU 分配给新的队首请求用户,这样既可以满足每个用户的请求,又可以使 CPU 正常工作。

本 章 小 结

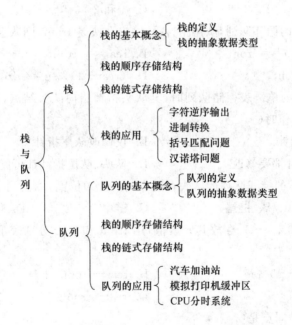

练 习 强 化

一、选择题

1. 对于栈操作数据的原则是(　　)。

A. 先进先出　　　　B. 后进先出　　　　C. 后进后出　　　　D. 不分顺序

2. 一个栈的输入序列为 $123\cdots n$,若输出序列的第一个元素是 n,输出第 $i(1\leqslant i\leqslant n)$ 个元素是( )。

A. 不确定   B. $n-i+1$ C. i D. $n-i$

3. 若一个栈以向量 $V[1..n]$ 存储,初始栈顶指针 top 为 $n+1$,则下面 x 进栈的正确操作是( )。

A. top=top+1;   V[top]=x   B. V[top]=x; top=top+1

C. top=top-1;   V[top]=x   D. V[top]=x; top=top-1

4. 设计一个判别表达式中左、右括号是否配对出现的算法,采用( )数据结构最佳。

A. 线性表的顺序存储结构   B. 队列

C. 线性表的链式存储结构   D. 栈

5. 栈可在( )中应用。

A. 递归调用   B. 子程序调用   C. 表达式求值   D. A,B,C

6. 循环队列存储在数组 $A[0..m]$ 中,则入队时的操作为( )。

A. rear=rear+1   B. rear=(rear+1) % (m-1)

C. rear=(rear+1) % m   D. rear=(rear+1)%(m+1)

7. 若用一个大小为 6 的数组来实现循环队列,且当前 rear 和 front 的值分别为 0 和 3,当从队列中删除一个元素,再加入两个元素后,rear 和 front 的值分别为( )。

A. 1 和 5   B. 2 和 4   C. 4 和 2   D. 5 和 1

8. 最大容量为 n 的循环队列,队尾指针是 rear,队头是 front,则队空的条件是( )。

A. (rear+1) % n==front   B. rear==front

C. rear+1==front   D. (rear-1)% n==front

9. 用不带头结点的单链表存储队列时,其队头指针指向队头结点,其队尾指针指向队尾结点,则在进行删除操作时( )。

A. 仅修改队头指针   B. 仅修改队尾指针

C. 队头、队尾指针都要修改   D. 队头、队尾指针都可能要修改

10. 用单链表表示的链式队列的队头在链表的( )位置。

A. 链头   B. 链尾   C. 链中   D. 任何位置

11. 循环队列 $A[0..m-1]$ 存放其元素值,用 front 和 rear 分别表示队头和队尾,则当前队列中的元素数是( )。

A. (rear-front+m)%m   B. rear-front+1

C. rear-front-1   D. rear-front

12. 栈和队列的共同点是( )。

A. 都是先进后出   B. 都是先进先出

C. 只允许在端点处插入和删除元素   D. 没有共同点

13. 若已知一个栈的入栈序列是 $1,2,3,\cdots,n$,其输出序列为 $p_1,p_2,p_3,\cdots,p_n$,若 $p_1=n$,则 p_i 为( )。

A. i B. $n=i$ C. $n-i+1$ D. 不确定

14. 判定一个栈 ST(最多元素为 m_0)为空的条件是( )。

A. ST$-$>top$<>$0   B. ST.top$=$0

C. ST.top$<>$m$_0$ D. ST.top$=$m$_0$

15. 假定一个链栈的栈顶指针用 top 表示,当 p 所指向的结点进栈时,执行的操作是(　　)。

A. p$-$>next$=$top;top$=$top$-$>next;

B. top$=$p$-$>next;p$-$>next$=$top;

C. p$-$>next$=$top$-$>next;top$-$>next$=$p;

D. p$-$>next$=$top;top$=$p;

16. 表达式 a$*$(b$+$c)$-$d 的后缀表达式是(　　)。

A. abcd$*+-$ B. abc$+*$d$-$ C. abc$*+$d$-$ D. $-+*$abcd

17. 经过以下栈运算 InitStack(s);Push(s,a);Push(s,b);Pop(s,x);GetTop(s,x); 后,x 的值是(　　)。

A. a B. b C. c D. d

18. 数组 $Q[n]$ 用来表示一个循环队列,f 为当前队列头元素的前一位置,r 为队尾元素的位置,假定队列中元素的个数小于 n,计算队列中元素的公式为(　　)。

A. $r-f$ B. $(n+f-r)\%n$ C. $n+r-f$ D. $(n+r-f)\%n$

19. 假定一个链队的队首和队尾指针分别为 front 和 rear,则判断队空的条件为(　　)。

A. Front$==$rear   B. Front!$=$NULL   C. Rear!$=$NULL   D. Front$==$NULL

20. 若用一个大小为 6 的数组来实现环形队列,且当前 rear 和 front 的值分别是 0 和 3,当从队列中删除一个元素,再加入两个元素后,rear 和 front 的值分别是(　　)。

A. 1 和 5   B. 2 和 4   C. 4 和 2   D. 5 和 1

二、填空题

1. _____ 又称作先进先出表。

2. 队列的特点是_____。

3. 区分循环队列的满与空,只有两种方法,它们是_____和_____。

4. 在一个循环队列中,队首指针指向队首元素的_____位置。

5. 设有一个空栈,栈顶指针为 1000H(十六进制),现有输入序列为 1,2,3,4,5,经过 PUSH,PUSH,POP,PUSH,POP,PUSH,PUSH 之后,输出序列是_____。

6. 用 S 表示入栈操作,X 表示出栈操作,若元素入栈的顺序为 1234,为了得到 1342 出栈顺序,相应的 S 和 X 的操作串为_____。

7. 顺序栈用 data$[1..n]$ 存储数据,栈顶指针是 top,则值为 x 的元素入栈的操作是_____。

8. 一个函数在结束本函数之前,直接或间接调用函数自身,称为_____。

9. 递归程序执行中借助_____这种数据结构来实现。

10. 队列中允许插入的一端叫_____,允许删除的一端叫_____。

三、判断题

1. 两个栈共享一片连续内存空间时,为提高内存利用率,减少溢出机会,应把两个栈的栈底分别设在这片内存空间的两端。　 (　　)

2. 即使对不含相同元素的同一输入序列进行两组不同的合法的入栈和出栈组合操作,所

得的输出序列也一定相同。（　　）

3. 若输入序列为1,2,3,4,5,6,则通过一个栈可以输出序列3,2,5,6,4,1。（　　）

4. 任何一个递归过程都可以转换成非递归过程。（　　）

5. 只有使用局部变量的递归过程在转换成非递归过程时才必须使用栈。（　　）

6. 队列是一种插入与删除操作分别在表的两端进行的线性表,是一种先进后出型结构。

（　　）

7. 队列逻辑上是一个下端和上端既能增加又能减少的线性表。（　　）

8. 循环队列通常用指针来实现队列的头尾相接。（　　）

9. 栈和队列都是线性表,只是在插入和删除时受到了一些限制。（　　）

10. 栈和队列的存储方式既可以是顺序方式,又可以是链式方式。（　　）

四、算法设计题

1. 假设将循环队列定义为:以域变量 rear 和 length 分别指示循环队列中队尾元素的位置和内含元素的个数。试给出循环队列的队满条件,并写出相应的入队和出队的算法。

2. 设单链表中存放着 n 个字符,试设计算法判断字符串是否为中心对称的字符串。例如"abcdedcba"就是中心对称的字符串。

练 习 答 案

一、选择题

1. B　　2. B　　3. C　　4. D　　5. D　　6. D　　7. B　　8. B　　9. D　　10. A

11. A　　12. C　　13. C　　14. B　　15. D　　16. B　　17. A　　18. D　　19. A　　20. B

二、填空题

1. 队列

2. 先进先出

3. 牺牲一个存储单元　　设标记

4. 当前

5. 2　3

6. SXSSXSXX

7. data[++top]＝x

8. 递归

9. 栈

10. 队尾　队首

三、判断题

1. √　　2. ×　　3. √　　4. √　　5. ×　　6. ×　　7. √　　8. ×　　9. √　　10. √

四、算法设计题

1. 根据题意,可定义该循环队列的存储结构:

```
#define QueueSize 100
typedef char Datatype; //设元素的类型为 char 型
typedef struct {
        int length;
        int rear;
        Datatype Data[QueueSize];
        }CirQueue;
CirQueue * Q;
```

循环队列的队满条件是:$Q->length==QueueSize$。

知道了尾指针和元素个数,当然就能计算出队头元素的位置。算法描述如下。

(1) 判断队满

```
int FullQueue( CirQueue * Q)
{//判队满,队中元素个数等于空间大小
  return Q->length==QueueSize;
}
```

(2) 入队

```
void EnQueue( CirQueue * Q, Datatype x)
{// 入队
  if(FullQueue( Q))
  Error("队已满,无法入队");
  Q->Data[Q->rear] = x;
  Q->rear = (Q->rear+1)%QueueSize;//在循环意义上的加 1
  Q->length++;
}
```

(3) 出队

```
Datatype DeQueue( CirQueue * Q)
{//出队
  if(Q->length==0)
    Error("队已空,无元素可出队");
  int tmpfront; //设一个临时队头指针
  tmpfront = (QueueSize+Q->rear-Q->length+1)%QueueSize;//计算头指针位置
  Q->length--;
  return Q->Data[tmpfront];
}
```

2. 根据题意,可定义该循环队列的存储结构:

```
typedef struct
{       ElemType * base; //栈底指针
        ElemType  * top; //栈顶指针
        int stacksize;  //指当前栈可用的最大容量
} SqStack;
Typedef struct LList
{
  Elemtype data;
  LList * next;
}LinkList;
```

算法思想:将单链表中的字符串放到栈中,然后单链表中的字符依次与栈顶元素比较,每次比较后栈顶元素出栈。

```c
/*算法返回 0 表示不是中心对称的字符串*/
int Judge(LinkList * head)
{
    SqStack s;
    int i = 1;
    InitStack(s); //初始化栈
    LinkList * p;
    p = head;
    while(p! = NULL)
    {
        * s.top++ = p->data;//将单链表中的字符依次放入栈中
        p = p->next;
    }
    p = head;
    while(p! = NULL)
    if(p->data == * --s.top)//单链表中的字符与栈顶元素相等,则继续判断下一个字符
        p = p->next;
    else
{
    i = 0; p = NULL;//单链表中的字符与栈顶元素不相等,则返回 0,结束循环
}
return i;
}
```

第4章 串

本章内容提要：

串的相关概念，串的定长顺序存储和堆分配存储的表示方法与基本操作的实现，串的链式存储结构，串的模式匹配算法。

串（string）是字符串的简称，它是一种特殊的线性表，其特殊性在于组成线性表的数据元素是单个字符。字符串在计算机处理实际问题中使用非常广泛，比如人名、地名、商品名、设备名等均为字符串。同样在文字编辑、自然语言理解和翻译、源程序的编辑和修改等方面，都离不开对字符串的处理。

4.1 串类型的定义

4.1.1 串的基本概念

串的定义： 串是由零个或多个字符组成的有限序列，一般记为：$s=$"$a_1a_2\cdots a_n$"$(n\geqslant 0)$。零个字符的串称为空串，n 为串的长度。串的元素 a_i 可以是字母、数字或其他字符。从串的定义可以看出，串实际上是数据元素为字符的特殊的线性表。

串的长度： 串中字符的数目 n 被称作串的长度。当 $n=0$ 时，串中没有任何字符，其串的长度为 0，通常被称为空串。注意"空格串"不等于"空串"。空串是长度为 0 的字符串，用符号"$\varPhi$"表示。例如：

(1) $A=$"$X123$"——长度为 4 的串。

(2) $B=$"12345654321"——长度为 11 的串。

(3) $C=$"Bei Jing"——长度为 8 的串。

(4) $D=$""——长度为 0 的空串。

子串： 串中任意连续的字符组成的子序列称为该串的子串。包含子串的串称为主串。字符在序列中的序号为该字符在串中的位置。子串在主串中的位置则以子串的第一个字符在主串中的位置来表示。串为其自身的子串，并规定空串为任何串的子串。显然，在不考虑空子串的情况下，一个长度为 n 的字符串具有 $n(n+1)/2$ 个子串。

串的比较： 两个串相等的充要条件是两个串的长度相等，并且各个对应位置的字符都相等。两个串 A、B 的比较过程是从前往后逐个比较对应位置上的字符的 ASCII 码值，直到不相等或有一个字符串结束为止，此时的情况有以下几种。

(1) 两个串同时结束，表示 A 等于 B。

(2) A 中字符的 ASCII 码值大于 B 中相应位置上字符的 ASCII 码值或 B 串结束，表示 A

大于 B。

（3）B 中字符的 ASCII 码值大于 A 中相应位置上字符的 ASCII 码值或 A 串结束,表示 A 小于 B。

例如,下列几个字符串的比较:

"abc"＝"abc","abc"＜"abcd","abxy"＞"abcdefg","132"＞"123456"。

空格串:一个或多个空格字符组成的串称为空格串,空格串的长度为串中所含空格字符的个数。在串操作中不要将空格串和空串混淆。

4.1.2 串的抽象数据类型定义

尽管串的定义和线性表极为相似,但是串的基本操作和线性表有很大差别。在线性表的基本操作中,大多以单个元素作为操作对象,比如对线性表的查找、访问、插入、删除和排序等;而在串的基本操作中,通常以串整体或串的一部分(子串)作为操作对象,比如子串的查找、截取子串、删除一个子串、插入子串和子串替换等操作。

设串 S 有:

数据对象 $D=\{a_i|a_i\in \text{CharacterSet}, i=1,2,\cdots,n, n\geq 0\}$

数据之间的关系 $R=\{\langle a_{i-1}, a_i\rangle|a_{i-1}, a_i\in D, i=2,\cdots,n\}$

则串 S 的基本操作如下所示:

（1）StrAssign (&T, chars):将串 S 初始化为常量字符串 chars。

（2）StrCopy (&T, S):将已知串 S 复制到串 T 中。

（3）StrEmpty (S):判断串 S 是否为空串,是则返回 True,否则返回 False。

（4）StrCompare (S, T):串 S 和 T 比较,若 $S＞T$,则返回值＞0;若 $S＝T$,则返回值＝0;若 $S＜T$,则返回值＜0。

（5）StrLength (S):返回 S 的元素个数,即串的长度。

（6）ClearString (&S):将串 S 清为空串,即使其长度为 0。

（7）Concat (&T, S1, S2):将串 S1 和 S2 连接,得到新的串 T。

（8）SubString (&Sub, S, pos, len):若串 S 存在,$1\leq pos\leq \text{StrLength}(S)$,且 $0\leq len\leq \text{StrLength}(S)-pos+1$,则用 Sub 返回串 S 的第 pos 个字符起长度为 len 的子串。

（9）Index (S, T, pos):若串 S 和 T 存在,T 是非空串,$1\leq pos\leq \text{StrLength}(S)$,操作结果:若主串 S 中存在和串 T 值相同的子串,则返回它在主串 S 中第 pos 个字符之后第一次出现的位置;否则函数值为 0。

（10）Replace (&S, T, V):若串 S、T 和 V 存在,T 是非空串,则用 V 替换主串 S 中出现的所有与 T 相等的不重叠的子串。

（11）StrInsert (&S, pos, T):若串 S 和 T 存在,$1\leq pos\leq \text{StrLength}(S)+1$,则在串 S 的第 pos 个字符之前插入串 T。

（12）StrDelete (&S, pos, len):若串 S 存在,$1\leq pos\leq \text{StrLength}(S)-len+1$,则从串 S 中删除第 pos 个字符起长度为 len 的子串。

（13）DestroyString (&S):销毁串 S,收回分配空间。

例 4-1 若串 S＝"software",其子串的数目是(　　　)。

A. 8　　　　　　　B. 37　　　　　　　C. 36　　　　　　　D. 9

【答案】B

【解析】子串的定义是串中任意连续的字符组成的子序列,并规定空串是任意串的子串,任意串是其自身的子串。若字符串长度为 $n(n>0)$,长为 n 的子串有 1 个,长为 $n-1$ 的子串有 2 个,长为 $n-2$ 的子串有 3 个……长为 1 的子串有 n 个。由于空串是任何串的子串,所以本题的答案为:$8×(8+1)/2+1=37$。故选 B。

4.2　串的存储结构表示

由于串是线性表的特例,所以以线性表的存储结构对于串也是适用的。在应用中具体选用何种存储结构与串的操作有关,比如对串进行插入和删除操作运算时选用链存储结构较好,对串进行查找和求子串运算时选用顺序存储结构较好。串的存储表示方法主要有三种:定长顺序存储表示法、堆分配存储表示法和块链式存储表示法,具体表示如下。

4.2.1　定长顺序存储结构

类似于线性表的顺序存储结构,用一组地址连续的存储单元存储串值的字符序列。在串的定长顺序序列结构中,按照预定义的大小,为每个定义的串变量分配一个固定长度的存储区,则可用定长数组如下描述。

```
#define MAX_STRING  255 //用户可在 255 以内定义最大串长
typedef unsigned char SString[MAX_STRING];
```

串的实际长度可在这预定义长度的范围内随意,超过预定义长度的串值则舍去,称之为"截断"。对串长有两种表示方法:一是以下标为 0 的数组分量存放串的实际长度;二是像在 C 语言中,在串值后面加不计入串长度的结束标记字符'\0'表示串值的终结。

在这种存储结构中,串的基本操作的算法描述如下。

(1)求串长度操作

```
/*操作返回串 S 中所含字符的个数,即串的长度;如果 S 为空串则返回 0*/
int StrLength (SString S)
{
    int i = 0;
    while(S[i]! = '\0')i++;
    return i;
}
```

(2)串连接操作

```
/*该操作将串 S1、S2 连接生成串 T,如果在连接过程中产生了截断(即 S1 的长度加上 S2 的长度大于
MAXLEN)则返回 0,否则返回 1*/
int Concat (SString &T,SString S1,SString S2)
{
    int i,j,k;
    i = j = k = 0;
    while(T[i++] = S1[j++]);
    i--;   //变量 i 指向数组位置往前移动一个
    while(i< MAX_STRING &&(T[i] = S2[k]))
        {  i++;k++;}
    T[i] = '\0';  //表示字符串结束
    /*判断是否产生截断*/
```

```
        if((i==MAXLEN)&&S2[k])
            return  0;
        else
            return  1;
}
```

（3）求子串操作

/* 该操作截取串 S 中从第 pos 个字符开始的连续的 len 个字符生成子串 Sub,如果位置 pos 和长度 len 合理则返回 1,否则返回 0 */

```
int SubString (SString &Sub,SString S,int pos,int len)
{
        int i = 0;
/* 判断位置和长度是否合理 */
if(pos<1 ‖ len<0 ‖ pos + len>Length_SS(S) + 1)
            return 0;
        while(i<len)
            {Sub[i] = S[i + pos - 1];i + + ; }
        Sub[i] = '\0';
        return 1;
}
```

（4）串的替换操作

/* 该操作将串 S 中从第 n 个字符开始的连续的 m 个字符替换成串 T 中的字符,如果 n 和 m 的选取合理则返回 1,否则返回 0 */

```
int Replace (SString &S,int n,int m,SString T)
{
    SString S1;
    int len = Length_SS(T);
/* i 为开始替换位置,j 指向第一个替换字符,k 为剩余字符的开始位置 */
    int i = n - 1,j = 0,k = n + m - 1;
/* 判断位置是否合理 */
if(n<1 ‖ m<0 ‖ n + m>Length_SS(S) + 1 ‖ Length_SS(S) + len - m>MAXLEN)
            return  0;
/* 将剩余部分复制到 S1 中 */
    StrCopy_SS(S1,S);
/* 替换 S 中指定部分的字符 */
    while(S[i + +] = T[j + +]);
        i - - ;
/* 将剩余部分复制到 S 中 */
    while(S[i + +] = S1[k + +]);
    return  1;
}
```

在顺序存储结构中,实现串操作的原操作"字符序列的复制",操作的时间复杂度基于复制的字符序列的长度。此外,如果在操作中出现串值序列的长度超过上界 MAX_STRING 时,约定用截尾法处理,这种情况不仅在求连接串时可能发生,在串的其他操作,如插入、置换等也可能发生。克服这个弊病唯有不限定串的最大长度,即动态分配串值的存储空间。

4.2.2 堆分配的存储结构

这种存储表示的特点是,仍以一组地址连续的存储单元存放串值字符序列,但它们的存储

78

空间是在程序执行过程中动态分配得到的。在 C 语言中,存在一个称为"堆"的自由存储区,并由动态函数 malloc() 和 free() 来管理。利用 malloc() 为每个新产生的串分配一块实际串长所需的存储空间,若分配成功,则返回一个指向起始地址的指针,作为串的基址。

串的堆分配存储结构定义如下:

```
struct HString
{
        char * ch;              //串变量中字符数组的首地址
        int length;             //串的长度
};
```

对存储表示的串基本操作算法描述如下。

（1）串的比较操作

```
//若 S>T,则返回值>0;若 S=T,则返回值=0;若 S<T,则返回值<0
int StrCompare(Hstring S,Hstring T)
{
  for (i = 0;i<S.length&&i<T.length; ++ i)
    if(S.ch[i]! = T.ch[i])   return S.ch[i] - T.ch[i];
    return S.length - T.length;
}
```

（2）串的连接操作

```
//T 返回由 S1 和 S2 连接而成的新串
int Concat(Hsting &T, HString S1,Hstring S2)
{
    if (T.ch) free(T.ch); //释放旧空间
    if (! (T.ch = (char * )malloc(S1.length + S2.length) * sizeof(char)))
        exit(OVERFLOW);
     T.ch[0..S1.length - 1] = S2.ch[0..S2.length - 1];
     return 1;
}
```

（3）求子串

```
//用 Sub 返回串 S 的第 pos 个字符起长度为 len 的子串
int SubString(Hstring &Sub,Hstring S,int pos,int len)
{
  if (pos<1 ‖ pos>S.length) ‖ len<0 ‖ len>S.length - pos + 1)
      return 0;
  if (Sub.ch) free(Sub.ch); //释放旧空间
  if (! len) {Sub.ch = NULL; Sub.length = 0;}//空子串
  else{                                       //完整子串
    Sub.ch = (char * )malloc(len * sizeof(char));
    Sub.ch[0..len - 1] = S.ch[pos - 1..pos + len - 2];
    Sub.length = len;
  }
  return 1;
}
```

从以上串基本操作的算法可以看出,堆分配存储结构的串既有顺序存储结构的特点,处理方便,同时在操作中对串的长度又没有任何限制,更显灵活,因此该存储结构在有关字符串处理的应用程序中常被采用。

4.2.3 串的链式存储结构

和线性表的链式存储结构类似,可以采用链表方式存储串。由于串中的每个数据元素是一个字符,在用链表存储串值时,存在一个"结点大小"的问题,即每个结点最多可以存放多少个串中字符。对于串"ABCDEFGHI",如果采用每个结点存放一个字符的链表结构存储,其存储方式如图 4-1(a)所示;如果采用每个结点存放三个字符的链表结构存储,其存储方式如图 4-1(b)所示。由于串长不一定是结点大小的整数倍,所以在链表的最后一个结点不一定能被串中的字符占满,此时可补上若干个非串值字符♯(或其他非串值字符)。

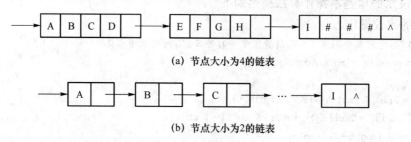

(a) 节点大小为4的链表

(b) 节点大小为2的链表

图 4-1 串值的链表存储方式

为了便于进行串的操作,当以链表存储串值时,除了头指针 head 外还可以附设一个指向尾结点的指针 tail,并给出当前串的长度。称如此定义的串的存储结构为串的块链式存储结构。将块链式存储结构表示如下:

```
♯define CHUNKSIZE 80              //定义每个结点的大小
struct   Chunk
{
  char    ch[CHUNKSIZE];          //块内的字符数组
  Chunk *   next;                 //指向下一个结点的指针
};                                //块结构的类型定义
struct  LString{
  Chunk  * head,* tail;           //串的头指针和尾指针
  int     curlen;                 //串的长度
};                                //块链式结构的类型定义
```

在一般情况下,对串的操作只需要从前向后扫描即可,故对串值不必建立双向链表。设尾指针的目的是为了便于进行串的连接操作,在串连接时需要处理第一个串尾结点中的无效字符。

在串的块链式存储结构中,结点大小的选择和顺序存储方式的格式选择一样重要,直接影响串处理操作的效率。如果块选取的充分大时(可在一个块中存储串的所有字符)即为定长存储;如果每个块只放一个字符时即为链表存储。为了便于研究串值的存储效率给出如下**存储密度**的计算公式:

存储密度=串值所占的存储位/实际分配的存储位

显然存储密度小(如结点大小为 1 时),运算处理方便,然而存储占用大。如果在串处理过程中需进行内、外存交换的话,则会因为内外存交换操作过多而影响处理的总效率。因此,串的字符集的大小也是一个重要因素。

串值的链式存储结构对某些操作,如连接操作等有一定方便之处,但总的来说不够灵活,

占用存储量大且操作复杂。例如,在串中插入一个子串时可能需要分割结点。总的来说,用链表作为串的存储方式是不太实用的。

4.3 串的模式匹配算法

设 S 和 T 是两个给定的串,在串 S 中寻找串值等于 T 的子串的过程称为模式匹配。其中,串 S 称为主串,串 T 称为模式。如果在串 S 中找到等于串 T 的子串,则称**匹配成功**;否则**匹配失败**。模式匹配是各种串处理系统中最重要的操作之一。

模式匹配的操作记为 Index(S,T,pos),该函数的功能是从串 S 的第 pos 个字符开始的字符序列中查找值等于 T 的子字符串。如果匹配成功,函数返回 T 在 S 中第 pos 个字符以后的串值中第一次出现的开始位置;否则函数返回 0 值。显然这里隐含要求模式串 T 不能为空串。

4.3.1 求子串位置的定位函数

模式匹配最简单、最直观的算法是 BF(Brute-Force)算法。该算法在计算过程中,分别利用指针 i 和指针 j 指示主串 S 和模式 T 中当前正待比较的字符下标。**算法的基本思想是**:从主串 S 的第 pos 个字符起和模式 T 的第一个字符比较,若相等,则继续逐个比较后面的字符;否则从主串 S 的下一个字符起再重新和模式 T 的第一个字符开始逐个比较。依此类推,直至模式 T 中的每个字符依次和主串 S 中的一个连续的字符序列相等,则称匹配成功,函数返回 T 的第一个字符在 S 中的位置,否则匹配不成功,函数返回 0 值。

```
/*若主串S中第pos个字符之后存在与T相等的子串,返回第一个这样的子串在S中的位置,否则返回0*/
int Index(SString S, SString T, int pos)
{
    if (pos>0)
    {
        i = pos;j = 1;
        while(i< = StrLength(S)&&j< = StrLength(T))
        {
            /*继续比较后续字符*/
            if (S[i]==T[j]){   ++i; ++j;    }
            /*指针后退重新开始匹配*/
            else {i = i- j+1;j = 1;}
        }
        if (j>StrLength(T))  return i- Strlength(T);
        else return 0;
}
```

在一般情况下,BF 算法的时间复杂度为 $O(m+n)$,其中 m、n 分别为主串和模式的长度。但是在有些情况下,该算法的效率很低。例如:S="aaaaaa…aaaaab"共有 52 个"a"和 1 个"b",T="aaaaaaab"共有 7 个"a"和 1 个"b"。由于每趟比较都是在最后一个字符出现不相等,此时需要将初始位置指针 i 回溯到 $i+1$ 的位置上,并从模式的第一个字符开始重新比较,在整个匹配过程中初始位置指针 i 一共要回溯 $52-7=45$ 次,总的比较次数为:$8\times(45+1)=368$ 次。所以,在最坏的情况下 BF 算法的时间复杂度为 $O(m\times n)$。

下面给出 BF 算法的模式匹配过程,如图 4-2 所示。

4.3.2　模式匹配的 KMP 算法

模式匹配的另一种算法是由 D. E. Knuth、J. H. Morris 和 V. R. Pratt 同时发现的,称为克努特-莫里斯-普拉特操作,简称 KMP 算法,是一种改进的模式匹配算法。此算法可使时间复杂度在 $O(m+n)$ 的数量级上完成串的模式匹配操作。其改进在于每当一趟匹配过程中出现字符比较不等时,不需回溯 i 指针,而是利用已经得到的"部分匹配"结果将模式向右"滑动"尽可能远的一段距离后,继续进行比较,如图 4-3 所示。

第一趟匹配　　　$i=3$
a b a b c a b c a c b a b
a b c
　　　　$j=3$

第二趟匹配
a b a b c a b c a c b a b
a
$j=1$

第三趟匹配　　　$i=7$
a b a b c a b c a c b a b
a b c a c
　　　　　$j=5$

第一趟匹配　　　　　　　$i=3$
a b a b c a b c a c b a b
a b c
　　　　　　　　$j=3$

第二趟匹配　　　　　　　$i=7$
a b a b c a b c a c b a b
a b c a c
　　　　　　　　$j=5$

第三趟匹配　　　　　　　$i=11$
a b a b c a b c a c b a b
a b c a c
　　　　　　　　$j=6$

图 4-2　BF 算法的匹配过程　　　　　图 4-3　KMP 算法的匹配过程

为了实现该算法,需要解决下述问题:当匹配过程中产生两字符"失配"时,模式串向右滑动可行的距离多远,也就是说,当主串中第 i 个字符与模式中第 j 个字符"失配"时,主串中第 i 个字符应与模式中哪个字符再比较?

为此需要引入一个有关模式串 T 的整型数组 next,其中第 j 个元素 next[$j-1$]表示当模式串 T 中的第 j 个字符与主串 S 中相应字符匹配失败时,在模式 T 中需要重新和主串 S 中该字符进行比较的字符的下标值。

next 数组定义为

$$\text{next}[j] = \begin{cases} -1 & \text{当 } j=0 \text{ 时} \\ \max\{k \mid 0 < k < j \text{ 且 } T[0], T[1], \cdots, T[k-1] = T[j-k], T[j-k+1], \cdots, T[j-1]\} \\ 0 & \text{其他情况} \end{cases}$$

其中 next[j]=k 表明,存在整数 k 满足条件 $0<k<j$,并且在模式 T 中存在下列关系:

$$“T[0]T[1]\cdots T[k-1]”=“T[j-k]T[j-k+1]\cdots T[j-1]”$$

而对任意的整数 $k_1(0<k<k_1<j)$ 都有:

$$“T[0]T[1]\cdots T[k_1-1]”\neq“T[j-k_1]T[j-k_1+1]\cdots T[j-1]”$$

例如:

(1) 模式 T="aaaaaaab"的 next 数组为 next={-1,0,1,2,3,4,5,6}。

(2) 模式 T="abaabcac"的 next 数组为 next={-1,0,0,1,1,2,0,1}。

(3) 模式 T="ababcabcacbab"的 next 数组为 next={-1,0,0,1,2,0,1,2,0,1,0,0,1}。

4.3.3　next 数组算法的 C 语言实现

由定义可知,next[0]=-1,next[1]=0,假设现已求得 next[0],next[1],…,next[j],那

么可以采用以下递推的方法求出 next[j+1]。

　　令 k＝next[j]，

　　(1) 如果 k＝−1 或 $T[j]$＝$T[k]$，则转入步骤(3)；

　　(2) 取 k＝next[k]，再重复操作(1)、(2)；

　　(3) next[j+1]＝k+1。

　　计算 next 数组的算法 void GetNext(char * T，int * next)用 C 语言实现如下：

```
void GetNext(char * T,int * next)
{
    int i = 0,k = - 1,n = 0;
    next[0] = - 1;
/* 计算模式串 T 的长度 n */
    while(T[n]) n ++ ;
    while(i<n - 1)
    {
        if(k == - 1 || T[i] == T[k]) next[ ++ i] = ++ k;
        else k = next[k];
    }
}
void main()
{
    char   p[6][50] = {"ababcabcacbab","abaabcac","aaabcaab","abcabca","babbabab",
                "abcaabbabcabaac"};
    int next[50],i,j;
    for(i = 0;i<6;i ++ )
    {
        GetNext(p[i],next);                        //计算模式串 p[i]的 next 数组
        for(j = 0;p[i][j];j ++ )cout<<next[j]<<" ";        //显示输出 p[i]的 next 数组
        cout<<endl;
    }
}
```

　　上述程序中串的 next 值分别为：−1 0 0 1 2 0 1 2 0 1 0 0 1，−1 0 0 1 1 2 0 1，−1 0 1 2 0
0 1 2，−1 0 0 0 1 2 3，−1 0 0 1 1 2 3 2，−1 0 0 0 1 1 2 0 1 2 3 4 2 1 1。

　　求 next 算法的时间复杂度为 $O(m)$。通常，模式串的长度 m 比主串的长度 n 要小很多，因此对整个匹配算法来说，所增加的这点时间是值得的。

4.3.4　KMP 模式匹配的 C 语言实现

　　KMP 算法是在模式串的 next 函数值的基础上执行的，它在形式上和 BF 算法相似，不同在于当匹配过程中产生"失配"时，指针 i 不变，指针 j 退回到 next[j]所指示的位置上重新进行比较，并且当指针 j 退回到零时，指针 i 和指针 j 需同时增 1。

　　KMP 模式匹配算法 int Index_KMP(SString S，SString T，int pos)的 C 语言实现如下：

```
int Index_KMP(SString S,SString T,int pos)
{
    int i = pos - 1,j = 0;                //i 指向 S 中第一个比较字符,j 指向 T 中第一个字符
    int m = Length_SS(T), n = Length_SS(S);
    int * next = new int[m];              //定义模式 T 的 next 数组
    if(i<0 || pos + m>n + 1)return 0;     //位置不合理返回 0 值
```

83

```
        GetNext(T,next);                      //计算 next
        while(i<n&&j<m)
        {    if(j== -1 || S[i]==T[j])
            {j++;i++;}                         //比较后继字符
            else j=next[j];                    //回溯模式指针 j
        }
        if(j>=m) return(i-m+1);                //匹配成功
        else return(0);
    }
void main()
{    SString S,T;
    int pos,n;
    cout<<"输入主串 S:\n";cin>>S;
    cout<<"输入子串 T:\n";cin>>T;
    cout<<"输入位置 pos:\n";cin>>pos;
    if(n=Index_KMP(S,T,pos))  cout<<"首次匹配地址为:"<<n<<endl;
        else cout<<"匹配不成功! \n";
}
```

需要说明的是:(1) KMP 算法仅当模式与主串之间存在许多"部分匹配"的情况下才显得快。但是 KMP 算法的最大特点是指示主串的指针不需回溯,整个匹配过程中,对主串仅需从头至尾扫描一遍,这对处理从外设输入的庞大文件很有效,可以边读入边匹配,而无须回头重读。

(2) 前面定义的 next 函数在某些情况下尚有不足。例如模式 T="aaaab"和主串 S="aaabaaaab"匹配时,模式串 T 和主串 S 中的第四个字符不匹配,由于 next[j]的指示还需进行 $i=4$、$j=3$、$i=2$、$j=3$、$i=4$、$j=1$ 这 3 次比较。实际上,因为模式中第 1、2、3 个字符和第 4 个字符都相等,因此不需要再和主串中第 4 个字符比较,而可以将模式直接向右滑动 4 个字符的位置直接进行 $i=5$、$j=1$ 时的字符比较。这就是说,如果上述定义得到 next[j]=k,而模式中 $T[j]=T[k]$,则当主串中字符 $S[i]$ 和 $T[j]$ 比较不等时,不需要再和 $T[k]$ 进行比较,此时 next[j]应和 next[k]相同。过程如图 4-4 所示。

j	1	2	3	4	5
T	a	a	a	a	b
next[j]	0	1	2	3	4
nextval[j]	0	0	0	0	4

图 4-4 修正函数 nextval 值

本 章 小 结

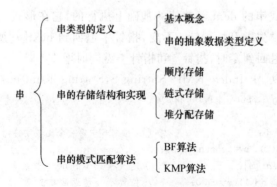

练 习 强 化

一、选择题

1. 空串与空格字符组成的串的区别在于(　　)。

A. 没有区别 　　　　　　　　　　B. 两串的长度不相等

C. 两串的长度相等 　　　　　　　D. 两串包含的字符不相同

2. 一个子串在包含它的主串中的位置是指(　　)。

A. 子串的最后那个字符在主串中的位置

B. 子串的最后那个字符在主串中首次出现的位置

C. 子串的第一个字符在主串中的位置

D. 子串的第一个字符在主串中首次出现的位置

3. 下面的说法中,只有(　　)是正确的。

A. 字符串的长度是指串中包含的字母的个数

B. 字符串的长度是指串中包含的不同字符的个数

C. 若 T 包含在 S 中,则 T 一定是 S 的一个子串

D. 一个字符串不能说是其自身的一个子串

4. 两个字符串相等的条件是(　　)。

A. 两串的长度相等

B. 两串包含的字符相同

C. 两串的长度相等,并且两串包含的字符相同

D. 两串的长度相等,并且对应位置上的字符相同

5. 若 SUBSTR(S,i,k)表示求 S 中从第 i 个字符开始的连续 k 个字符组成的子串的操作,则对于 S＝"Beijing&Nanjing",SUBSTR(S,4,5)＝(　　)。

A. "ijing" 　　　　B. "jing&" 　　　　C. "ingNa" 　　　　D. "ing&N"

6. 若 INDEX(S,T)表示求 T 在 S 中的位置的操作,则对于 S＝"Beijing&Nanjing",T＝"jing",INDEX(S,T)＝(　　)。

A. 2 　　　　　　B. 3 　　　　　　C. 4 　　　　　　D. 5

7. 若 REPLACE(S,S1,S2)表示用字符串 S2 替换字符串 S 中的子串 S1 的操作,则对于 S＝"Beijing&Nanjing",S1＝"Beijing",S2＝"Shanghai",REPLACE(S,S1,S2)＝(　　)。

A. "Nanjing&Shanghai" 　　　　　　B. "Nanjing&Nanjing"

C. "ShanghaiNanjing" 　　　　　　D. "Shanghai&Nanjing"

8. 在长度为 n 的字符串 S 的第 i 个位置插入另外一个字符串,i 的合法值应该是(　　)。

A. $i>0$ 　　　　B. $i \leqslant n$ 　　　　C. $1 \leqslant i \leqslant n$ 　　　　D. $1 \leqslant i \leqslant n+1$

9. 字符串采用结点大小为 1 的链表作为其存储结构,是指(　　)。

A. 链表的长度为 1

B. 链表中只存放 1 个字符

C. 链表的每个链结点的数据域中不仅只存放了一个字符

D. 链表的每个链结点的数据域中只存放了一个字符

10. 串的长度是指（　　）。

A. 串中所含不同字母的个数　　　　　　B. 串中所含字符的个数

C. 串中所含不同字符的个数　　　　　　D. 串中所含非空格字符的个数

11. 下面关于串的叙述中,哪一个是不正确的?（　　）。

A. 串是字符的有限序列

B. 空串是由空格构成的串

C. 模式匹配是串的一种重要运算

D. 串既可以采用顺序存储,也可以采用链式存储

12. 若串 S1＝"ABCDEFG", S2＝"9898'", S3＝"＃＃＃", S4＝"012345",执行 concat (replace(S1, substr(S1, length(S2), length(S3)), S3), substr(S4, index(S2, '8'), length (S2)))其结果为（　　）。

A. ABC＃＃＃G0123　　　　B. ABCD＃＃＃2345　　　　C. ABC＃＃＃G2345

D. ABC＃＃＃2345　　　　E. ABC＃＃＃G1234　　　　F. ABCD＃＃＃1234

G. ABC＃＃＃01234

13. 设有两个串 p 和 q,其中 q 是 p 的子串,求 q 在 p 中首次出现的位置的算法称为（　　）。

A. 求子串　　　　B. 连接　　　　C. 匹配　　　　D. 求串长

14. 已知串 S＝"aaab",其 Next 数组值为（　　）。

A. 0123　　　　B. 1123　　　　C. 1231　　　　D. 1211

15. 串"abababaababaa"的 next 数组为（　　）。

A. 012345678999　　　　　　　　B. 012121111212

C. 011234223456　　　　　　　　D. 0123012322345

16. 字符串"ababaabab"的 nextval 为（　　）。

A. 010104101　　　　　　　　　　B. 010102101

C. 010100011　　　　　　　　　　D. 010101011

17. 模式串 t＝"abcaabbcabcaabdab",该模式串的 next 数组的值为（　　）,nextval 数组的值为（　　）。

A. 01112211123456712　　　　　　B. 01112121123456112

C. 01110013101100701　　　　　　D. 01112231123456712

E. 01100111011001701　　　　　　F. 01102131011021701

18. 模式串 t＝"aaaab",该模式串的 nextval 数组的值为（　　）。

A. 01234　　　　　　　　　　　　B. 01111

C. 01111　　　　　　　　　　　　D. 00004

19. 若串 S＝"software",其子串的数目是（　　）。

A. 8　　　　　　　B. 37　　　　　　　C. 36　　　　　　　D. 9

20. 字符串采用结点大小为1的链表作为其存储结构,是指（　　）。

A. 链表的长度为1

B. 链表中只存放1个字符

C. 链表的每个链结点的数据域中不只存放了一个字符

D. 链表的每个链结点的数据域中只存放了一个字符

二、填空题

1. 空串是指＿＿＿＿＿＿＿,它的长度为＿＿＿＿＿＿＿。

2. 设字符串 S1＝"ABCDEF"，S2＝"PQRS"，则运算 S＝CONCAT（SUB（S1,2,LEN（S2）），SUB（S1,LEN（S2），2））后的串值为＿＿＿＿＿＿。

3. 一个字符串中＿＿＿＿＿＿称为该串的子串。

4. INDEX（"DATASTRUCTURE"，"STR"）＝＿＿＿＿＿＿。

5. 设正文串长度为 n，模式串长度为 m，则串匹配的 KMP 算法的时间复杂度为＿＿＿＿＿＿。

6. 模式串 P＝"abaabcac"的 next 函数值序列为＿＿＿＿＿＿。

7. 字符串"ababaaab"的 nextval 函数值为＿＿＿＿＿＿。

8. 设 T 和 P 是两个给定的串，在 T 中寻找等于 P 的子串的过程称为＿＿＿＿＿＿。

9. 串是一种特殊的线性表，其特殊性表现在＿＿＿＿＿＿，串的两种最基本的存储方式是＿＿＿＿＿＿和＿＿＿＿＿＿。

10. 设 S1＝"aba"，S2＝"aaab"，S3＝"ba"，则 S1、S2 和 S3 连接后的结果是＿＿＿＿＿＿。

三、算法设计题

1. 设有一个长度为 s 的字符串，其字符顺序存放在一个一维数组的第 1 至第 s 个单元中（每个单元存放一个字符）。现要求从此串的第 m 个字符以后删除长度为 t 的子串，$m<s,t<(s-m)$，并将删除后的结果复制在该数组的第 s 单元以后的单元中，试设计此删除算法。

2. 设 s 和 t 是表示成单链表的两个串，试编写一个找出 s 中第 1 个不在 t 中出现的字符（假定每个结点只存放 1 个字符）的算法。

练 习 答 案

一、选择题

1. B   2. D   3. C   4. D   5. B   6. C   7. D   8. C   9. D   10. B
11. B   12. E   13. C   14. A   15. C   16. A   17. DF   18. D   19. B   20. D

二、填空题

1. 不含任何字符的串　0

2. "BCDEDE"

3. 任意连续的字符组成的子序列

4. 5

5. $O(m+n)$

6. 01122312

7. 01010421

8. 模式匹配

9. 数据元素都是字符　顺序存储　链式存储

10. "abaaaabba"

三、算法设计题

1. 算法描述为：

```
int delete(char r[], int s, int t, int m)    //从串的第 m 个字符以后删除长度为 t 的子串
{   int i,j;
    for(i=1;i<=m;i++)
        r[s+i]=r[i];
    for(j=m+t-i;j<=s;j++)
        r[s-t+j]=r[j];
    return1;
}   //delete
```

2. 算法思想为：

(1) 链表 s 中取出一个字符;将该字符与单链表 t 中的字符依次比较;

(2) 当 t 中有与从 s 中取出的这个字符相等的字符,则从 t 中取下一个字符重复以上比较;

(3) 当 t 中没有与从 s 中取出的这个字符相等的字符,则算法结束。

设单链表类型为 LinkList;注意,此时类型 LinkList 中的 data 成分为字符类型。

```
LinkString find(LinkString * s, LinkString * t)
{   LinkString * ps, * pt;
    ps=s;
    while(ps!=NULL)
    {   pt=t;
        while((pt!=NULL)&&(ps->data!=pt->data))
            pt=pt->next;
        if(pt==NULL)
            ps=NULL;
        else
        {   ps=ps->next;
            s=ps;
        }
    }
    return s;
}   //find
```

第 5 章 数组与广义表

本章内容提要：

数组的定义、基本运算和存储结构，特殊矩阵的压缩存储，广义表的基本概念和存储结构。

前面讨论的线性表、链表、栈和队列都是线性的数据结构，它们的逻辑特征是每个数据元素至多有一个直接前驱和一个直接后继。本章要介绍的数组和广义表是线性表的广义扩展，允许表中的数据元素本身也是一个数据结构，其逻辑特征是一个数据元素可能有多个直接前驱和多个直接后继。

5.1 数组的定义和表示

5.1.1 数组的定义

数组的特点是每个数据元素可以看成一个线性结构。因此，数组结构可以简单地定义为：若线性表中的数据元素为非结构的简单元素，则称为一维数组，即为向量；若一维数组中的数据元素又是一维数组结构，则称为二维数组；依此类推，若二维数组中的元素又是一个一维数组结构，则称作三维数组。

结论：线性表结构是数组结构的一个特例，而数组结构又是线性表结构的扩展。举例：

$$\boldsymbol{A}_{m\times n} = \begin{bmatrix} a_{00} & a_{01} & \cdots & a_{0,n-1} \\ a_{10} & a_{11} & \cdots & a_{1,n-1} \\ \cdots & \cdots & \cdots & \cdots \\ a_{m-1,0} & a_{m-1,1} & \cdots & a_{m-1,n-1} \end{bmatrix}$$

其中，A 是数组结构的名称，整个数组元素可以看成是由 m 个行向量或 n 个列向量组成，其元素总数为 $m\times n$。在 C 语言中，二维数组中的数据元素可以表示成 a[表达式1][表达式2]，表达式1 和表达式2 被称为下标表达式，比如 $a[i][j]$。

数组结构在创建时就确定了组成该结构的行向量数目和列向量数目，向量存储在计算机的连续存储空间中，通过数组的地址求出每个元素的地址，因此具有随机存取的性质，但是在数组结构中不存在插入、删除元素的操作。

假设数组 A 有：

数据对象 $D = \{a_{j_1,j_2,\cdots,j_i,\cdots,j_n} \mid j_i = 0,\cdots,b_{i-1}, \quad i = 1,2,\cdots,n,$

$n(>0)$ 称为数组的维数，b_i 是数组第 i 维的长度，j_i 是数组元素的第 i 维下标，$a_{j_1,j_2,\cdots,j_i,\cdots,j_n} \in \text{ElemSet}\}$

数据关系 $R = \{R_1, R_2, \cdots, R_n\}$

$\qquad R_i = \{\langle a_{j_1,\cdots,j_i,\cdots,j_n}, a_{j_1,\cdots,j_{i+1},\cdots,j_n}\rangle \mid \quad 0 \leqslant j_k \leqslant b_k - 1,$

$$1 \leqslant k \leqslant n \quad \text{且} \ k \neq i, \quad 0 \leqslant j_i \leqslant b_{i-2},$$
$$a_{j_1, \cdots, j_i, \cdots, j_n}, \ a_{j_1, \cdots, j_{i+1}, \cdots, j_n} \in D, \quad i = 2, \cdots, n \ \}$$

基本操作如下所示。

① InitArray(&A, n, bound1, …, boundn)：若维数 n 和各维长度合法，则构造相应的数组 A，返回 OK。

② DestroyArray(&A)：销毁数组 A。

③ Value(A, &e, index1, …, indexn)：A 是 n 维数组，e 为元素变量，随后是 n 个下标值；若各下标不超界，则 e 赋值为所指定的 A 的元素值，并返回 OK。

④ Assign(&A, e, index1, …, indexn)：A 是 n 维数组，e 为元素变量，随后是 n 个下标值；若下标不超界，则将 e 的值赋给所指定的 A 的元素，并返回 OK。

5.1.2　数组的表示

一维数组：一维数组实际上可以看成是线性表，其数据元素在内存中是顺序存储的，各数据元素具有相同的数据类型。设一维数组 $A[L:U]$，L 为数组元素下限，U 为数组元素上限，又设 A 中每个元素占用 d 个空间（可理解为 d 个字节）。如果 $L=0$，则 $A[0], A[1], \cdots, A[U]$ 为数组的各个数据元素，存储结构如图 5-1 所示。

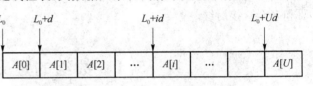

图 5-1　一维数组的存储结构

如果数组的初始地址为 L_0，则有地址计算公式：$\mathrm{Loc}(A[i]) = L_0 + id$，其中 $\mathrm{Loc}(A[0]) = L_0$。

二维数组：二维数组就是平常所说的矩阵，也可以看成是数据元素是一维数组的一维数组。由于计算机内部存储器的地址是一维线性排列的，故在存储数据时，必须将二维数组转换为计算机的内部存储形式才可以。一般有两种存储方式：以行为主的存储方式（row-major）和以列为主的存储方式（column-major）。

设二维数组 $A[1:U_1, 1:U_2]$，该数组有 $(U_1-1)+1 = U_1$ 行，有 $(U_2-1)+1 = U_2$ 列。设每个元素占 d 个空间，数组的起始地址为 L_1。

（1）以行为主（row-major）：也称行优先存储。其特点为：以每行为单位，一行一行地放入内存，如 C 语言、Pascal 语言等都是如此处理二维数组的。

二维数组 A 可以看成由 U_1 个一维数组组成，每个一维数组有 U_2 个元素，如图 5-2 所示。

由图 5-2 可得，第 i 行数据元素的起始地址为
$$(i-1) \times U_2 \times d + L_1$$
数组元素 $A[i,j]$ 的地址为
$$\mathrm{Loc}(A[i,j]) = L_1 + (i-1) \times U_2 \times d + (j-1) \times d$$

（2）以列为主（column-major）：也称列优先存储。特点为：以每列为单位，一列一列地放入内存，如 Fortran 语言就是如此处理二维数组的。二维数组 A 可以看成由 U_2 个一维数组组成，每个一维数组有 U_1 个元素。类似，有第 j 列数据元素的起始地址为
$$(j-1) \times U_1 \times d + L_1$$
数组元素 $A[i,j]$ 的地址为
$$\mathrm{Loc}(A[i,j]) = L_1 + (j-1) \times U_1 \times d + (i-1) \times d$$

重要说明：二维数组 $A_{m \times n}$ 的含义是：该数组有 m 行（$0 \sim m-1$ 第一维），有 n 列（$0 \sim n-1$，第二维），占用 $m \times n$ 个存储空间。假设每个数据元素占用 L 个存储单元（可理解为字节），则

二维数组 A 中任意一个元素 a_{ij} 的存储位置为

行优先： $\text{LOC}(i,j)=\text{LOC}(0,0)+(n\times i+j)\times L$

列优先： $\text{LOC}(i,j)=\text{LOC}(0,0)+(m\times j+i)\times L$

二维数组是一种随机存储结构,因为存取数组中任一元素的时间都相等(单链表则不是,因为需要顺链访问,访问时间同数据元素的存储位置有关)。

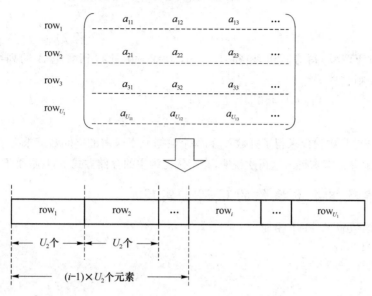

图 5-2   二维数组的行优先存储

例 5-1   有一个二维数组 $A[1:6,0:7]$,每个数组元素用相邻的 6 个字节存储,存储器按字节编址,那么这个数组的体积是(①)个字节。假设存储数组元素 $A[1,0]$ 的第一个字节的地址是 0,则存储数组 A 的最后一个元素的第一个字节的地址是(②)。若按行存储,则 $A[2,4]$ 的第一个字节的地址是(③)。若按列存储,则 $A[5,7]$ 的第一个字节的地址是(④)。就一般情况而言,当(⑤)时,按行存储的 $A[I,J]$ 地址与按列存储的 $A[J,I]$ 地址相等。供选择的答案:

①~④A. 12   B. 66   C. 72   D. 96   E. 114   F. 120

G. 156   H. 234   I. 276   J. 282   K. 283   L. 288

⑤ A. 行与列的上界相同   B. 行与列的下界相同

C. 行与列的上、下界都相同   D. 行的元素个数与列的元素个数相同

【答案】①L   ②J   ③C   ④I   ⑤C

例 5-2   假设按低下标优先存储整型数组 $A(-3:8,3:5,-4:0,0:7)$ 时,第一个元素的字节存储地址是 100,每个整数占 4 个字节,问 $A(0,4,-2,5)$ 的存储地址是什么?

【解析】公式:$\text{Loc}(A_{ijkl})=100(\text{基地址})+[(i-c_1)v_2v_3v_4+(j-c_2)v_3v_4+(k-c_3)v_4+(l-c_4)]\times 4$。

【答案】1784

例 5-3   设有二维数组 $A[1:U_1,1:U_2]$,已知数据元素 $A[1,1]$ 在位置 2,$A[2,3]$ 在位置 18,$A[3,2]$ 在位置 28,求元素 $A[4,5]$ 的位置。

【解析】题目中没有给出该数组是行优先存储还是列优先存储,因此需要首先判断数组的存储方式。

因为 $\text{Loc}(A[3,2])>\text{Loc}(A[2,3])$,所以数组一定是按行存储的。

$A[1,1]$ 是起始位置,则有 $L_1 = 2$。利用已知条件,根据计算地址的公式有:

$$\text{Loc}(A[2,3]) = L_1 + (2-1) \times U_2 \times d + (3-1) \times d = 18$$

即

$$2 + U_2 \times d + 2 \times d = 18 \qquad (方程1)$$

$$\text{Loc}(A[3,2]) = L_1 + (3-1) \times U_2 \times d + (2-1) \times d = 28$$

即

$$2 + 2 \times U_2 \times d + d = 28 \qquad (方程2)$$

由以上两方程联立,得方程组,解得:$U_2 = 6, d = 2$。由此得到数组 A 的列数为 6,每个元素占 2 个空间。则

$$\text{Loc}(A[4,5]) = L_1 + (4-1) \times U_2 \times d + (5-1) \times d$$
$$= 2 + 3 \times 6 \times 2 + 4 \times 2 = 46$$

可以看出,该题目中仅仅求得了列数 U_2 和每个数据元素所占的空间数就求得了某个数据元素的地址,而行数 U_1 并没有求得。这再次说明,在行优先为主的存储方式中,列数是不可或缺的。

5.1.3 二维数组基本操作的 C 语言实现

1. 两个二维数组 A 和 B 相加

```c
# include <stdio.h>
# include <stdlib.h>

#define M 3
#define N 4
void main()
{
    int i,j;
/* 二维数组 A 和 B 求和,和放在数组 C 中 */
    int A[M][N],B[M][N],C[M][N];
    for (i = 0;i<M;i++)
      for (j = 0;j<N;j++)
      {
          scanf(" %d",&A[M][N]);
          scanf(" %d",&B[M][N]);
      }
for (i = 0;i<M;i++)
    for (j = 0;j<N;j++)
      C[i][j] = A[i][j] + B[i][j];
/* 数组 C 中的数值分行显示 */
for(i = 0;i<M;i++)
{
    for (j = 0;j<N;j++)
      printf(" %d",C[M][N]);
    printf("\n");
}
}
```

2. 两个二维数组 A 和 B 相乘

```c
# include <stdio.h>
# include <stdlib.h>

#define M 3
```

```
#define  N  4
#define  P  6
void main()
{
    int i,j,k;
/* 二维数组 A 和 B 求乘积,积放在数组 C 中 */
    int A[M][N],B[N][P],C[M][P];
    for(i = 0;i<M;i++)
        for(j = 0;j<N;j++)
            scanf("%d",&A[M][N]);
    for(i = 0;i<N;i++)
        for (j = 0;j<P;j++)
            scanf("%d",&B[N][P]);
/* 数组相乘 */
    for (i = 0;i<M;i++)
        for (j = 0;j<P;j++)
        {
        C[i][j] = 0;
            for (k = 0;k<N;k++)
                C[i][j] = C[i][j] + A[i][k] * B[k][j];
        }
/* 数组 C 中的数值分行显示 */
  for(i = 0;i<M;i++)
{
    for (j = 0;j<N;j++)
      printf("%d",C[M][N]);
    printf("\n");
}
}
```

5.2 数组的压缩存储

二维数组采用矩阵的形式来存储,部分程序设计语言提供各种矩阵运算,用户使用非常方便。然而,若矩阵数据量较大,或者出现一些高阶矩阵时,矩阵中有许多值相同的元素或零元素,为了节省存储空间,可以对这类矩阵进行压缩。

如果矩阵中元素值相同的元素或者零元素在矩阵中的分布具有一定规律,则称此类矩阵为特殊矩阵;如果矩阵中含零元素个数达到特定值,则此类矩阵称为稀疏矩阵。

5.2.1 特殊矩阵

所谓**特殊矩阵**就是元素值的排列具有一定规律的矩阵。常见的特殊矩阵有对称矩阵、下(上)三角矩阵、对角线矩阵等。

若 n 阶矩阵 A 中的元素满足下述性质 $a_{ij} = a_{ji}(1 \leqslant i,j \leqslant n)$,则称为 n 阶对称矩阵。

由于对称矩阵中的元素关于主对角线对称,所以只要存储矩阵中上三角或下三角中的元素,让每两个对称的元素共享同一个存储空间,这样就可以节约近一半的存储空间。现在问题在于:如何将 a_{ij} 保存在数组 B 中,保存在哪个位置? 也就是说,设 k 为 a_{ij} 保存在 B 时的下标,那么 k 和 i、j 有什么关系呢? 对于二维数组有行序为主和列序为主的存储方式,下面分别进行介绍。

1. 以行为主保存（图5-3）

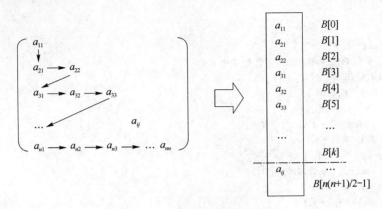

图5-3　下三角矩阵的行优先存储

$A[i,j]$ 在 B 中的位置 $=$（A 中前 $i-1$ 行非 0 元素的个数）

$+$（A 中第 i 行、第 j 列之前非 0 元素的个数，包括第 j 列）

$=[1+2+3+\cdots+(i-1)]+j$

$=i(i-1)/2+j$

则 $A[i,j]$ 存放在 B 中的元素下标 $k=i(i-1)/2+j-1$（因为 B 的数据元素从 0 开始）。

例如：$A[3,3]$ 保存在 B 中的位置为 $k=3\times(3-1)/2+3-1=5$，即 $A[3,3]$ 保存在数据元素 $B[5]$ 中。

2. 以列为主保存（图5-4）

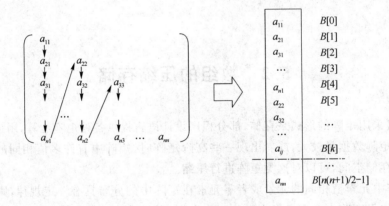

图5-4　二维数组的列优先存储

$A[i,j]$ 在 B 中的位置 $=$（A 中前 $j-1$ 列元素的个数）

$+$（第 j 列第 i 行之前的元素个数，包括第 i 行）

$=[n+(n-1)+\cdots+(n-(j-1)+1)]+(i-j+1)$

$=n(j-1)-j(j-1)/2+i$

则 $A[i,j]$ 在保存在 B 中的元素下标 $k=n(j-1)-j(j-1)/2+i-1$。

这种压缩存储的方法同样适用于三角矩阵。把主对角线以下（不包括主对角线）的元素均为常数 c 的 n 阶矩阵，称为上三角矩阵；把主对角线以上（不包含主对角线）的元素均为常数 c 的 n 阶矩阵，称为下三角矩阵。上三角矩阵和下三角矩阵统称为三角矩阵。除了和对称矩阵一样，只

94

存储其下（上）三角中的元素外，再加一个存储常数 c。三角矩阵中的常数 c 在多数情况下为 0。

在数值分析中经常出现的还有一类特殊矩阵是对角矩阵。对角矩阵的特点是所有的非零元素都集中在以主对角线为中心的带状区域中。比如，下面就是一个 3 阶对角矩阵：

$$\begin{pmatrix} 3 & 12 & 0 & 0 & 0 \\ 9 & 5 & 20 & 0 & 0 \\ 0 & 30 & 7 & 17 & 0 \\ 0 & 0 & 21 & 9 & -6 \\ 0 & 0 & 0 & 34 & 11 \end{pmatrix}$$

5.2.2　稀疏矩阵

如果某个矩阵中的元素取值大部分都为零，只有少部分不为零，称这样的矩阵为稀疏矩阵。稀疏矩阵是一个笼统的概念，没有精确的定义，一般可认为当稀疏因子 $\delta \leqslant 0.05$（非零元素占总元素数的百分比）时就是稀疏矩阵。以下矩阵可认为是一个稀疏矩阵：

$$\begin{pmatrix} 3 & 0 & 0 & 0 & 7 \\ 0 & 0 & -1 & 0 & 0 \\ -1 & -2 & 0 & 0 & 0 \\ 0 & 0 & 0 & 0 & 0 \\ 0 & 0 & 0 & 2 & 0 \end{pmatrix}$$

如何进行稀疏矩阵的压缩存储呢？

1. 三元组顺序表

稀疏矩阵可采用压缩存储，仅存储其中的非零元素。存储时，除了记下非零元素的值外，还要记录其行标 i 和列标 j，即用 (i,j,a_{ij}) 三元组表示。由此稀疏矩阵可由表示非零元素的三元组及其行、列数唯一确定。例如：三元组表 $((1,1,3),(1,4,-2),(2,3,4),(3,5,6),(4,2,-1))$ 为下列矩阵的压缩形式。

$$\boldsymbol{A}_{4 \times 5} = \begin{pmatrix} 3 & 0 & 0 & -2 & 0 \\ 0 & 0 & 4 & 0 & 0 \\ 0 & 0 & 0 & 0 & 6 \\ 0 & -1 & 0 & 0 & 0 \end{pmatrix}$$

稀疏矩阵的三元组顺序表存储表示为：

```
#define MAXSIZE 12500 //假设非零元素的最大值为 12500
typedef struct {
    int  i ,j; //行标和列标
    ElemType e; //元素值
  }Triple;
typedef struct {
    Triple data[MAXSIZE +1]; //从 data[1]开始使用,data[0]不用
    int mu, nu,tu; //矩阵的行数,列数及非零元素个数
  }TSMatrix;
```

在此，data 域中表示非零元的三元组是以行序为主序顺序排列的。下面给出这种压缩存储结构如何实现矩阵的转置运算。

转置运算是一种最简单的矩阵运算，一个稀疏矩阵的转置矩阵仍然是稀疏矩阵。假设稀

疏矩阵 **M** 和其转置矩阵 **T** 对应的三元组表示分别为 a 和 b,从三元组表示 a 到表示 b 只需要做到:(1) 将矩阵的行列值相互交换;(2) 将每三元组中的 i 和 j 相互调换;(3) 重排三元组之间的次序便可实现矩阵的转置。由于三元组表示 b 也是以行序为主序顺序排列,所以要重排交换后的三元组之间的次序,如图 5-5 所示。

row	col	v
1	1	3
1	4	-2
2	3	4
3	5	6
4	2	-1

a

row	col	v
1	1	3
2	4	-1
3	2	4
4	1	-2
5	3	6

b

图 5-5　矩阵 **A** 及其转置矩阵的三元组表示

具体的处理方法可按照 b 中三元组的次序依次放在 a 中找到相应的三元组进行转置。换句话说,按照矩阵 **A** 的列序来进行处理。为了找到 **A** 的每一列中所有的非零元素,需要对其三元组表 a 从第一行起整个扫描一遍,由于 a 是以矩阵 **A** 的行序为主序来存放每个非零元素的,由此得到的正好是 b 应有的顺序。其具体算法描述如下:

```
Status TransposeSmatrix(TSMatrix M, TSMatrix &T)
{
        //转置后行数变为列数,列数变为行数,非零元个数不变
        T.mu = M.nu; T.u = M.mu; T.tu = M.tu;
        If(T.tu) {
            q = 1;    //从三元组的第一个开始使用,第 0 个不用;
            for(col = 1; col <= M.nu; ++col) //从 M 的第一列开始查找
                for(p = 1; p <= M.tu; ++p)   //从三元组的第一个元素开始查询
                    if(M.data[p].j == col)
                    //如果某第 P 个三元组元素的列表同 col 相同,则转置
                    { T.data[q].i = M.data[p].j;
                      T.data[q].j = M.data[p].i;
                      T.data[q].e = M.data[p].e;
                      ++q;
                    }
        }
}
```

这个算法中的主要工作是在 p 和 col 的两重循环完成的,算法的时间复杂度与矩阵中的非零元素个数 tu 成正比。一般矩阵的转置算法为

```
for (col = 1; col <= nu; nu ++)
    for (row = 1; row <= mu; mu ++)
        T[col][row] = A[row][col]
```

算法的时间复杂度由 nu×mu 决定的。当非零元素个数 tu 和 nu×mu 等数量级时,上述压缩矩阵的转置算法的时间复杂度高于一般矩阵的转置算法。这说明采用压缩矩阵的方式存储,虽然节省了存储空间,但时间复杂度提高了,除非非零元素个数远小于 nu×mu。

2. 十字链表

当矩阵的非零元个数和位置在操作过程中变化较大时,就不宜采用顺序存储结构来表示三元组的线性表。例如,在进行"将矩阵 **B** 加到矩阵 **A** 上"的操作时,由于非零元的插入或删

96

除将会引起 A. data 中元素的移动。为此，对这种类型的矩阵，采用链式存储结构表示三元组的线性表更为恰当。

在链表中，每个非零元可用一个含五个域的结点表示，其中 i、j 和 e 三个域分别表示该非零元所在的行、列和非零元的值，向右域 right 用以链接同一行中下一个非零元，向下域 down 用以链接同一列中下一个非零元。同一行的非零元通过 right 域链接成一个线性链表，同一列的非零元通过 down 域链接成一个线性链表，每个非零元既是某个行链表中的一个结点，又是某个列链表中的一个结点，整个矩阵构成了一个十字交叉的链表，故称这样的存储结构为十字链表，可用两个分别存储行链表的头指针和列链表的头指针的一维数组表示。

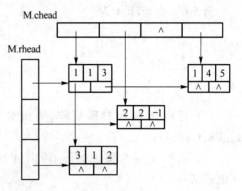

图 5-6　稀疏矩阵的十字链表法存储

例如：矩阵 $M = \begin{bmatrix} 3 & 0 & 0 & 5 \\ 0 & -1 & 0 & 0 \\ 2 & 0 & 0 & 0 \end{bmatrix}$ 的十字链表

如图 5-6 所示。

例 5-4　设下三角矩阵 A 为

$$\begin{bmatrix} a_{11} & & & \\ a_{21} & a_{22} & & \\ a_{31} & a_{32} & a_{33} & \\ \cdots & \cdots & \cdots & \cdots \\ a_{n1} & a_{n2} & \cdots & a_{nn} \end{bmatrix}$$

如果按行序为主序将下三角元素 $A_{ij}(i,j)$ 存储在一个一维数组 $B[1..n(n+1)/2]$ 中，对任一个三角矩阵元素 A_{ij}，它在数组 B 中的下标为_____。

【答案】$i(i-1)/2+j$

例 5-5　设对称矩阵 A 为

$$\begin{bmatrix} 1 & 0 & 0 & 2 \\ 0 & 3 & 0 & 0 \\ 0 & 0 & 0 & 5 \\ 2 & 0 & 5 & 0 \end{bmatrix}$$

(1) 若将 A 中包括主对角线的下三角元素按列的顺序压缩到数组 S 中，如图 5-7 所示。

1	0	0	2	3	0	0	0	5	0
下标： | 1 | 2 | 3 | 4 | 5 | 6 | 7 | 8 | 9 | 10 |

图 5-7　例 5-5 用图

试求出 A 中任一元素的行列下标 $[i,j]$（$1 \leqslant i,j \leqslant 4$）与 S 中元素的下标 k 之间的关系。

(2) 若将 A 视为稀疏矩阵时，画出其三元组表形式压缩存储表。

【解析】

(1) $k = (2n-j+2)(j-1)/2+i-j+1$　　当 $i \geqslant j$ 时

　　　$k = (2n-i+2)(i-1)/2+j-i+1$　　当 $i < j$ 时

（2）稀疏矩阵的三元组表为：$s=((4,4,6),(1,1,1),(1,4,2),(2,2,3),(3,4,5),(4,1,2),(4,3,5))$。其中第一个三元组是稀疏矩阵行数、列数和非零元素个数。其他三元组均为非零元素行值、列值和元素值。

例 5-6 设矩阵 A 为

$$\begin{pmatrix} 2 & 0 & 0 & 4 \\ 0 & 0 & 3 & 0 \\ 0 & 3 & 0 & 0 \\ 4 & 0 & 0 & 0 \end{pmatrix}$$

（1）若将 A 视为对称矩阵，画出对其压缩存储的存储表，并讨论如何存取 A 中元素 $a_{ij}(0\leqslant i,j<4)$；

（2）若将 A 视为稀疏矩阵，画出 A 的十字链表结构。

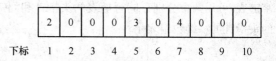

图 5-8　例 5-6 用图一

【解析】

（1）将对称矩阵对角线及以下元素按行序存入一维数组中，结果如图 5-8 所示。

（2）因行列表头的"行列域"值用了 0 和 0，如图 5-9 所示十字链表中行和列下标均从 1 开始。

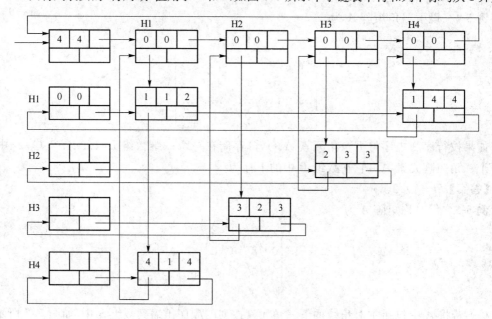

图 5-9　例 5-6 用图二

5.3　广　义　表

5.3.1　广义表的定义

广义表（lists，又称列表）是线性表的推广，广泛应用于人工智能等领域。一般记作：

$$LS=(a_1,a_2,\cdots,a_n)$$

其中，a_i 是单个元素或是广义表，n 是广义表的长度。通常，用大写字母表示广义表的名称，用小写字母表示原子。当广义表 LS 非空时，第一个元素 a_1 称为 LS 的表头(head)，其余元素组成的表 $(a_2,a_3,\cdots,a_n)$ 称为 LS 的表尾(tail)，表尾也是一个广义表。广义表的元素中，单个元素称为原子，如果元素也是一个广义表，则称这样的元素为子表。由此可见，广义表的定义是递归的。

广义表的深度定义为广义表中括弧的重数，是广义表的一种量度。求广义表 LS 的深度问题可分解为 n 个子问题，每个子问题为求 a_i 的深度，若 a_i 是原子，则定义其深度为 0；若 a_i 是广义表，则 LS 的深度为子表的深度中最大值加 1。空表也是广义表，并由定义可知空表的深度为 1。

下面给出一些广义表的例子。

(1) $E=(\ )$：列表 E 是一个空表，长度为 0，深度为 1。

(2) $L=(a,b)$：列表 L 的长度为 2，深度为 1，两个元素都是原子，因此是一个线性表。

(3) $A=(x,L)=(x,(a,b))$：列表 A 长度为 2，深度为 2，第一个元素是原子 x，第二个元素是子表 L。

(4) $B=(A,y)=((x,(a,b)),y)$：列表 B 的长度为 2，深度为 3，第一个元素是子表 A，第二个元素是原子 y。

(5) $D=(a,D)=(a,(a,(a,(\cdots))))$：列表 D 的长度为 2，深度为 ∞，第一个元素是原子，第二个元素是 D 自身，展开后是一个无限的广义表。

需要说明的是：(1) 广义表的元素可以是子表，而子表的元素还可以是子表。由此，广义表是一个多层次的结果。

(2) 广义表可为其他表共享。例如在上述例子中，广义表 L 为 A 的子表，广义表 A 为 B 的子表，广义表 A 和 B 为 C 的子表。

(3) 广义表可以是一个递归的表，即广义表可以是其本身的一个子表，例如广义表 D。递归表的深度是无穷值，长度是有限值。

(4) 广义表的长度定义为最外层包含的元素个数，广义表的深度由所含括弧的重数决定。

由于广义表是对线性表和树的推广，并且具有共享和递归特性的广义表可以和有向图建立对应，因此广义表的大部分运算与这些数据结构上的运算类似。在此，只讨论广义表的两个特殊的基本运算：取表头 Head(Ls) 和取表尾 Tail(Ls)。例如：

$$\text{Head}(L)=a,\ \text{Tail}(L)=(b)\qquad \text{Head}(B)=A,\ \text{Tail}(B)=(y)$$

由于 Tail(L) 是非空表，可继续分解得到：

$$\text{Head}(\text{Tail}(L))=b,\ \text{Tail}(\text{Tail}(L))=(\ )$$

对非空表 A 和 (y)，也可继续分解。

广义表 $(\ )$ 和 $((\ ))$ 不同。前者是长度为 0 的空表，对其不能做求表头和表尾的运算；而后者是长度为 1 的非空表(只不过该表中唯一的一个元素是空表)，对其可进行分解，得到的表头和表尾均是空表 $(\ )$。

例 5-7 已知广义表 $L=((x,y,z),a,(u,t,w))$，从 L 表中取出原子项 t 的运算是(　　)。

A. head(tail(tail(L)))　　　　　　　　B. tail(head(head(tail(L))))

C. head(tail(head(tail(L))))　　　　　D. head(tail(head(tail(tail(L)))))

【答案】D

例 5-8 利用广义表的 Head 和 Tail 运算，把原子 d 分别从下列广义表中分离出来：$L_1=(((((a),b),d),e)$；$L_2=(a,(b,((d)),e))$。

【答案】Head(Tail(Head(Head(L1))))

Head(Head(Head(Tail(Head(Tail(L2))))))

5.3.2 广义表的结构特点

由于广义表$(a_1, a_2, \cdots, a_n)$中的数据元素可以有不同的结构（原子或是列表），因此难以用顺序存储结构表示，通常采用链式存储结构，每个数据元素可用一个结点表示。

如何设定结点的结构呢？由于列表中的数据可能为原子或列表，由此需要两种结构的结点：一种是表结点，用以表示列表；一种是原子结点，用以表示原子。若列表不空，则可分解成表头和表尾；反之，一对确定的表头和表尾可唯一确定列表。由此，一个表结点可由 3 个域组成：标志域、表头指针域、表尾指针域；而原子结点由标志域、原子的值域组成。其形式定义如图 5-10 所示。

| Tag=1 | hp | tp |

表结点

| Tag=0 | atom |

原子结点

图 5-10　列表的链表结点结构

只要广义表非空，都是由表头和表尾组成。即一个确定的表头和表尾就唯一确定一个广义表。相应的数据结构（图 5-11）定义如下。

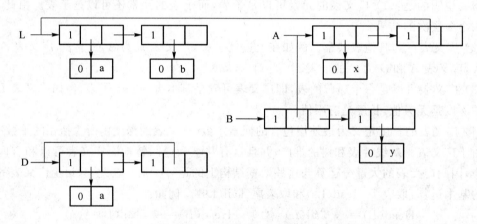

图 5-11　广义表的存储结构示例

```
typedef struct GLNode
{int tag;                // 标志域，为 1:表结点；为 0 :原子结点
  Union
  {Elemtype value;        // 原子结点的值域
struct
    {  struct GLNode * hp , * tp;
    }ptr;                 // ptr 和 atom 两成员共用
}Gdata;
  } * GList;              //广义表结点类型
```

这种存储结构中有几种情况：(1)除空表的表头指针为空外，对任何非空列表，其表头指针均指向一个表结点，且该结点中的 hp 域指示列表表头，tp 域指向列表表尾；(2)容易分清列表中原子和子表所在的层次；(3)最高层的表结点个数即为列表的长度。这 3 个特点在某种程度上给列表的操作带来方便。

100

本 章 小 结

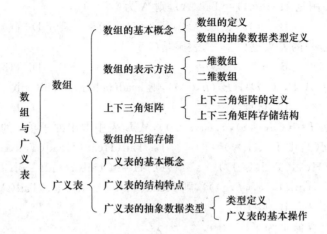

练 习 强 化

一、选择题

1. 在以下讲述中,正确的是(　　　)。

A. 线性表的线性存储结构优于链表存储结构

B. 二维数组是其数据元素为线性表的线性表

C. 栈的操作方式是先进先出

D. 队列的操作方式是先进后出

2. 数组 A[0..5,0..6]的每个元素占 5 个单元,将其按列优先次序存储在起始地址为 1000 的连续内存单元中,则元素 $a[5][5]$ 的地址为(　　　)。

A. 1175　　　　　　　B. 1180　　　　　　　C. 1205　　　　　　　D. 1210

3. 对稀疏矩阵采用压缩存储,其缺点之一是(　　　)。

A. 无法判断矩阵有多少行多少列

B. 无法根据行列号查找某个矩阵元素

C. 无法根据行列号计算矩阵元素的存储地址

D. 使矩阵元素之间的逻辑关系更加复杂

4. 与三元组顺序表相比,稀疏矩阵用十字链表表示,其优点是(　　　)。

A. 便于实现增加或减少矩阵中非零元素的操作

B. 便于实现增加或减少矩阵元素的操作

C. 可以节省存储空间

D. 可以更快地查找到某个非零元素

5. 下列 4 个广义表中,长度为 1、深度为 4 的广义表是(　　　)。

A. $((),((a)))$　　　　B. $((((a)),b)),c)$　　C. $(((a,b),(c)))$　　D. $(((a,(b),c)))$

6. 对于广义表$((a,b),(()),(a,(b)))$来说,其(　　　)。

A. 长度为 4　　　　B. 深度为 4　　　　　C. 有 3 个元素　　　　D. 有 2 个元素

7. 将一个 $A[15][15]$ 的下三角矩阵(第一个元素为 $A[0][0]$)按行优先存入一维数组 $B[120]$ 中,A 中元素 $A[6][5]$ 在 B 数组中的位置 K 为( )。

A. 19   B. 26   C. 21   D. 15

8. 若广义表 A 满足 $Head(A) = Tail(A)$,则 A 为( )。

A. ()   B. (())   C. ((),())   D. ((),(),())

9. 广义表 $((a),a)$ 的表头是( ),表尾是( )。

A. a B. b C. (a) D. $((a))$

10. 广义表 $A = (A,B,(C,D),(E,(F,G)))$,则 $head(tail(head(tail(tail(A))))) = ($)。

A. (G) B. (D) C. C D. D

11. 已知广义表 $L = ((x,y,z),a,(u,t,w))$,从 L 表中取出原子项 t 的操作是( )。

A. $Head(Head(Tail(Tail(L))))$ B. $Tail(Head(Head(Tail(L))))$

C. $Head(Tail(Head(Tail(L))))$ D. $Head(Tail(Head(Tail(Tail(L)))))$

12. 设 $A = (a,b,(c,d),(e,(f,g)))$,则 $Head(Tail(Head(Tail(Tail(A))))) = ($)。

A. (g) B. (d) C. c D. d

13. 对矩阵压缩存储是为了( )。

A. 方便运算   B. 节省空间   C. 方便存储   D. 提高运算速度

14. 稀疏矩阵一般的压缩存储方法有两种,即( )。

A. 二元数组和三元数组   B. 三元组和散列

C. 三元组和十字链表   D. 散列和十字链表

15. 空的广义表是指广义表( )。

A. 深度为 0   B. 尚未赋值   C. 不含任何原子   D. 不含任何元素

二、填空题

1. 二维数组 $A[10][5]$ 采用行序为主方式存储,每个元素占 4 个存储单元,并且 $A[5][3]$ 的存储地址是 1000,则 $A[8][2]$ 的地址是_____。

2. 设有一个 n 阶的下三角矩阵 A,如果按照行的顺序将下三角矩阵中的元素(包括对角线上元素)存放在连续的存储单元中,则 $A[i][j]$ 与 $A[0][0]$ 之间有_____个数据元素。

3. 对于多维数组,一般采用顺序存储方式来表示,通常有两种顺序存储方式:_____存储和_____存储。

4. 一个 $n \times n$ 的对称矩阵,如果以行或列为主序存入内容,则其容量为_____。

5. 三维数组 $A[c_1..d_1, c_2..d_2, c_3..d_3]$ 共有_____个元素。

6. 稀疏矩阵 $\begin{bmatrix} 0 & 0 & 2 & 0 \\ 3 & 0 & 0 & 0 \\ 0 & 0 & -1 & 5 \\ 0 & 0 & 0 & 0 \end{bmatrix}$ 对应的三元组表示为_____。

7. 设广义表 $L = ((),())$,则 $Head(L) = $_____,$Tail(L) = $_____,$L$ 的长度是_____,L 的深度是_____。

8. 广义表中的元素可以是_____。

9. 设广义表 $A = (x,(a,b),c,d)$,则 $Head(Head(Tail(A))) = $_____。

10. 广义表 $(((a,b,(),c),d),e,((f),g))$ 的长度是_____,深度是_____。

三、判断题

1. 数组是同类型值的集合。   ( )

2. 数组的存储结构是一组连续的内存单元。 （ ）

3. 数组是一种复杂的数据结构，数组元素之间的关系既不是线性的也不是树形的。
（ ）

4. 插入和删除操作是数据结构中最基本的两种操作，所以这两种操作在数组中也会经常
使用。 （ ）

5. 使用三元组表表示稀疏矩阵的元素，有时并不能节省存储空间。 （ ）

6. 数组的压缩形式一定比非压缩形式好。 （ ）

7. 广义表是由零个或多个原子或子表所组成的有限序列，所以广义表可能为空表。
（ ）

8. 线性表可以看成是广义表的特例，如果广义表中的每个元素是原子，则广义表便成为
线性表。 （ ）

9. 广义表中原子个数即为广义表的长度。 （ ）

10. 广义表中元素的个数即为广义表的深度。 （ ）

四、算法设计题

1. 编写一个算法，计算一个三元组表表示的稀疏矩阵的对角线元素之和。

2. 假设稀疏矩阵 A 和 B 均以三元组表作为存储结构。试写出矩阵相加的算法，另设三元
组表 C 存放结果矩阵。

练 习 答 案

一、选择题

1. B 2. A 3. C 4. A 5. D 6. C 7. B 8. B 9. C C
10. D 11. D 12. D 13. B 14. C 15. D

二、填空题

1. 1056

2. $i(i+1)/2+j-1$

3. 按行优先　按列优先

4. $n(n+1)/2$

5. $(d_1-c_1+1)(d_2-c_2+1)(d_3-c_3+1)$

6. $((1,3,2),(2,1,3),(3,3,-1),(3,4,5))$

7. () (()) 2 2

8. 原子和子表

9. a

10. 3　4

三、判断题

1. √ 2. √ 3. √ 4. × 5. × 6. × 7. √ 8. √ 9. ×
10. ×

四、算法设计题

1. 对于稀疏矩阵三元组表 a，从 a.data[1] 开始查看，若其行号等于列号，表示是一个对角

线上的元素，则进行累加，最后返回累加值。算法如下：

```
int diagonal(TSMatrix a,ElemType &sum)
{   int i;
    sun = 0;
    if(a.rows! = a.cols)
    {   printf("不是对角矩阵\n");
        return 0;
    }
    for(i = 1;i< = a.nums;i + + )
        if(a.data[i].r = = a.data[i].c);// 行号等于列号
            sum + = a.data[i].d;
    return 1;
}
```

2. 要求实现以下函数：

Status AddTSM(TSMatrix A,TSMatrix B,TSMatrix &C);
// 三元组表示的稀疏矩阵加法：C = A + B
//稀疏矩阵的三元组顺序表类型 TSMatrix 的定义：
#define MAXSIZE 20 //非零元个数的最大值

```
typedef struct {
    int     i,j;// 行下标,列下标
    ElemType e;// 非零元素值
}Triple;

typedef struct   {
    Triple data[MAXSIZE + 1];// 非零元三元组表,data[0]未用
    int mu,nu,tu;// 矩阵的行数、列数和非零元个数
}TSMatrix;

Status AddTSM(TSMatrix A,TSMatrix B,TSMatrix &C)
//三元组表示的稀疏矩阵加法：C = A + B
{
if(A.mu ! = B.mu ‖ A.nu ! = B.nu )
            return ERROR;
    C.mu = A.mu;C.nu = A.nu;C.tu = 0;
    int pa = 1;
    int pb = 1;
    int pc = 1;
    ElemType ce;
    int x;
    for(x = 1;x< = A.mu;x + + ) //对矩阵的每一行进行加法
    {
        while(A.data[pa].i<x) pa + + ;
        while(B.data[pb].i<x) pb + + ;
        while(A.data[pa].i = = x&&B.data[pb].i = = x)//行列值都相等的元素
        {
            if(A.data[pa].j = = B.data[pb].j)
            {
            ce = A.data[pa].e + B.data[pb].e;
            if(ce) //和不为 0
            {
                C.data[pc].i = x;
                C.data[pc].j = A.data[pa].j;
```

```
                C.data[pc].e = ce;
                pa++;pb++;pc++;
            }
        }//if
        else if(A.data[pa].j>B.data[pb].j)
        {
            C.data[pc].i = x;
            C.data[pc].j = B.data[pb].j;
            C.data[pc].e = B.data[pb].e;
            pb++;pc++;
        }
        else
        {
          C.data[pc].i = x;
          C.data[pc].j = A.data[pa].j;
          C.data[pc].e = A.data[pa].e;
          pa++;pc++;
        }
    }//while
    while(A.data[pa].i == x)//插入 A 中剩余的元素(第 x 行)
    {
      C.data[pc].i = x;
      C.data[pc].j = A.data[pa].j;
      C.data[pc].e = A.data[pa].e;
      pa++;pc++;
    }
    while(B.data[pb].i == x)//插入 B 中剩余的元素(第 x 行)
    {
      C.data[pc].i = x;
      C.data[pc].j = B.data[pb].j;
      C.data[pc].e = B.data[pb].e;
      pb++;pc++;
    }
  }//for
  C.tu = pc;
  return OK;
}//TSMatrix_Add
```

第6章　树和二叉树

本章内容提要：

树,二叉树的定义、性质、存储结构,二叉树的遍历和线索化,二叉树的应用,哈夫曼树和哈夫曼编码。

6.1　树的定义和基本术语

6.1.1　树的定义

树是由一个集合以及在该集合上定义的关系构成的。集合中的元素称为树的结点,所定义的关系称为父子关系。若结点 A、B 满足父子关系,称 A 为 B 的父亲(双亲),B 称为 A 的孩子(孩子)。树中存在唯一一个结点,不是任何结点的孩子,这个特殊的结点称为该树的根结点,或称为树根,其他结点都有唯一一个父结点。父子关系在树的结点之间建立了一个层次结构。

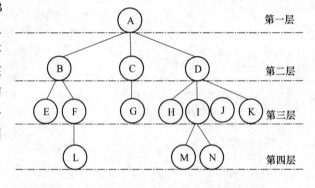

图 6-1　树和树的层次

例如,图 6-1 即为一棵树。

我们可以给出树的递归定义如下：树是按下述方式构成的 $n(n \geqslant 1)$ 个结点的集合 T。

(1) 有且仅有一个特殊的结点,称为树根(root)。

(2) 其余的结点可分成 m 个互不相交的有限子集 T_1、T_2,…,T_m,其中每个子集本身也是树形结构,称为子树。

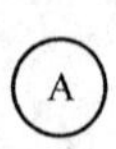

例如,图 6-2 是一棵只有一个结点的树。此结点 A 必是根结点。

图 6-2　只有一个结点的树

图 6-3(a)是有 7 个结点 A、B、C、D、E、F、G 的树。图 6-3(b)所示 A 是根结点,其余结点构成两棵互不相交的子树 T1、T2,其中 T1 是由 4 个结点 B、D、E、F 构成的子树,B 是子树 T1 的根,T2 是由 2 个结点 C、G 构成的子树,C 是子树 T2 的根。T1 由根结点 B 和 3 棵互不相交的子树 T11、T12、T13 构成,D、E、F 分别是子树 T11、T12、T13 的根。

106

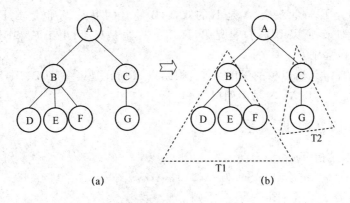

(a)   (b)

图 6-3　有 n 个结点的树

6.1.2　树的常用术语

在数据结构中的树就像一棵家族树,从根结点开始自顶向下生长,树中各个结点的名称以及结点之间的关系也类似于家族树。

结点的度:树中每个结点具有的子树数或者后继结点数称为该结点的度。

树的度:树中所有结点的度的最大值称为该树的度。

叶子(终端结点):度为零的结点。

分支结点(非终端结点):度不为零的结点。

孩子:一个结点的后继结点称为该结点的孩子。

双亲:一个结点称为其后继结点的父亲。

子孙:一个结点的所有子树中的结点称为该结点的子孙。

祖先:从根结点到达一个结点的路径上通过的所有结点称为该结点的祖先。

兄弟:同一个父结点的结点。

堂兄弟:其父亲在同一层上的结点。

结点的层次:从根结点开始定义,如图 6-1 所示。

深度:树中结点的最大层数称为树的层数或高度。

有序树:若从树中结点的各子树看是从左到右(不可互换)有序的,则称为有序树;否则称为无序树。

森林:0 个或多个不相交的树的集合称为森林,如图 6-4 所示。

例如,图 6-1 所示的树共有 14 个结点。

(1) A 是根结点。

(2) 结点 A 的度为 3,结点 B 的度为 2,结点 C 的度为 1,结点 D 的度为 4,B、C、D、F、I 都是分支结点;结点 E、G、H、J、K、L、M、N 的度为 0,是叶子结点。

(3) 由于此树上所有结点的度的最大值是 4,所以此树的度也为 4。

(4) 因为 B 是 A 的后继结点,所以 B 是 A 的孩子,E、F 是 B 的孩子,L 是 F 的孩子,反之,

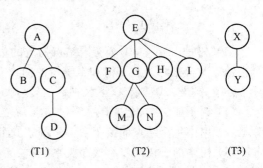

(T1)　　　　　　(T2)　　　　　　(T3)

图 6-4　三棵树构成的森林

F 是 L 的双亲,B 是 E、F 的双亲,A 是 B 的双亲,B 是 L 的祖先,A 也是 E、F、L 的祖先;由于 B、C、D 是同一个双亲,所以 B、C、D 是兄弟,H、I、J、K 也是兄弟;由于 G 和 H 在同一层上,双亲不同,则 G、H 是堂兄弟。

(5) 此树共有 4 层,所以树的深度为 4。根结点 A 所在是第一层,B、C、D 是第二层,E、F、G、H、I、J、K 是第三层,L、M、N 是第四层。

6.1.3　树的抽象数据类型

(1) 树的数据结构 Tree=(D,R):

数据对象 $D=\{a_i \mid a_i \in \text{ElemSet}, i=1,2,3,\cdots,n, n \geq 0\}$

数据关系 R:若 D 为空,则 R 为空,否则

① 有且仅有一个特殊的结点,称为树根(root)。

② 其余的结点可分成 m 个互不相交的有限子集 T1,T2,…,Tm,其中每个子集本身也是树形结构,称为子树。

(2) 树的基本操作 P:

① 构造树 CreateTree (T)。

② 求 T 树的根 Root(T)。

③ 清空以 T 为根的树 ClearTree(T)。

④ 判断树是否为空 TreeEmpty(T)。

⑤ 获取给定结点的第 i 个孩子 Child(T,node,i)。

⑥ 获取给定结点的双亲 Parent(T,node)。

⑦ 遍历树 Traverse(T)。

⑧ 将根为 x 的子树置为 y 结点的第 i 个孩子 Insert_Child(y,i,x)。

⑨ 删除 x 结点的第 i 个孩子(整个子树)Del_Child(x,i)。

6.2　二　叉　树

二叉树是数据结构中特有的一种结构,在这种二叉树中每个结点的孩子数不能超过两个,因此它具有统一的结构和良好的性质,便于操作。

6.2.1　二叉树

1. 二叉树的定义

二叉树是由 $n(n \geq 0)$ 个有限结点构成的集合;当 $n=0$ 时,二叉树为空;当 $n>0$ 时,它由一个根结点及分别称为左子树和右子树的两棵互不相交的二叉树构成。

注意,树与二叉树有以下区别。

(1) 树不能为空,至少有一个根结点,而二叉树可以为空。

(2) 树中每个结点的孩子数大于等于 0,而二叉树的孩子数不得超过 2。

(3) 树中的子树间没有次序关系,而二叉树的子树有次序关系,即有左右之分,不可颠倒,即使只有一棵子树也要区分它是左子树还是右子树。这是二叉树与树的最主要的差别。

图 6-5(a)是空二叉树的表示;(b)是只有一个结点的二叉树,它无左右孩子;(c)中 A 是根结点,A 有一个左孩子 B,无右孩子,(d) 的根结点是 A,A 无左孩子,有右孩子 B,因此尽管(c)

和(d)都有两个结点,但它们是两棵不同的二叉树。

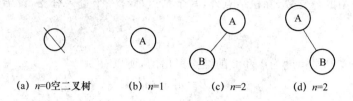

(a) $n=0$空二叉树　　(b) $n=1$　　(c) $n=2$　　(d) $n=2$

图 6-5　二叉树的几种形态

由于在二叉树中左孩子和右孩子是不同的,所以如图6-6所示的具有3个结点的5棵二叉树是不同的,而树的孩子无左右之分,所以如图6-7所示具有3个结点的树则只有2棵。

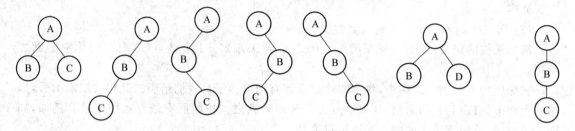

图 6-6　具有 3 个结点的 5 棵不同的二叉树

图 6-7　具有 3 个结点的树

2. 二叉树的性质

(1) 一般二叉树的性质

性质 6-1　在二叉树的第 i 层上至多有 2^{i-1} 个结点($i \geqslant 1$)。

证明:(采用归纳法)

① 当 $i=1$ 时,只有一个根结点,$2^{i-1}=2^0=1$,命题成立。

② 设对 $k=i-1$,命题成立,即第 $i-1$ 层上至多有 2^{i-1-1} 个结点。

下证 $k=i$ 时命题也成立。

由归纳假设可知,第 $i-1$ 层上至多有 2^{i-2} 个结点。

由于二叉树中每个结点的度最大为 2,故在第 i 层上最大结点数为第 $i-1$ 层上最大结点数的 2 倍,即 $2 \times 2^{i-2}=2^{i-1}$。

证毕。

性质 6-2　深度为 k 的二叉树至多有 2^k-1 个结点($k \geqslant 1$)。

证明:由性质 6-1 可知,第 1 层至多有 1 个结点,第 2 层至多有 2^{2-1} 个结点……第 k 层至多有 2^{k-1} 个结点。

深度为 k 的二叉树的最大的结点为二叉树中每层上的最大结点数之和,即

$$\sum_{i=1}^{k} 2^{i-1} = 2^k - 1$$

证毕。

性质 6-3　对任何一棵二叉树,如果其终端结点数为 n_0,度为 2 的结点数为 n_2,则 $n_0 = n_2 + 1$。

证明:设度为 1 的结点数为 n_1,二叉树中总结点数为 N,因为二叉树中所有结点均小于或等于 2,所以有

$$N = n_0 + n_1 + n_2 \qquad (6\text{-}1)$$

再看二叉树中的分支数,除根结点外,其余结点都有一个进入分支,设 B 为二叉树中的分支总数,则有

$$N = B + 1$$

由于这些分支都是由度为 1 和 2 的结点射出的,所以有

$$B = n_1 + 2n_2$$

$$N = B + 1 = n_1 + 2n_2 + 1 \qquad (6\text{-}2)$$

由式(6-1)和式(6-2)得

$$n_0 + n_1 + n_2 = n_1 + 2n_2 + 1$$

$$n_0 = n_2 + 1$$

证毕。

(2) 满二叉树和完全二叉树及其性质

满二叉树的定义:如果一棵深度为 k 的二叉树具有 $2^k - 1$ 个结点$(k \geqslant 1)$,则称它是满二叉树。

在深度为 k 的满二叉树中,每个非叶结点都有两个孩子。我们给满二叉树按层次编号,即按自上而下、自左到右的原则,令根结点为 1 开始对满二叉树的所有结点顺序编号。例如,如图 6-8 所示,给深度为 4 的满二叉树进行编号。

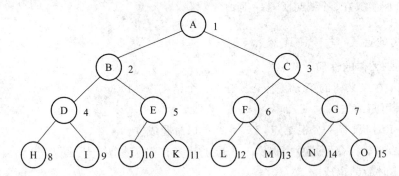

图 6-8　深度为 4 的满二叉树

完全二叉树的定义:如果一棵深度为 k 的 n 个结点的二叉树与深度为 k 的满二叉树的前 n 个结点一一对应,则称此二叉树为完全二叉树。

例如,图 6-9 是一棵完全二叉树,而图 6-10 中的两棵均不是完全二叉树。

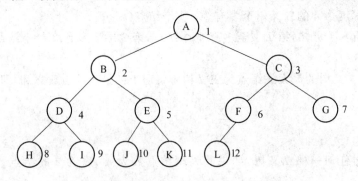

图 6-9　具有 12 个结点的完全二叉树

可以看到深度为 k 的完全二叉树有如下特点。

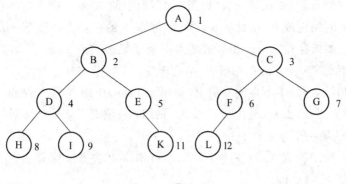

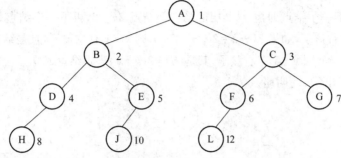

图 6-10　两棵非完全二叉树

① 最后一层的所有结点都集中在左侧。

② 所有的叶结点都出现在第 k 层或 $k-1$ 层。

③ 对任一结点,如果其右子树的最大层次为 L,则其左子树的最大层次为 L 或 $L+1$。

性质 6-4　具有 n 个结点的完全二叉树的深度为 $\lfloor \log_2 n \rfloor + 1$。

证明:设符号 $\lfloor x \rfloor$ 表示不大于 x 的最大整数。

假设此二叉树的深度为 k,则根据性质 6-2 及完全二叉树的定义得

$$2^{k-1} - 1 < n \leqslant 2^k - 1 \qquad 或 \qquad 2^{k-1} \leqslant n < 2^k$$

两边取对数得
$$k - 1 \leqslant \log_2 n < k$$

即
$$k < \log_2 n + 1 \leqslant k + 1$$

因为 k 是整数,所以有

$$k = \lfloor \log_2 n \rfloor + 1$$

证毕。

性质 6-5　如果将一棵有 n 个结点的完全二叉树的所有结点按层序从 1 开始编号,则对任一结点 $i(1 \leqslant i \leqslant n)$,有:

① 如果 $i=1$,则结点 i 无双亲,是二叉树的根;如果 $i>1$,则其双亲是结点 $\lfloor i/2 \rfloor$。

② 如果 $2i>n$,则结点 i 为叶子结点,无左孩子;否则,其左孩子是结点 $2i$。

③ 如果 $2i+1>n$,则结点 i 无右孩子;否则,其右孩子是结点 $2i+1$。

在此过程中,可以从②和③推出①,所以先证明②和③。

证明:先用归纳法证明②和③。

(1)当 $i=1$ 时,是根结点,由完全二叉树的定义可知其左孩子是结点 2,即 $2i$,若 $2>n$,即不存在结点 2,此时结点 i 无孩子。同理结点 i 的右孩子必是结点 3,即 $2i+1$,若结点 3 不存在,即 $3>n$,此时结点 i 无右孩子。结论成立。

(2)设 $i=k$ 时结论成立,欲证 $i=k+1$ 时结论也成立。分两种情况讨论。

111

① 设结点 k 和结点 $k+1$ 在同一层(如图 6-11(a)中的 X 和 Y 结点)。

由于假设 $i=k$ 时结论成立,由性质 6-5②、③可知,k 的左孩子必是下一层的结点 $2k$,右孩子是下层的 $2k+1$,如果存在下一个相邻的结点必是堂兄弟结点 $2k+2=2(k+1)$ 和 $2k+3=2(k+1)+1$,分别是结点 $k+1$ 的左右孩子,结论成立。

② 设结点 k 和结点 $k+1$ 不在同一层上(如图 6-11(b)中的 X 和 Y 结点)。

设结点 k 在第 j 层,结点 $k+1$ 在第 $j+1$ 层,则结点 k 必是第 j 层的最后一个结点,而结点 $k+1$ 必是 $j+1$ 层的第一个结点。

由于假设 $i=k$ 时结论成立,由性质 6-5②、③可知,k 的左孩子必是 $j+1$ 层的结点 $2k$,右孩子是 $j+1$ 层的结点 $2k+1$。

结点 $2k+1$ 的下一个结点即是 $j+2$ 层的第一个结点 $2k+2$,再下一个结点是 $2k+3$,它们分别是结点 $k+1$ 的左右孩子,如果 $2k+2=2(k+1)>n$,则 $k+1$ 有左孩子,且是结点 $2(k+1)$,如果 $2k+3=2(k+1)+1>n$,则 $k+1$ 有右孩子,其是结点 $2(k+1)+1$,结论成立。

由②、③可以推出①,证明略。

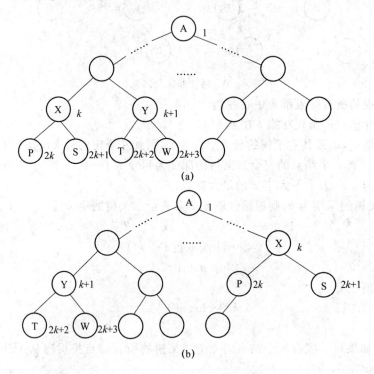

图 6-11 完全二叉树

例 6-1 若一棵二叉树具有 10 个度为 2 的结点,5 个度为 1 的结点,则度为 0 的结点个数是(   )。

A. 9   B. 11   C. 15   D. 不确定

【解析】对任何一棵二叉树,如果终端结点数为 n_0,度为 2 的结点数为 n_2,则一定有 $n_0=n_2+1$。所以 $n_0=10+1=11$,而与 n_1 无关。

【答案】B

例 6-2 在一棵三叉树中度为 3 的结点数为 2 个,度为 2 的结点数为 1 个,度为 1 的结点数为 2 个,则度为 0 的结点数为(   )。

112

A. 4   B. 5   C. 6   D. 7

【解析】由二叉树的性质可以推导出三叉树的结点总数 $n=n_0+n_1+n_2+n_3$ 或 $n=n_1+2n_2+3n_3+1$,得 $n_0=n_2+2n_3+1=6$。

【答案】C

例 6-3 一棵完全二叉树上有 1 001 个结点,其中叶子结点的个数是(　　)。

A. 250   B. 500   C. 254   D. 505

E. 以上答案都不对

【解析】由二叉树结点的公式: $n=n_0+n_1+n_2=n_0+n_1+(n_0-1)=2n_0+n_1-1$,因为 $n=1$ 001,所以 1 002$=2n_0+n_1$,在完全二叉树树中,n_1 只能取 0 或 1,在本题中只能取 0,故 $n=501$,因此选 E。

【答案】E

3. 二叉树的存储

二叉树可以有两种存储方式,即顺序存储和链式存储。

(1) 二叉树的顺序存储

用一组连续的内存单元存储二叉树。

```
#define  Maxsize   100＋1    // 二叉树的最大结点数
typedef TElemType  SqBiTree[Maxsize];   // 1号单元存储根结点
SqBiTree  bt;
```

对于一棵满二叉树和完全二叉树可以按结点编号将其存储在一组连续的内存单元中,因此根据完全二叉树的性质 6-5 可以找到任意结点的双亲和左右孩子。例如,图 6-12 所示为完全二叉树的顺序存储。对于存储在 5 号单元中的结点 E,根据性质 6-5E 的双亲结点为⌊5/2⌋＝2 单元中的结点 B,E 的左孩子应为 2×5＝10 单元中的结点 J,右孩子应为 2×5＋1＝11 单元中的结点 K。

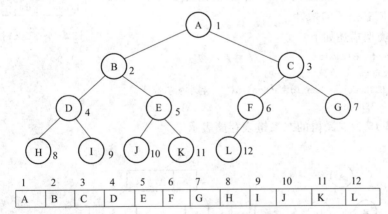

图 6-12 　完全二叉树的顺序存储

对于一般二叉树也可仿照完全二叉树进行编号,并顺序存储。例如,图 6-13 所示为两棵非完全二叉树的顺序存储。可以看到这种存储方式更适合满二叉树、完全二叉树和结点比较密集的二叉树(如图 6-13(a)所示),而对形如图 6-13(b)的松散型的二叉树,则会浪费大量空间。

(2) 二叉树的链式存储

结点结构如图 6-14 所示。

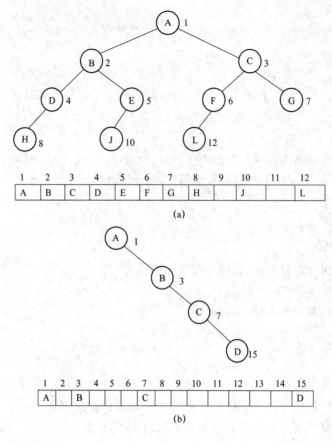

(a)

(b)

图 6-13   非完全二叉树的顺序存储

其中，data 存放结点值，Lchild 存放指向左孩子的指针，Rchild 存放指向右孩子的指针。

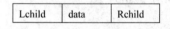

图 6-14   二叉树的结点结构

C 语言的类型描述如下：

```
typedef struct  BiTNode{                // 结点结构
    TElemType data;
    struct BiTNode  * Lchild, * Rchild; // 左右孩子指针
} BiTNode, * BiTree;
```

例如，图 6-15 为二叉树的二叉链表存储表示。

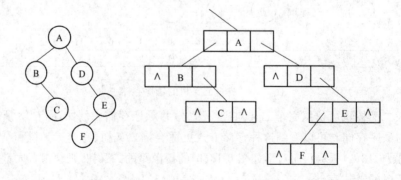

图 6-15   二叉链表存储结构

114

此种存储的优点是能快速地找到每个结点的左右孩子,且方便插入和删除。缺点是不容易找到双亲结点。

6.2.2 二叉树的遍历

在二叉树的应用中遍历是常用的操作。所谓遍历就是沿着某一条路径不重复地访遍二叉树中的所有结点,且使得每个结点均被访问,且仅被访问一次。这里的访问可以是输出、比较、更新、查看元素内容等各种操作。遍历操作既可以访问二叉树中所有结点,也可以查找二叉树中满足某些条件的结点并对其进行操作,如输出二叉树中所有结点、统计二叉树中叶结点的个数等。二叉树是一种非线性的数据结构,对二叉树进行遍历的结果是产生树中所有结点的一个线性序列。

1. 二叉树的遍历算法

(1)先序遍历(根、左子树、右子树)

若二叉树为空则停止,否则

① 访问根结点;

② 先序遍历左子树;

③ 先序遍历右子树。

```
//先序遍历的递归算法
void PreOrder(BiTree T)
{
  if (T! = null) {  Visit(T->data);  //访问根结点
                    PreOrder(T->Lchild); //先序遍历左子树
                    PreOrder(T->Rchild); //先序遍历右子树
                  }
}
```

(2)中序遍历(左子树、根、右子树)

若二叉树为空则停止,否则

① 中序遍历左子树;

② 访问根结点;

③ 中序遍历右子树。

```
//中序遍历的递归算法
void Inorder(BiTree T)
{
  if (T! = null) {  Inorder (T->Lchild); //中序遍历左子树
                    Visit(T->data);  //访问根结点
                    Inorder (T->Rchild); //中序遍历右子树
                  }
}
```

(3)后序遍历(左子树、右子树、根)

若二叉树为空则停止,否则

① 后序遍历左子树;

② 后序遍历右子树;

③ 访问根结点。

```
//后序遍历的递归算法
void Postorder(BiTree T)
{
    if (T! = null) {  Postorder (T->Lchild); //后序遍历左子树
```

```
                    Postorder (T->Rchild); //后序遍历右子树
                    Visit(T->data);    //访问根结点
                }
        }
```

例如,利用前序遍历生成二叉树的算法如下:

```
void CreateBiTree (BiTree T)
  { char  ch;
    ch = getchar() ;
    if  (ch == '')   T = NULL;
        else  {
            T = (BiTNode *) malloc (sizeof(BiTNode));
            T->data = ch;
            CreateBiTree(T->Lchild);
            CreateBiTree(T->Rchild);
                }
    return OK;
}
```

例 6-4 写出如图 6-16 所示二叉树的前序遍历、中序遍历和后序遍历序列。

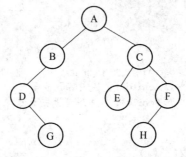

图 6-16 二叉树的遍历

【解析】先序遍历序列是 ABDGCEFH。

中序遍历序列是 DGBAECHF。

后序遍历序列是 GDBEHFCA。

例 6-5 已知某二叉树的前序遍历为 ABDEFG,中序遍历为 BAEDGF,求此二叉树。

【解析】前序遍历的特点是第一个访问根结点。

(1)根据前序遍历 ABDEFG 确定根结点 A;再根据中序遍历 BAEDGF 中的 A 将左子树和右子树的结点分开,这里 A 的左子树结点是(B),A 的右子树结点是(EDGF),如图 6-17(a)所示。

(2)同理对右子树的所有结点 EDGF 做进一步分解,如图 6-17(b)所示。

(3)对 D 的右子树中的结点 GF 再做分解,即为所求二叉树,如图 6-17(c)所示。

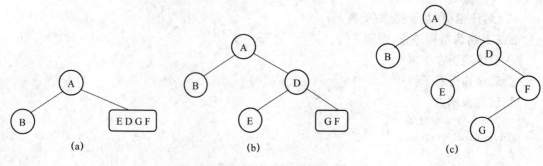

图 6-17 例 6-5 用图

例 6-6 某二叉树的后续序遍历为 BEGFDA，中序遍历为 BAEDGF，求此二叉树。

【解析】后序遍历的特点最后一个访问根结点。

（1）根据后序遍历序列 BEGFDA 确定根结点 A；再找到中序遍历序列 BAEDGF 中的 A 将左子树和右子树的结点分开，这里 A 的左子树结点是（B），A 的右子树结点是（EDGF），如图 6-18（a）所示。

（2）同理对右子树的所有结点 EGFD 进行分解再分解，最后得到所求二叉树，如图 6-18（b）所示。

重要说明：（1）一个前序遍历和后序遍历无法唯一确定一棵二叉树。

例如，某二叉树前序遍历为 AB，后序遍历为 BA，则有如图 6-19 所示的两棵二叉树符合要求。

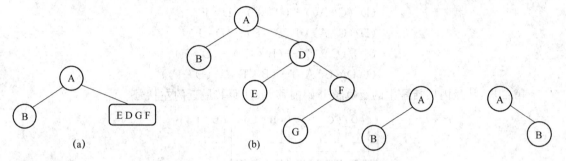

图 6-18　例 6-6 用图　　　　　　　　　　图 6-19　前序和后序相同的二叉树

（2）一个前序遍历和中序遍历或者一个后序遍历和中序遍历都能唯一确定一棵二叉树。

2. 遍历二叉树的应用

应用之一：利用二叉树，给出表达式的中缀、前缀（波兰式）和后缀表示（逆波兰式）。

例如，将图 6-20 的二叉树分别按照前序、中序和后序序列。

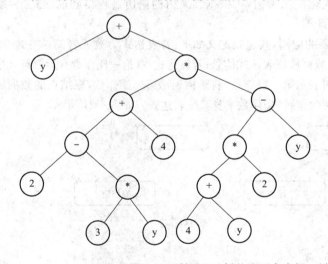

前序遍历序列（波兰表达式）：
$+y*+-2*3y4-*+4y2y$

中序遍历序列（中缀式）：
$y+(2-3*y+4)*((4+y)*2-y)$

后序遍历序列（逆波兰表达式）：
$y23y*-4+4y+2+2*y-*+$

图 6-20　利用二叉树的遍历求中缀、后缀及前缀表达式

应用之二：表达式之间的转换。

所谓表达式之间的转换，指的是中缀表达式、前缀表达式和后缀表达式之间的转换。有两种方法，第一种称为直接转换法，第二种称为二叉树辅助转换法。

（1）直接转换法

该方法适用于将中缀表达式转化为前缀表达式或后缀表达式，过程如下：

① 考虑表达式中操作符的优先级和结合性,适当添加括号。表达式最外层也添加括号。

② 由最内层括号开始,将括号中的所有运算符依次自左向右取代与之最相邻的左括号(如要转化为前缀表达式)或右括号(如要转化为后缀表达式),直到最外层的括号为止。

③ 将表达式中剩余的所有右括号全部去掉。

例 6-7　将中缀表达式 $D/C^A+B*E-D*F$ 转化为前缀表达式和后缀表达式。

【解析】① 变为前缀表达式。

第一步:加括号。

$$D/(C^A)+B*E-D*F$$
$$(D/(C^A))+B*E-D*F$$
$$(D/(C^A))+(B*E)-D*F$$
$$(D/(C^A))+(B*E)-(D*F)$$
$$((D/(C^A))+(B*E))-(D*F)$$
$$(((D/(C^A))+(B*E))-(D*F))$$

第二步:从最内层括号中的运算符开始前移,取代距其最近的左括号。

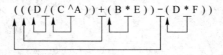

第三步:将所有右括号去掉,得到前缀表达式:
$$-+/D^CA*BE*DF$$

② 变为后缀表达式,过程同上类似,仅是第二步改为取代右括号,结果是:
$$DCA^/BE*+DF*-$$

(2) 二叉树辅助转化法

根据优先级和括号将中缀表达式化成二叉树,再根据二叉树的遍历过程得到前缀式、后缀表达式,这样的二叉树称为表达式二叉树。

二叉树表示表达式是一种非常重要的应用,其递归定义如下:若表达式为数或者简单变量,则相应二叉树中仅有一个根结点,其数据域存放该表达式信息;若表达式＝(第一操作数)(运算符)(第二表达式),则相应的二叉树中以左子树表示第一操作数,右子树表示第二操作数,根结点的数据域存放运算符(若为一元运算符,则左子树为空)。操作数本身又是表达式。如图 6-21 所示。

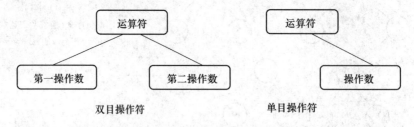

图 6-21　前序和后序相同的二叉树

具体步骤如下:

① 考虑运算符的优先级和结合性,适当给表达式添加括号;

② 由内层括号开始,将括号中的运算符作为根结点,左边的操作数为左子树,右边的操作数为右子树。依次处理其他括号,直到最外层括号为止。

例 6-8　将下面的中缀表达式转化为前缀表达式和后缀表达式。

$$!(A\&!(B<C\|C>D))\|C<E$$

118

【解析】首先将之转化为二叉树,如图 6-22 所示。

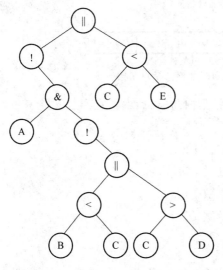

对二叉树进行前序遍历,得

|| ! & A ! || < B C > C D < C E

即为前缀表达式。

对二叉树进行后序遍历,得

A B C < C D > || ! & ! C E < ||

即为后缀表达式。

图 6-22　利用二叉树的实现表达式之间的转化

说明:后缀表达式转化为前缀表达式,一般是先转化为中缀表达式。

6.2.3　线索二叉树

1. 线索二叉树的基本概念和构造

从上一节可以看到,如果采用二叉链表存储结构,每个结点只有两个指向左、右孩子的指针,也就是说只能找到该结点的孩子结点,无法直接找到该结点在某种遍历顺序下的前驱和后继结点。可以发现,二叉树中有一半以上的孩子指针域都是空的。在一棵 n 个结点的二叉树中,共有 $2n$ 个指针域,其中只有 $n-1$ 个指针用来指向其左、右子树,而有 $n+1$ 个指针域是为空的。我们利用这些空链域来存放指向某种遍历(比如中序)时该结点的前驱和后继结点。我们把这种指向前驱或后继的指针称为**线索**指针,把增加了线索的二叉树称为**线索二叉树**。对一棵二叉树以某种遍历顺序使其变成线索二叉树的过程称为线索化。

例如一棵二叉树如图 6-23(a)所示。其中序遍历序列为 DGBAECHF,按中序遍历序列线索化的线索二叉树,我们简称为中序线索二叉树。操作规则:(1)将所有空链域改为线索(用虚线表示);(2)把空的左子树指针域设一指针指向中序遍历序列中的前驱结点;(3)把空的右子树指针域设一指针指向中序遍历序列中的后继结点,如图 6-23(b)所示。

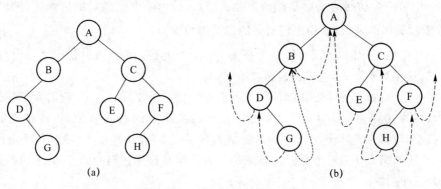

图 6-23　中序遍历线索二叉树

119

2. 线索二叉树的数据结构

线索二叉树的结点结构如图 6-24 所示。

Lchild	Ltag	Data	Rtag	Rchild

图 6-24　线索二叉树的结点结构

为了区分指针 Lchild 是指向其孩子还是指向前驱(后继),在原二叉链表的存储结构中增加两个标识域 Ltag 和 Rtag。

Ltag＝　0　　当 Lchild 指向结点的左孩子时

　　　　　1　　当 Lchild 指向前驱结点时

Rtag＝　0　　当 Rchild 指向结点的右孩子时

　　　　　1　　当 Rchild 指向结点的后继结点时

线索二叉树的数据结构为:

```
Typedef struct BiTreeNode{
        TelemType              data;
        struct BiTreeNode      * Lchild, * Rchild; //指向左孩子和右孩子
          int                  Ltag, Rtag;          //左、右标志,取值为 0 或 1
        }BiTreeNode, * BiTree;
```

为了方便再增加一个头结点,初始状态如图 6-25 所示。

Lchild	0	/////////	1	Rchild

图 6-25　初始状态

例 6-9　将图 6-26 所示的二叉树 *T* 用二叉链表存储,并要求按照中序遍历线索化。

【解析】(1) 如图 6-26 所示,二叉树 *T* 的中序遍历结果是:DBEAC。

(2) 将空链改为线索,如图 6-27 所示。

重要说明:增加了一个头结点,当二叉树为空时,线索二叉树也为空。Lchild 作为孩子指针指向头结点本身,Rchild 作为线索指针指向头结点;当二叉树非空时,

(1) 该头结点的左孩子指针 Lchild 指向二叉树的根结点 A,右线索指针指向最后一个结点 C;

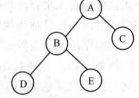

图 6-26　二叉树 T

(2) Bt 中第一个访问的结点 D 的前驱为头结点,最后一个结点 C 的后继设定为头结点。

3. 线索二叉树的遍历(以中序线索化的二叉树为例)

遍历一棵已线索化的二叉树,即是先查找到第一个要访问的结点并访问之,再找到此结点的后继结点,这样一直下去,直至访遍所有结点。

以中序遍历为例,第一个要访问的结点就是左子树上处于"最左下"(没有左子树)的结点,即沿着左子树查找到左标志 Ltag 为 1 的结点。后继结点的查找方法是:若结点的右标志 Rtag 为 1(说明该结点是叶子结点),则右链域指向的就是结点的直接后继;若结点的右标志 Rtag 为 0(说明该结点不是叶子结点),则遍历其右子树是最先访问的结点(右子树的最左下点),即是其直接后继。

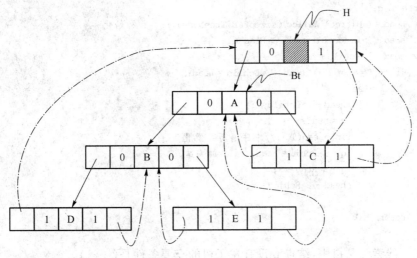

图 6-27 二叉树的中序线索化

中序遍历算法如下：

(1) 找到线索二叉树的根结点；

(2) 找到第一个要访问的结点(沿其左分支)；

(3) 访问左子树为空的结点；

(4) 沿其右线索访问其后继结点,if 后继结点的 Rtag＝1 则转(4),否则转(1)。

4. 线索化二叉树(以中序遍历线索化二叉树为例)

线索化一棵二叉树就是按前序、中序或后序遍历次序建立前序线索二叉树、中序线索二叉树或后序线索二叉树,其方法是在遍历过程中同时为二叉树穿线。

我们以中序遍历线索化为例,建立一棵中序线索二叉树。事实上是在中序遍历的过程中修改线索二叉树结点的左、右指针域和标识域,以保存当前访问结点的"前驱"和"后继"信息。

设指针 q 和 p 在遍历过程中始终保持 q 是 p 的前驱,指针 p 所指结点是 q 的后继。用递归实现。

算法思路如下：

(1) 为 p 的左子树线索化；

(2) 建立 p 的前驱线索；

(3) 建立 q 的后继线索；

(4) 为 p 的右子树线索化。

```
void  inthread(Bitree p){    //中序遍历线索化
    if(p! = null)
      { inthread(p->Lchild); //左子树线索化
            if(p->Lchild == null) //建前驱线索
              { p->Ltag = 1; p->Lchild = q }
            if(q->Rchild == null) // 建后继线索
              { q->Rtag = 1; q->Rchild = p }
          q = p; //保持 q 指向 p 的前驱
          inthread(p->Rchild); //右子树线索化
      }
}
void crt_inthlinked(Bitree T , Bitree head)//创建中序线索二叉树
```

```
{ Bitree p, q;
        head = ( Bitree) malloc (sizeof(BiTreeNode) );   //初始化
        head ->Ltag = 0; head ->Rtag = 1;
        head ->Rchild = head;
        if   ( T == Null )   head ->Lchild = head;
            else
                {   head ->Lchild = T;
                    q = head;
                    inthread(T);//中序遍历线索化
                    q ->Rchil = head; // 添加头结点
                    q ->Rtag = 1;
                    head ->Rchild = q;
                }
        return   OK
}
```

例 6-10   线索二叉树中,结点 p 没有左子树的充要条件是(   )。

A. p->lc=NULL   B. p->ltag=1

C. p->ltag=1 且 p->lc=NULL   D. 以上都不对

【答案】B

例 6-11   已知一棵二叉树的中序序列 DBEAFGC 和后序序列 DEBGFCA,要求:

(1) 构造这棵二叉树;

(2) 写出前序遍历序列;

(3) 画出其中序线索二叉树。

【答案】

(1) 二叉树如图 6-28(a)所示。

(2) 二叉树的前序遍历序列为 ABDECFG。

(3) 中序线索二叉树如图 6-28(b)所示。

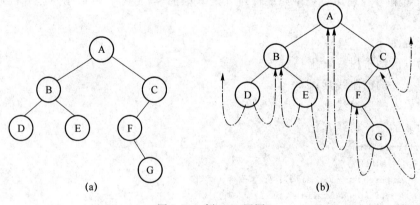

图 6-28   例 6-11 用图

6.2.4   二叉树的 C 语言实现

```
# include <stdio.h>
# include <malloc.h>
# define MaxSize 100
typedef char ElemType;
```

122

```
typedef struct node
{
    ElemType data;                                  //数据元素
    struct node * lchild;                           //指向左孩子
    struct node * rchild;                           //指向右孩子
} BTNode;
void CreateBTNode(BTNode * &b,char * str)            //由 str 串创建二叉链
{
    BTNode * St[MaxSize], * p = NULL;
    int top = - 1,k,j = 0;
    char ch;
    b = NULL;                                       //建立的二叉树初始时为空
    ch = str[j];
    while (ch! = '\0')                              //str 未扫描完时循环
    {
        switch(ch)
        {
        case '(':top + + ;St[top] = p;k = 1; break;    //为左结点
        case ')':top - - ;break;
        case ',':k = 2; break;                      //为右结点
        default:p = (BTNode * )malloc(sizeof(BTNode));
            p - >data = ch;p - >lchild = p - >rchild = NULL;
                    if(b = = NULL)                  //p 指向二叉树的根结点
                        b = p;
                    else                            //已建立二叉树根结点
                    {
                        switch(k)
                        {
                        case 1:St[top] - >lchild = p;break;
                        case 2:St[top] - >rchild = p;break;
                        }
                    }
        }
        j + + ;
        ch = str[j];
    }
}
BTNode * FindNode(BTNode * b,ElemType x)             //返回 data 域为 x 的结点指针
{
    BTNode * p;
    if (b = = NULL)
        return NULL;
    else if (b - >data = = x)
        return b;
    else
    {
        p = FindNode(b - >lchild,x);
        if(p! = NULL)
            return p;
        else
            return FindNode(b - >rchild,x);
    }
}
```

```
BTNode * LchildNode(BTNode * p)                //返回 * p 结点的左孩子结点指针
{
    return p - >lchild;
}
BTNode * RchildNode(BTNode * p)                //返回 * p 结点的右孩子结点指针
{
    return p - >rchild;
}
int BTNodeDepth(BTNode * b)                    //求二叉树 b 的深度
{
    int lchilddep,rchilddep;
    if(b = = NULL)
        return(0);                             //空树的高度为 0
    else
    {
        lchilddep = BTNodeDepth(b - >lchild);  //求左子树的高度为 lchilddep
        rchilddep = BTNodeDepth(b - >rchild);  //求右子树的高度为 rchilddep
        return (lchilddep>rchilddep)? (lchilddep + 1):(rchilddep + 1);
    }
}
void DispBTNode(BTNode * b)                     //以括号表示法输出二叉树
{
    if(b! = NULL)
    {
        printf(" % c",b - >data);
        if(b - >lchild! = NULL ‖ b - >rchild! = NULL)
        {
            printf("(");
            DispBTNode(b - >lchild);
            if (b - >rchild! = NULL) printf(",");
            DispBTNode(b - >rchild);
            printf(")");
        }
    }
}
int BTWidth(BTNode * b)                         //求二叉树 b 的宽度
{
    struct
    {
        int lno;                               //结点的层次编号
        BTNode * p;                            //结点指针
    } Qu[MaxSize];                             //定义顺序非循环队列
    int front,rear;                            //定义队首和队尾指针
    int lnum,max,i,n;
    front = rear = 0;                          //置队列为空队
    if (b! = NULL)
    {
        rear ++ ;
        Qu[rear].p = b;                        //根结点指针入队
        Qu[rear].lno = 1;                      //根结点的层次编号为 1
        while (rear! = front)                  //队列不为空
        {
            front ++ ;
```

```
        b = Qu[front].p;                        //队头出队
        lnum = Qu[front].lno;
        if (b->lchild! = NULL)                   //左孩子入队
        {
            rear++;
            Qu[rear].p = b->lchild;
            Qu[rear].lno = lnum + 1;
        }
        if (b->rchild! = NULL)                   //右孩子入队
        {
            rear++;
            Qu[rear].p = b->rchild;
            Qu[rear].lno = lnum + 1;
        }
    }
    max = 0;lnum = 1;i = 1;
    while (i< = rear)
    {
        n = 0;
        while (i< = rear && Qu[i].lno = = lnum)
        {
            n++;i++;
        }
        lnum = Qu[i].lno;
        if (n>max) max = n;
    }
    return max;
    }
    else
        return 0;
}
int Nodes(BTNode * b)                           //求二叉树 b 的结点个数
{
    int num1,num2;
    if (b = = NULL)
        return 0;
    else if (b->lchild = = NULL && b->rchild = = NULL)
        return 1;
    else
    {
        num1 = Nodes(b->lchild);
        num2 = Nodes(b->rchild);
        return (num1 + num2 + 1);
    }
}
int LeafNodes(BTNode * b)                        //求二叉树 b 的叶子结点个数
{
    int num1,num2;
    if (b = = NULL)
        return 0;
    else if (b->lchild = = NULL && b->rchild = = NULL)
        return 1;
    else
```

```
        {
            num1 = LeafNodes(b - >lchild);
            num2 = LeafNodes(b - >rchild);
            return (num1 + num2);
        }
    }
}
void DestroyBTNode(BTNode * &b)
{
    if (b! = NULL)
    {
        DestroyBTNode(b - >lchild);
        DestroyBTNode(b - >rchild);
        free(b);
    }
}


void main()
{   BTNode  * b, * p, * lp, * rp;
    CreateBTNode(b,"A(B(D,E(H(J,K(L,M(,N))))),C(F,G(,I)))");
    printf("二叉树的基本运算如下:\n");
    printf("  (1)输出二叉树:");DispBTNode(b);printf("\n");
    printf("  (2)H 结点:");
    p = FindNode(b,'H');
    if(p! = NULL)
    {   lp = LchildNode(p);
        if(lp! = NULL)
            printf("左孩子为 % c ",lp - >data);
        else
            printf("无左孩子 ");
        rp = RchildNode(p);
        if (rp! = NULL)
            printf("右孩子为 % c",rp - >data);
        else
            printf("无右孩子 ");
    }
    printf("\n");
    printf("  (3)二叉树 b 的深度: % d\n",BTNodeDepth(b));
    printf("  (4)二叉树 b 的宽度: % d\n",BTWidth(b));
    printf("  (5)二叉树 b 的结点个数: % d\n",Nodes(b));
    printf("  (6)二叉树 b 的叶子结点个数: % d\n",LeafNodes(b));
    printf("  (7)释放二叉树 b\n");
    DestroyBTNode(b);
}
```

6.3 树 和 森 林

6.3.1 树的存储结构

树在计算机中有多种存储方式,但不论是采用顺序结构还是采用链式存储结构,都必须存储树中的结点信息和结点之间的关系。

126

1. 树的双亲表示

用一组连续地址空间存储树的所有结点信息和其双亲。每个单元包含两个域：结点 data 和其双亲在表中的位置 parent，如图 6-29 所示。

这是一种顺序存储结构，它利用树中每个结点（除根结点）都有且仅有一个双亲结点的特点来存储一棵树。

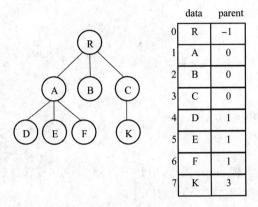

图 6-29　一般树的双亲表示法

C 语言的类型描述：

```
MAX_TREE_SIZE 100
typedef struct PTNode { //结点结构
    ElemType   data; //结点信息
    int        parent; //双亲所在的序号
} PTNode;
  typedef struct {  //树结构
      PTNode nodes[MAX_TREE_SIZE];
      int r ,n; //根的位置和结点数
}PTree;
```

说明：本结构可方便实现查找 parent 的操作，但不方便查找 child 的操作。

2. 孩子表示法

（1）孩子链表表示

利用线性表的顺序存储及链式存储相结合的方式，把树中所有结点存储在连续存储空间中，每个结点都对应一个单链表，该单链表中保存的是其所有孩子结点的位置，如图 6-30 所示。

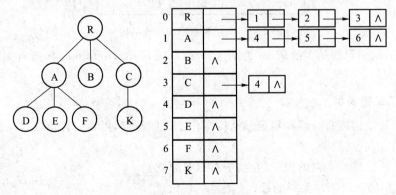

图 6-30　树的孩子链表表示

孩子表示法结构：

```
typedef struct CTNode {
    int child; //孩子结点在线性存储中的位置
    struct CTNode * next; //指向下一个孩子的位置结点
    } * ChildPtr;
typedef struct {
  TElemType data;
      //树结点的数据域
  ChildPtr firstchild;
  //孩子链的表头指针,指向第一个孩子位置结点
    } CTBox;
    typedef struct {
    CTBox nodes[MAX_TREE_SIZE];
    int n ,r; //结点数目和根结点的位置
  } cTree;
```

说明：① 本结构易于实现 child 操作,但是不方便 parent 操作。

② 可以将以上两种方法合并起来。

（2）定长结构

最自然的表示是链式存储。由于树的每个结点的度数不同,因此我们规定每个结点的指针域个数是树的度 d（也就是树中结点度的最大值）,这种存储结构称为定长结构。

定长结构的结点结构如图 6-31 所示。

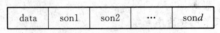

图 6-31　定长结构的结点结构

其中,data 用来存放结点的值,d 为树的度（树中结点的最大分支数）,son1,son2,$\cdots$,son$d$（通常 $d \geqslant 2$）是指向该结点的 d 个孩子结点的指针,若第 i 个孩子不存在,则 son$i$ 为 NULL。这种方法空指针较多,当是 d 较大的树形结构时,空间浪费就很可观了。

（3）不定长结构

为弥补上述缺点,修改结点结构为每个结点的指针个数是结点的度 m,这种存储结构称为不定长结构。

不定长结构的结点结构如图 6-32 所示。

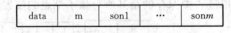

图 6-32　不定长结构的结点结构

其中,data 用来存放结点的值,m 为结点的度,son1,son2,$\cdots$,son$m$ 是指向该结点的 m 个孩子指针。

3．树的二叉树表示

为改进定长结构浪费空间和不定长结构操作不便的缺点,可将树转化成二叉树表示,并用二叉树的存储方式存储。

把一般树转变成二叉树的规则（左孩子右兄弟原则）：

（1）一般树的根仍为二叉树的根；

（2）对树中任意结点,令其左指针指向最左孩子,右指针指向最接近它的兄弟。

例 6-12 将图 6-33 所示的树转换成二叉树。

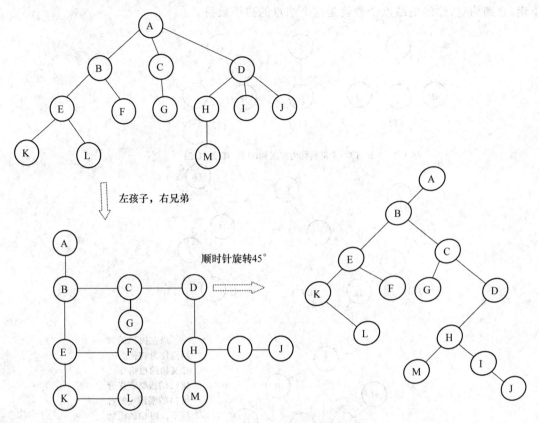

图 6-33 一般树转化为二叉树的过程

注意:① 这样得到的二叉树的根结点的右子树永远是空的,因为根结点没有兄弟。

② 在转化过程中一般树的某些结点的层次降低了,由此树的深度也拉长了。

6.3.2 森林和二叉树的转换

1. 森林转化为二叉树

将森林转换成二叉树的方法与一棵树转换成二叉树的方法类似,利用左孩子右兄弟原则将森林中每棵树转化成二叉树,再将这些二叉树用右子树连起来。

转换规则如下:

(1) 把森林中的每一棵树转化成二叉树;

(2) 使每棵二叉树的根结点具有兄弟关系;

(3) 任选一棵树作为第一棵树,靠近它右边的树作为它的右子树,直到把所有的兄弟关系按此规则连接起来为止。

例如,将森林转换为二叉树形式,如图 6-34 所示。

2. 二叉树转换为森林

二叉树转化成森林实际上是树、森林转换成二叉树的逆过程。即将该二叉树看作是树或森林的孩子兄弟表示法。比如,若二叉树为空,树也为空;否则,由二叉树的根结点开始,沿着右指针向下走,直到为空,途经的结点个数是相应森林所含树的棵数;若某个结点的左指针非空,说明这个结点在树中必有孩子,并且从二叉树中该结点左指针所指结点开始,沿右指针向下走,直到为空,途经的结点个数就是这个结点的孩子数目。

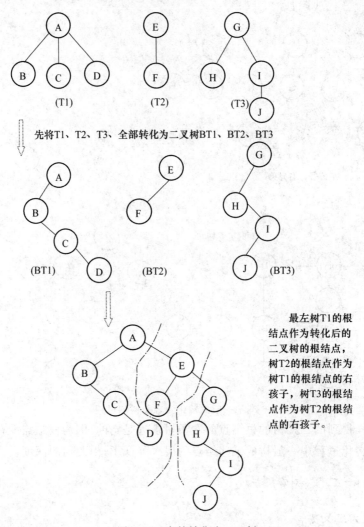

图 6-34 森林转化为二叉树

6.3.3 树和森林的遍历

1. 树的遍历

树的遍历可有两条搜索路径。

(1) 先根(次序)遍历:先访问根结点,然后依次先根遍历各棵子树。

(2) 后根(次序)遍历:先依次后根遍历各棵子树,然后访问根结点。

2. 森林的遍历

(1) 先序遍历

① 若森林不空,则访问森林中第一棵树的根结点;

② 先序遍历森林中第一棵树的子树森林;

③ 先序遍历森林中(除第一棵树之外)其余树构成的森林。

即依次从左至右对森林中的每一棵树进行先根遍历。

（2）中序遍历

① 若森林不空，则中序遍历森林中第一棵树的子树森林；

② 访问森林中第一棵树的根结点；

③ 中序遍历森林中（除第一棵树之外）其余树构成的森林。

即依次从左至右对森林中的每一棵树进行后根遍历。

例 6-13 设一棵二叉树的先序遍历序列为 A B D F C E G H，中序遍历序列为 B F D A G E H C。

（1）画出这棵二叉树。

（2）画出这棵二叉树的后序线索二叉树。

（3）将这棵二叉树转换成对应的树（或森林）。

【解析】

（1）二叉树如图 6-35（a）所示。

（2）二叉树的后序线索二叉树如图 6-35（b）所示。

（3）二叉树转换成对应的树（或森林）如图 6-35（c）所示。

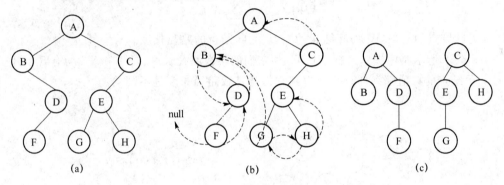

(a)　　　　　　　　(b)　　　　　　　　(c)

图 6-35　例 6-13 用图

例 6-14 将如图 6-36 所示的由三棵树组成的森林转换为二叉树（只要求给出转换结果）。

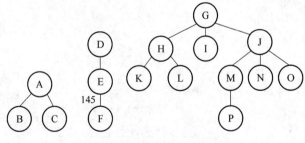

图 6-36　例 6-14 用图一

【解析】森林转为二叉树的两步：

（1）将森林中的每棵树转化成二叉树 BT（左儿子右兄弟规则）；

（2）将每棵二叉树 BT 的根看作兄弟（将兄弟结点相连）。

【答案】 森林转为二叉树如图 6-37 所示。

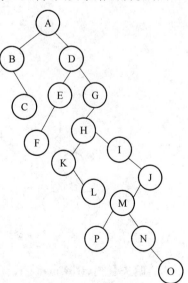

图 6-37　例 6-14 用图二

131

6.4 二叉树的应用

6.4.1 哈夫曼树

1. 基本术语

（1）路径（path）：在树中一个结点到另一个结点间的分支构成两点间的路径。

（2）路径长度（path length）：两结点间所经过的分支数。

（3）树的路径长度（path length of tree）：树根到每个结点的路径长度之和。

（4）结点的权（weight of node）：树中的结点赋予的一定意义的数。

（5）结点的带权路径长度（weight path length of node）：从根到该结点之间的路径长度与该结点上权的乘积。

（6）树的带权路径长度（WPL）：树中所有叶结点的带权路径长度之和记为

$$\text{WPL}(T) = \sum_{i=1}^{n} W_i L_i$$

其中，n 为叶结点的个数，W_i 为叶结点的权，L_i 为叶结点的路径长度。

如图 6-38 所示是两棵二叉树 T1、T2 和它们的带权路径长度。T1 和 T2 均有 5 个叶子结点，且叶子结点的权值都一样。可以看到它们的带权路径长度是不同的。

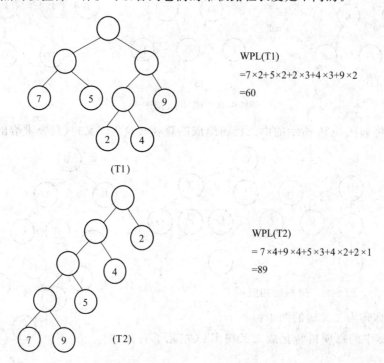

WPL(T1)

=7×2+5×2+2×3+4×3+9×2

=60

(T1)

WPL(T2)

= 7×4+9×4+5×3+4×2+2×1

=89

(T2)

图 6-38　T1、T2 的带权路径长度

2. 哈夫曼树（Huffman Tree）

在所有具有相同权值的 n 个叶结点的二叉树中，带权路径长度最小的二叉树称为最优二

叉树,也就是哈夫曼树。

注意:(1) 完全二叉树并不一定是哈夫曼树。

(2) 哈夫曼树是叶结点的权值越大越靠近根结点。

(3) 哈夫曼树不唯一,但其 WPL 一定相等。

(4) 从构造过程可以推出,哈夫曼树没有度为 1 的结点,因此叶结点个数为 n 的哈夫曼树的总结点个数为 $2n-1$。这样的二叉树又称为严格二叉树,也称正则二叉树。

3. 哈夫曼树的构造

已知 n 个权值 $W_1,W_2,\cdots,W_n$。

(1) 首先把 n 个叶子结点看作 n 棵树(仅有一个结点的二叉树)的森林。

(2) 在森林中选两棵根结点的权值最小的左右子树,构造一棵新的二叉树,新的二叉树的根结点的权值为其左右子树根结点的权值之和(这时森林中还有 $n-1$ 棵树)。

(3) 重复(2)直到森林中只有一棵为止。此树即为哈夫曼树。

例 6-15 已知权值 $W=\{20,10,15,5,25\}$,试构造一棵哈夫曼树,并求带权路径长度。

【解析】(1) 将权值为 20、10、15、5、25 的 5 个结点 abcde 作为 5 棵树(只有根),如图 6-39(a)所示。

(2) 选取两棵权值最小的 c 和 d 构造新的树,父结点的值为 cd 权之和,如图 6-39(b)所示。

(3) 在 4 棵树的树根中选出两棵根结点的权值最小的构成新的树,如图 6-39(c)所示。

(4) 在 3 棵树的树根中选出两棵根结点的权值最小的构成新的树,如图 6-39(d)所示。

(5) 在两棵树的树根中选出两棵根结点的权值最小的构成新的树,即为哈夫曼树,如图 6-39(e)所示。

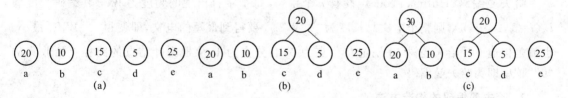

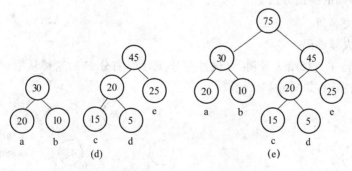

图 6-39 例 6-15 用图

构造哈夫曼树算法如下:

```
void HuffmanT(HuffmanTree HT, int * w, int n)
{ //w存放 n 个字符的权值,构造 Huffman 树 HT,求出 n 个字符的 Huffman 树
    if (n<=1) return;
    m=2*n-1;
    HT = (HuffmanTree)malloc((m+1) * sizeof(HTNode));  //0单元不用
```

```
for (i = 1; i< = n; i++){
    HT[i].weight = w[i]; HT[i].parent = 0; HT[i].Lchild = 0; HT[i].Rchild = 0;
    }
for ( ; i< = m; i++){
    HT[i].weight = 0; HT[i].parent = 0; HT[i].Lchild = 0; HT[i].Rchild = 0;
    }
for (i = n+1; i< = m; ++i) {
        select(HT, i-1, s1, s2); //从 1~i-1 中选两个权最小的 s1,s2
    HT[s1].parent = i; HT[s2].parent = i; //放 s1,s2 的父结点
    HT[i].Lchild = s1; HT[i].Rchild = s2;//放 i 结点的左右孩子
    HT[i].weight = HT[s1].weight + HT[s2].weight; //父结点的权
        }
}
```

6.4.2 哈夫曼编码

1. 哈夫曼编码

在数据通信中,需要设计一种二进制编码完成将文字转换成电文进行传输。要求电文尽可能短,且译码时无二义性。我们采用不等长编码,对电文中每个字符出现的次数进行统计,让出现次数多的字符用短码,出现次数少的用长码。

如果将通信字符作为叶结点,字符出现的频度作为叶结点的权,并以"0"或"1"来决定分支情况,如左"0"右"1",从根到叶结点所收集的"0""1"串为 ABC 的二进制编码,且一个编码不是另一个的前缀,从而保证译码无二义性。比如,如图 6-40 所示,可以看到当此二叉树的带权路径长度 WPL 最小时,电文的总长度最短。

哈夫曼编码(Huffman code):设有 n 个字符,每个字符出现的频度为 W_i,其编码长度为 $L_i(i=1,2,\cdots,n)$,则整个电文总长度为 $\sum W_i L_i$,要得到最短的电文,即使得 $\sum W_i L_i$ 最小。也就是构造一棵哈夫曼树,并规定左分支为 0,右分支为 1,从根到叶结点的路径上所收集的"0""1"串即为哈夫曼编码。

2. 哈夫曼编码的构造方法

(1) 构造哈夫曼树。

(2) 产生哈夫曼编码。

假如已经构造了一棵哈夫曼树,令树的左分支为 0,右分支 1,这样从根到叶结点所收集的 01 串即为哈夫曼编码,如图 6-41 所示。

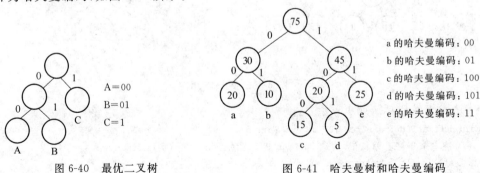

图 6-40　最优二叉树　　　　　图 6-41　哈夫曼树和哈夫曼编码

例 6-16 已知某通信系统只可能用 6 种字符 ABCDEU,其使用概率分别是 0.03、0.05、0.15、0.30、0.25、0.22,试给出字符串 AECUCUDB 的哈夫曼编码的电文。

【解析】已知 ABCDEU 的权值 $W=(0.03,0.05,0.16,0.34,0.20,0.22)$,为方便运算我们将其扩大 100 倍为 $W=(3,5,16,34,20,22)$。

(1) 构造哈夫曼树

① 将权值为 $W=(3,5,16,34,20,22)$ 的 6 个结点 ABCDEU 作为 6 棵二叉树,如图 6-42(a)所示。

② 选取两棵权值最小的 A 和 B 构造新的二叉树,父结点的值为 AB 权之和 8,如图 6-42(b)所示。

③ 在 5 棵树的树根中选出根结点的权值最小的两棵构成新的二叉树,如图 6-42(c)所示。

④ 在 4 棵树的树根中选出根结点的权值最小的两棵构成新的二叉树,如图 6-42(d)所示。

⑤ 在 3 棵树的树根中选出根结点的权值最小的两棵构成新的二叉树,如图 6-42(e)所示。

⑥ 将两棵树合并构成新的树,即为哈夫曼树,如图 6-42(f)所示。

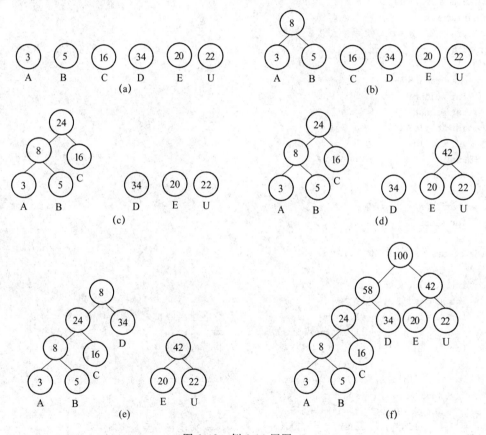

图 6-42 例 6-16 用图一

(2) 产生哈夫曼编码(令左 0 右 1)如图 6-43 所示。

(3) AECUCUDB 的哈夫曼编码的电文为:0000100011100111010001。

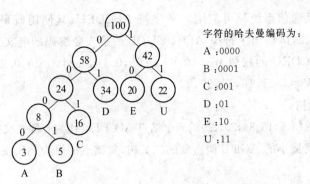

字符的哈夫曼编码为：

A：0000

B：0001

C：001

D：01

E：10

U：11

图 6-43　例 6-16 用图二

6.4.3　哈夫曼编码的 C 语言实现

```c
#include <stdio.h>
#include <string.h>
#define N 50        //叶子结点数
#define M 2*N-1     //树中结点总数
typedef struct
{
    char data[5];   //结点值
    int weight;     //权重
    int parent;     //双亲结点
    int lchild;     //左孩子结点
    int rchild;     //右孩子结点
} HTNode;
typedef struct
{
    char cd[N];     //存放哈夫曼码
    int start;
} HCode;
void CreateHT(HTNode ht[],int n)
{
    int i,k,lnode,rnode;
    int min1,min2;
    for (i=0;i<2*n-1;i++)                //所有结点的相关域置初值-1
        ht[i].parent = ht[i].lchild = ht[i].rchild = -1;
    for (i=n;i<2*n-1;i++)                //构造哈夫曼树
    {
        min1 = min2 = 32767;             //lnode 和 rnode 为最小权重的两个结点位置
        lnode = rnode = -1;
        for (k=0;k<=i-1;k++)
            if (ht[k].parent == -1)      //只在尚未构造二叉树的结点中查找
            {
                if (ht[k].weight<min1)
                {
                    min2 = min1;rnode = lnode;
                    min1 = ht[k].weight;lnode = k;
                }
                else if (ht[k].weight<min2)
                {
                    min2 = ht[k].weight;rnode = k;
```

```c
                }
            }
            ht[lnode].parent = i;ht[rnode].parent = i;
            ht[i].weight = ht[lnode].weight + ht[rnode].weight;
            ht[i].lchild = lnode;ht[i].rchild = rnode;
        }
    }
    void CreateHCode(HTNode ht[],HCode hcd[],int n)
    {
        int i,f,c;
        HCode hc;
        for (i = 0;i<n;i++)                      //根据哈夫曼树求哈夫曼编码
        {
            hc.start = n;c = i;
            f = ht[i].parent;
            while (f! = -1)                      //循序直到树根结点
            {
                if (ht[f].lchild == c)           //处理左孩子结点
                    hc.cd[hc.start--] = '0';
                else                             //处理右孩子结点
                    hc.cd[hc.start--] = '1';
                c = f;f = ht[f].parent;
            }
            hc.start++;                          //start 指向哈夫曼编码最开始字符
            hcd[i] = hc;
        }
    }
    void DispHCode(HTNode ht[],HCode hcd[],int n)
    {
        int i,k;
        int sum = 0,m = 0,j;
        printf("输出哈夫曼编码:\n");              //输出哈夫曼编码
        for (i = 0;i<n;i++)
        {
            j = 0;
            printf("        % s:\t",ht[i].data);
            for (k = hcd[i].start;k< = n;k++)
            {
                printf(" % c",hcd[i].cd[k]);
                j++;
            }
            m + = ht[i].weight;
            sum + = ht[i].weight * j;
            printf("\n");
        }
        printf("平均长度 = % g\n",1.0 * sum/m);
    }
    void main()
    {
        int n = 15,i;
        char * str[] = {"The","of","a","to","and","in","that","he","is","at","on","for","His","
are","be"};
        int fnum[] = {1192,677,541,518,462,450,242,195,190,181,174,157,138,124,123};
```

137

```
    HTNode ht[M];
    HCode hcd[N];
    for (i = 0;i<n;i++)
    {
        strcpy(ht[i].data,str[i]);
        ht[i].weight = fnum[i];
    }
    CreateHT(ht,n);
    CreateHCode(ht,hcd,n);
    DispHCode(ht,hcd,n);
}
```

本 章 小 结

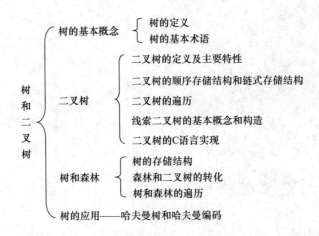

练 习 强 化

一、选择题

1. 在一棵度为 3 的树中,度为 3 的结点数为 2 个,度为 2 的结点数为 1 个,度为 1 的结点数为 2 个,则度为 0 的结点数为(   )个。

A. 4   B. 5   C. 6   D. 7

2. 假设在一棵二叉树中,双分支结点数为 15,单分支结点数为 30 个,则叶子结点数为(   )个。

A. 15   B. 16   C. 17   D. 47

3. 在一棵二叉树上第 4 层的结点数最多为(   )。

A. 2   B. 4   C. 6   D. 8

4. 用顺序存储的方法将完全二叉树中的所有结点逐层存放在数组 $R[1..n]$ 中,结点 $R[i]$ 若有左孩子,其左孩子的编号为结点(   )。

A. $R[2i+1]$ B. $R[2i]$ C. $R[i/2]$ D. $R[2i-1]$

5. 由权值分别为 3,8,6,2,5 的叶子结点生成一棵哈夫曼树,它的带权路径长度为(   )。

A. 24   B. 48   C. 72   D. 53

6. 设 n、m 为一棵二叉树上的两个结点,在中序遍历序列中 n 在 m 前的条件是(   )。

A. n 在 m 右方   B. n 在 m 左方   C. n 是 m 的祖先   D. n 是 m 的子孙

7. 下面叙述正确的是(   )。

A. 二叉树是特殊的树   B. 二叉树等价于度为 2 的树

C. 完全二叉树必为满二叉树   D. 二叉树的左右子树有次序之分

8. 已知一棵完全二叉树的结点总数为 9 个,则最后一层的结点数为(   )。

A. 1   B. 2   C. 3   D. 4

9. 已知一算术表达式的中缀形式为 A+B*C-D/E,后缀形式为 ABC*+DE/-,其前缀形式为(   )。

A. -A+B*C/DE   B. -A+B*CD/E   C. -+*ABC/DE   D. -+A*BC/DE

10. 算术表达式 a+b*(c+d/e)转为后缀表达式后为(   )。

A. ab+cde/*   B. abcde/*++   C. abcde/*++   D. abcde*/++

11. 有 n 个叶子的哈夫曼树的结点总数为(   )。

A. 不确定   B. $2n$ C. $2n+1$ D. $2n-1$

12. 一棵二叉树高度为 h,所有结点的度或为 0,或为 2,则这棵二叉树最少有(   )结点。

A. $2h$ B. $2h-1$ C. $2h+1$ D. $h+1$

13. 一棵二叉树的先序遍历序列为 ABCDEFG,它的中序遍历序列可能是(   )。

A. CABDEFG   B. ABCDEFG   C. DACEFBG   D. ADCFEG

14. 某二叉树中序序列为 A,B,C,D,E,F,G,后序序列为 B,D,C,A,F,G,E,则前序序列是(   )。

A. E,G,F,A,C,D,B   B. E,A,C,B,D,G,F

C. E,A,G,C,F,B,D   D. 上面的都不对

15. 一棵非空的二叉树的先序遍历序列与后序遍历序列正好相反,则该二叉树一定满足(   )。

A. 所有的结点均无左孩子   B. 所有的结点均无右孩子

C. 只有一个叶子结点   D. 是任意一棵二叉树

16. 在完全二叉树中,若一个结点是叶结点,则它没有(   )。

A. 左子结点   B. 右子结点

C. 左子结点和右子结点   D. 左子结点、右子结点和兄弟结点

17. 在完全二叉树中,若一个结点是度为 1 的结点,则它没有(   )。

A. 左子结点   B. 右子结点

C. 左子结点和右子结点   D. 左子结点、右子结点和兄弟结点

18. n 个结点的线索二叉树上含有的线索数为(   )。

A. $2n$ B. $n-1$ C. $n+1$ D. n

19. 当一棵有 n 个结点的二叉树按层次从上到下、同层次从左到右将数据存放在一维数组 $A[1..n]$ 中时,数组中第 i 个结点的左孩子为(   )。

A. $A[2i](2i\leqslant n)$ B. $A[2i+1](2i+1\leqslant n)$

C. $A[i/2]$ D. 无法确定

20. 当一棵有 n 个结点的二叉树按层次从上到下、同层次从左到右将数据存放在一维数

组 $A[1..n]$ 中时,数组中第 i 个结点的右孩子为(   )。

  A. $A[2i]$ $(2i \leqslant n)$ B. $A[2i+1]$ $(2i+1 \leqslant n)$

  C. $A[i/2]$ D. 无法确定

二、填空题

1. 对于一个有 n 个结点的二叉树,当它为一棵_____二叉树时具有最小高度,即为_____,当它为一棵单支树时具有_____高度,即为_____。

2. 由带权为 3,9,6,2,5 的 5 个叶子结点构成一棵哈夫曼树,则带权路径长度为_____。

3. 对于一棵具有 n 个结点的二叉树,当进行链接存储时,其二叉链表中的指针域的总数为_____个,其中_____个用于链接孩子结点,_____个空闲着。

4. 在一棵二叉树中,度为 0 的结点个数为 n_0,度为 2 的结点个数为 n_2,则 $n_0 =$_____。

5. 一棵深度为 k 的满二叉树的结点总数为_____,一棵深度为 k 的完全二叉树的结点总数的最小值为_____,最大值为_____。

6. 设高度为 h 的二叉树中只有度为 0 和度为 2 的结点,则此类二叉树中所包含的结点数至少为_____。

7. 哈夫曼树是指_____的二叉树。

8. 线索是指_____。

9. 线索链表中的 rtag 域值为_____时,表示该结点无右孩子,此时_____域为指向该结点后继线索的指针。

10. 在二叉树中,指针 p 所指结点为叶子结点的条件是_____。

11. 已知一棵度为 3 的树有两个度为 1 的结点、3 个度为 2 的结点、4 个度为 3 的结点,则该树有_____个叶子结点。

12. 二叉树结点的中序序列为 A B C D E F G,后序序列为 B D C A F G E,则该二叉树结点的前序序列为 __(1)__,则该二叉树对应的树林包括 __(2)__ 棵树。

13. 已知一棵二叉树的前序序列为 abdecfhg,中序序列为 dbeahfcg,则该二叉树的根为__(1)__,左子树中有 __(2)__,右子树中有 __(3)__。

14. 具有 n 个结点的满二叉树,其叶结点的个数是_____。

15. 线索二元树的左线索指向其_____,右线索指向其_____。

三、判断题

1. 二叉树中每个结点的度不能超过 2,所以二叉树是一种特殊的树。 (   )

2. 二叉树的前序遍历中,任意结点均处在其子女结点之前。 (   )

3. 线索二叉树是一种逻辑结构。 (   )

4. 哈夫曼树的总结点个数(多于 1 时)不能为偶数。 (   )

5. 由二叉树的先序序列和后序序列可以唯一确定一棵二叉树。 (   )

6. 树的后序遍历与其对应的二叉树的后序遍历序列相同。 (   )

7. 根据任意一种遍历序列即可唯一确定对应的二叉树。 (   )

8. 哈夫曼树一定是完全二叉树。 (   )

9. 二叉树是度为 2 的有序树。 (   )

10. 完全二叉树一定存在度为 1 的结点。 (   )

11. 对于有 N 个结点的二叉树,其高度为 $\log_2 n$。 (   )

12. 深度为 k 的二叉树中结点总数 $\leqslant 2^k - 1$。 (   )

13. 二叉树的前序遍历并不能唯一确定这棵树,但如果我们还知道该树的根结点是哪一

个,则可以确定这棵二叉树。 （ ）

14. 由一棵二叉树的前序序列和后序序列可以唯一确定它。 （ ）

15. 二叉树只能用二叉链表表示。 （ ）

16. 一棵树中的叶子数一定等于与其对应的二叉树的叶子数。 （ ）

17. 将一棵树转成二叉树,根结点没有左子树。 （ ）

18. 非空的二叉树一定满足:某结点若有左孩子,则其中序前驱一定没有右孩子。 （ ）

19. 哈夫曼树无左右子树之分。 （ ）

20. 哈夫曼树是带权路径长度最短的树,路径上权值较大的结点离根较近。 （ ）

四、操作题

1. 已知一棵树边的集合为{〈i,m〉,〈i,n〉,〈e,i〉,〈b,e〉,〈b,d〉,〈a,b〉,〈g,j〉,〈g,k〉,〈c,g〉,〈c,f〉,〈h,l〉,〈c,h〉,〈a,c〉},请画出这棵树,并回答下列问题:

(1) 哪个是根结点?

(2) 哪些是叶子结点?

(3) 哪个是结点 g 的双亲?

(4) 哪些是结点 g 的祖先?

(5) 哪些是结点 g 的孩子?

(6) 哪些是结点 e 的孩子?

(7) 哪些是结点 e 的兄弟? 哪些是结点 f 的兄弟?

(8) 结点 b 和 n 的层次号分别是什么?

(9) 树的深度是多少?

(10) 以结点 c 为根的子树深度是多少?

2. 一棵度为 2 的树与一棵二叉树有何区别。

3. 已知用一维数组存放的一棵完全二叉树:ABCDEFGHIJKL,写出该二叉树的先序、中序和后序遍历序列。

4. 假设一棵二叉树的先序序列为 EBADCFHGIKJ,中序序列为 ABCDEFGHIJK,请写出该二叉树的后序遍历序列。

5. 假设一棵二叉树的后序序列为 DCEGBFHKJIA,中序序列为 DCBGEAHFIJK,请写出该二叉树的后序遍历序列。

6. 给出如题四、6 图所示的森林的先根、后根遍历结点序列,请画出该森林对应的二叉树。

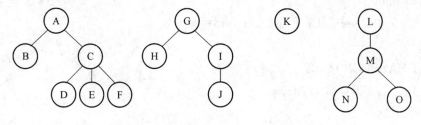

题四、6 图

7. 设一棵二叉树的先序遍历序列为 ABDFCEGH,中序遍历序列为 BFDAGEHC。

(1) 画出这棵二叉树;

(2) 画出这棵二叉树的后序线索树;

(3) 将这棵二叉树转换成对应的树(或森林)。

8. 假定用于通信的电文仅由 8 个字母 C1,C2,…,C8 组成,各个字母在电文中出现的频率分别为 5、25、3、6、10、11、36、4,试为这 8 个字母设计哈夫曼编码树。

五、算法设计题

1. 一棵二叉树采用二叉存储结构,试设计一种算法求二叉树的深度。

2. 设 t 是给定的一棵二叉树,试按下列要求编程:

(1) 求二叉树中度为 2 结点个数;

(2) 求只有左儿子的结点个数;

(3) 求只有右儿子的结点个数;

(4) 求叶结点的个数。

练 习 答 案

一、选择题

1. C   2. B   3. D   4. B   5. D   6. B   7. D   8. B   9. D   10. B

11. D   12. B   13. B   14. B   15. C   16. C   17. B   18. C   19. A   20. B

二、填空题

1. 完全 $\lceil \log_2(n+1) \rceil$ 最大 n

2. 55

3. $2n$ $n-1$ $n+1$

4. n_2+1

5. 2^k-1 2^{k-1} 2^k-1

6. 2^h-1

7. 带权路径长度最小

8. 指向结点前驱和后继信息的指针

9. 1   RChild

10. p—>lchild==null && p—>rchlid==null

11. 12

12. (1) EACBDGF (2) 2

13. (1) a   (2) dbe   (3) hfcg

14. $(n+1)/2$

15. 前驱   后继

三、判断题

1. ×   2. √   3. ×   4. √   5. ×   6. ×   7. ×   8. ×   9. ×

10. ×   11. ×   12. √   13. ×   14. ×   15. ×   16. ×   17. ×   18. √

19. ×   20. √

四、操作题

1. 根据给定的边确定的树如题四、1 用图所示。

其中根结点为 a；叶子结点有：d、m、n、j、k、f、l；c 是结点 g 的双亲；a、c 是结点 g 的祖先；j、k 是结点 g 的孩子；m、n 是结点 e 的子孙；e 是结点 d 的兄弟；g、h 是结点 f 的兄弟；结点 b 和 n 的层次号分别是 2 和 5；树的深度为 5。

2. 度为 2 的树有两个分支，但分支没有左右之分；一棵二叉树也有两个分支，但有左右之分，左右子树不能交换。

3. 先序序列：ABDHIEJKCFLG

中序序列：HDIBJEKALFCG

后序序列：HIDJKEBLFGCA

4. 后序序列：ACDBGJKIHFE

5. 先序序列：ABCDGEIHFJK

6. 先根遍历：ABCDEFGHIJKLMNO

后根遍历：BDEFCAHJIGKNOML

森林转换成二叉树如题四、6 用图所示。

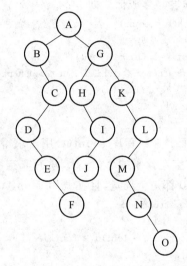

题四、1 用图 | 题四、6 用图

7.

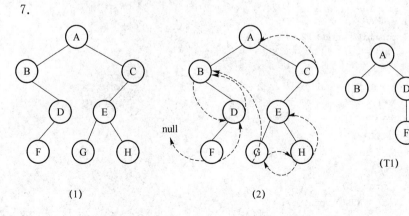

(1) | (2) | (3)

题四、7 用图

8. 虽然哈夫曼树的带权路径长度是唯一的,但形态不唯一。本题中各字母编码如下:c1:0110;c2:10;c3:0010;c4:0111;c5:000;c6:010;c7:11;c8:0011,如题四、8 用图所示。

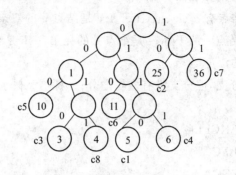

题四、8 用图

五、算法设计题

1. 递归程序 depth(bt) 用于求二叉树的深度。设 bt 为指向根结点的指针,hl 和 hr 是左右子树的深度。算法描述如下:

```
int depth(bitree bt)    /* bt 为根结点的指针 */
 {int hl,hr;
  if (bt == NULL) return(0);
  hl = depth(bt->lchild); hr = depth(bt->rchild);
          if(hl>hr)  hr = hl;
  return(hr+1);
 }
```

2. 下面的递归程序 count(t) 用于求得二叉树 t 中具有非空的左、右两个孩子的结点个数 N2、只有非空左孩子的个数 NL、只有非空右孩子的结点个数 NR 和叶子结点个数 N0。N2、NL、NR、N0 都是全局量,且在调用 count(t)之前都置为 0。

```
typedef  struct node
   {  int   data;
    struct node * lchild, * rchild;
   }node;
int N2,NL,NR,N0;
void count(node * t)
 { if (t->lchild! = NULL)
          if(t->rchild! = null) N2 ++ ;
              else NL ++ ;
          else
            if(t->rchild! = null)
                 NR ++ ;
              else N0 ++ ;
      if(t->lchild! = NULL)
          count(t->lchild);
      if(t->rchild! = NULL)
          count(t->rchild);
 } / * call form :if(t! = NULL) count(t); * /
```

144

第7章 图

本章内容提要：

图的基本概念、图的存储和遍历，最小生成树、最短路、关键路径。

7.1　图的定义和基本术语

7.1.1　图的定义

图的定义：图 G 由两个集合 V 和 E 组成，记为 $G=(V,E)$，其中，V 是图中顶点的有限非空集合，E 是 V 中顶点偶对的有限集，这些顶点偶对称为边。通常 $V(G)$ 和 $E(G)$ 分别称为图 G 的顶点集合和边集合。

注：$E(G)$ 可以为空集，此时图只有顶点没有边。

设 u、v 是图 G 的两个顶点，如果 u、v 之间有连线，则称为边，记作 (u,v)；如果 u、v 之间的连线有方向，则称为弧，记作 $\langle u,v \rangle$，这样的图称为有向图（digraph），否则称为无向图（undigraph）。

有向图：对一个图 G，若边集 $E(G)$ 为有向边的集合，则称该图为有向图。

无向图：对一个图 G，若边集 $E(G)$ 为无向边的集合，则称该图为无向图。

端点和邻接点：在一个无向图中，若存在一条边 (v_i,v_j)，则称 v_i、v_j 为该边的两个端点，并称它们互为邻结点。图 7-1 的 G_2 中，v_1 和 v_2 是边 (v_1,v_2) 的两个端点，且互为邻接点。

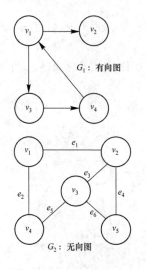

有向图 G_1：$G_1=(V,E)$
$V=\{v_1, v_2, v_3, v_4\}$
$E=\{\langle v_1,v_2 \rangle, \langle v_1,v_3 \rangle, \langle v_3,v_4 \rangle, \langle v_4,v_1 \rangle\}$
即有 4 个顶点 v_1, v_2, v_3, v_4
4 条弧：$v_1 \to v_2$，$v_1 \to v_3$，$v_3 \to v_4$，$v_4 \to v_1$，如 v_1 是弧尾，v_2 是弧头；
v_1 有 2 条出边 1 条入边

无向图 G_2：$G_2=(V,E)$
$V=\{v_1, v_2, v_3, v_4, v_5\}$
$E=\{(v_1,v_2), (v_1,v_3), (v_2,v_3), (v_3,v_4), (v_2,v_5), (v_3,v_5)\}$
即有 5 个顶点，v_1、v_2、v_3、v_4、v_5；
有 6 条边：(v_1,v_2)，(v_1,v_4)，(v_2,v_5)，(v_2,v_5)，(v_3,v_4)，(v_3,v_5)，
如 v_1 和 v_2 是边 (v_1,v_2) 的两个端点，它们互为邻接点
如果在各边上标名称，则可直接用名称来表示各边，如：$e_1, e_2, e_3, e_4, e_5, e_6$，其中 $e_1=(v_1,v_2)$

图 7-1　图及其边、弧

起点和终点：在一个有向图中，若存在一条边$<v_i,v_j>$，则称该边是顶点v_i的一条出边，是v_j的一条入边，称v_i是起始端点（或起点），称v_j是终止端点（或终点），并称它们互为邻结点。

例如，图 7-1 中，G_1是有向图，G_2是无向图。

完全图：边达到最大的图。

（1）具有n个顶点的无向图G最多有$n(n-1)/2$条边，即$0 \leqslant e \leqslant n(n-1)/2$。有$n(n-1)/2$条边的无向图称为无向完全图。

（2）具有n个顶点的有向图G最多有$n(n-1)$条边，即$0 \leqslant e \leqslant n(n-1)$。有$n(n-1)$条弧的有向图称为有向完全图。

证明：设n表示图中顶点的数，e表示图中边（或弧）数，则因为每个顶点至多有$n-1$条边与其他的$n-1$个顶点相连，所以n个顶点的有向图至多有$n(n-1)$条边。又由于无向图中的每条边连接 2 个顶点，故无向图中最多有$n(n-1)/2$条边。

证毕。

如图 7-2 所示，无向图G共有 4 个顶点、6 条边。

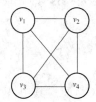

无向图G中，有$n=4$个顶点，$e=6$。
每个顶点都有$n-1=3$条边，所以
$e=n(n-1)/2=4\times(4-1)/2=6$。
图G有6条边，达到最大，是完全图。

图 7-2　无向图的顶点和边数

如图 7-3 所示，有向图G共有 4 个顶点、12 条弧。

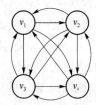

图G中，有$n=4$个顶点，有$e=6$条边。
任意顶点v_i和其余$n-1$个顶点都有一条弧相连，则n个顶点对应$n(n-1)$条弧，故$n(n-1)$就是图G的边数。$\langle v_1, v_2 \rangle$、$\langle v_2, v_1 \rangle$是两条不同的弧。
图G中，$e=n(n-1)=4\times(4-1)=12$。
所以，图G是有向完全图。

图 7-3　有向图及其边、弧

（3）有很少边或者弧的图称为**稀疏图**，反之称为**稠密图**。

说明："很少边"少到什么程度？"很多边"又多到什么程度？这并没有确切定义。一般认为$e<n\log n$，就认为该图为稀疏图。

权：如果图的边或者弧上有同它相关的数称为权（weight）。比如用于表示从一个顶点到另一个顶点的距离或花费等。带权的图称为网。

子图（subgraph）：设有两个图$G=(V,E)$和$G'=(V',E')$，若$V' \subseteq V, E' \subseteq E$，则称$G'$是$G$的子图。

例如，图 7-4(a)、(b)、(c)是图 7-4(d)的子图。

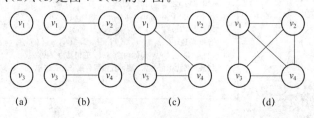

(a)　　　(b)　　　(c)　　　(d)

图 7-4　图与子图

简单图：不含多重边和自环的图称为简单图，如图 7-5 所示。

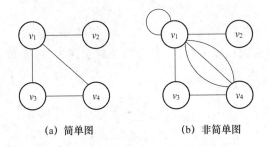

(a) 简单图　　　　　(b) 非简单图

图 7-5　简单图与非简单图

度（degree）：顶点的度为以该顶点为一端点的边的数目，记为 $D(v_i)$。

有向图的度：有向图中顶点的度为其出度和入度之和。**入度**为以该顶点为终点的边的数目，**出度**为以该顶点为起点的边的数目。

设顶点的出度为 $OD(v_i)$，顶点的入度 $ID(v_i)$，则 v_i 顶点的度为

$$D(v_i) = OD(v_i) + ID(v_i)$$

例如，图 7-6(a)中，无向图 G_1 的顶点的度为 $D(v_1) = 4$，$D(v_2) = 2$，$D(v_3) = 1$，$D(v_4) = 1$，$D(v_5) = 2$。

图 7-6(b)中，有向图 G_2 的顶点的出度为 $OD(v_1) = 3$，$OD(v_2) = 0$，$OD(v_3) = 1$，$OD(v_4) = 1$，$OD(v_5) = 2$；入度为 $ID(v_1) = 1$，$ID(v_2) = 2$，$ID(v_3) = 1$，$ID(v_4) = 1$，$ID(v_5) = 2$；度为 $D(v_1) = 4$，$D(v_2) = 2$，$D(v_3) = 2$，$D(v_4) = 2$，$D(v_5) = 4$；

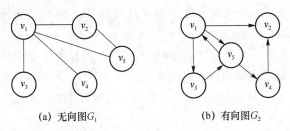

(a) 无向图 G_1　　　　　(b) 有向图 G_2

图 7-6　顶点的度

总结：如果顶点 v_i 的度记为 $TD(v_i)$，则图（包括有向图和无向图）的所有顶点的度的总和是该图的边或弧数的两倍，即设 e 是图的边数（或弧数），则有

$$e = [D(v_1) + D(v_2) + \cdots + D(v_n)] / 2 = \frac{1}{2} \sum_{i=1}^{n} D(v_i)$$

例 7-1　图中有关路径的定义是（　　　）。

A. 由顶点和相邻顶点偶对构成的边所形成的序列

B. 由不同顶点所形成的序列

C. 由不同边所形成的序列

D. 上述定义都不是

【答案】A

例 7-2　设无向图的顶点个数为 n，则该图最多有（　　　）条边。

A. $n-1$　　　　　B. $n(n-1)/2$　　　　　C. $n(n+1)/2$

D. 0　　　　　E. n^2

147

【解析】无向图 G 中边数目的取值范围：$0 \leqslant e \leqslant n(n-1)/2$。有 $n(n-1)/2$ 条边的无向图称为完全图。

【答案】B

例 7-3 一个 n 个顶点的连通无向图，其边的个数至少为（　　）。

A. $n-1$　　　　　　B. n　　　　　　C. $n+1$　　　　　　D. $n\log n$

【答案】A

例 7-4 要连通具有 n 个顶点的有向图，至少需要（　　）条边。

A. $n-1$　　　　　　B. n　　　　　　C. $n+1$　　　　　　D. $2n$

【答案】B

例 7-5 n 个结点的完全有向图含有边的数目（　　）。

A. $n \times n$　　　　B. $n(n+1)$　　　　C. $n/2$　　　　D. $n(n-1)$

【解析】有向图 G 中弧数目的取值范围：$0 \leqslant e \leqslant n(n-1)$。有 $n(n-1)$ 条弧的有向图称为有向完全图。

【答案】D

7.1.2　图的连通性问题

1. 路径与回路

（1）路径：如果顶点 v_i 和 v_j 之间有通路（可达），则 v_i 到 v_j 之间的所有顶点序列称为 v_i 到 v_j 的路径。如果 G 为有向图，则 v_i 到 v_j 的路径为有向路径。

（2）路径长度：路径上边或弧的数目称为路径长度。如图 7-7 所示，v_1 到 v_6 有多条路径：① (v_1, v_2, v_3, v_6)，长度为 3；② (v_1, v_5, v_6)，长度为 2。

（3）简单路径：除首尾两点外，其他各点都不相同的路径称为简单路径。如图 7-7 的无向图中，(v_1, v_2, v_3, v_6) 就是一条简单路径，而 $(v_1, v_2, v_3, v_4, v_1, v_5, v_6, v_3)$ 则不是简单路径。

（4）回路（或环）：令 v 是图 G 的顶点，从 v 到 v 没有相同处，且长度不为 0 的路径称为回路或环。

（5）简单回路（或简单环）：是指一个从 v 到 v 的回路，且除了首尾两点相同外无其他重复顶点。

如图 7-7 中，$(v_1, v_2, v_3, v_6, v_5, v_1)$ 是一个回路，也是环。除首尾两点外路径上没有重复顶点，所以是闭的简单路径（即环），且它又无重复边，所以也是回路。

如图 7-8 中，$(v_1, v_2, v_3, v_4, v_2, v_5, v_1)$ 是回路但不是环。

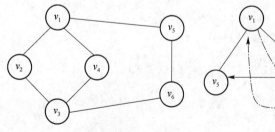

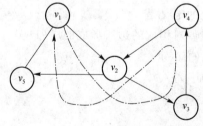

说明：路径 $(v_1, v_2, v_3, v_4, v_2, v_5, v_1)$ 中间出现重复的顶点，因此属于闭的非简单路径。

图 7-7　图的路径长度　　　　　图 7-8　图的回路

2. 图的连通性

（1）**连通**：如果从顶点 v 到 u 有路径，则称为 v 和 u 是连通的。

（2）**连通图**：对图 G 中任意两个顶点都是连通的，则称 G 为连通图。对有向图来说，如果每对顶点之间都存在从 v 到 u 和 u 到 v 的路径，则称该有向图为强连通图。

（3）**连通分量**：如图 7-9 所示。无向图中的极大连通子图，称为 G 的连通分量。有向图中的极大强连通子图，称为 G 的强连通分量。

所谓"极大"，是指再向 G 的这个子图增加一个顶点，该子图就不再是连通图了。

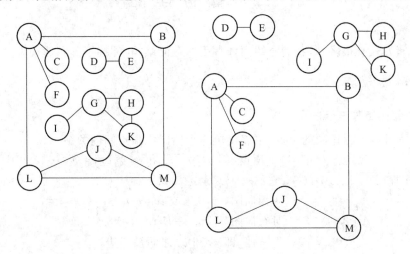

图 7-9　图的连通分量

3. 生成树

（1）**生成子图**：包括所有顶点的子图，称为生成子图。

（2）**生成树**：若生成的子图是树，即连通无回路，则称为生成树。

连通图中两顶点之间的路径可能有多条，如果保持顶点个数不变，而是通过删减边/弧的方法使得两个顶点之间只有一条路径，则生成的图称为原图的极小连通子图，又称为原图的生成树，如图 7-10 所示。

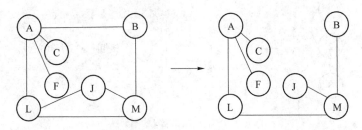

图 7-10　图的生成树

说明：生成树实际上就是一棵树，是一种没有回路的连通图。如果再增加一条边，则一定生成回路。生成树如果有 n 个顶点，则一定有 $n-1$ 条边。

例 7-6　（1）如果 G_1 是一个具有 n 个顶点的连通无向图，那么 G_1 最多有多少条边？G_1 最少有多少条边？

（2）如果 G_2 是一个具有 n 个顶点的强连通有向图，那么 G_2 最多有多少条边？G_2 最少有多少条边？

（3）如果 G_3 是一个具有 n 个顶点的弱连通有向图，那么 G_3 最多有多少条边？G_3 最少有多少条边？

【解析】（1）G_1 最多 $n(n-1)/2$ 条边，最少 $n-1$ 条边。

（2）G_2 最多 $n(n-1)$ 条边，最少 n 条边。

（3）G_3 最多 $n(n-1)$ 条边，最少 $n-1$ 条边。

7.2 图 的 存 储

图的存储方式有很多种，我们介绍两种常用的存储结构：邻接矩阵和邻接表。

7.2.1 邻接矩阵

1. 图的邻接矩阵表示法

我们用一维数组存储图的顶点，用邻接矩阵存储图中顶点间的关系。

设图 $G=(V,E)$ 具有 $n(n\geqslant 1)$ 个顶点 $v_1,v_2,\cdots,v_n$ 和 m 条边 $e_1,e_2,\cdots,e_m$，则图 G 的邻接矩阵是 $n\times n$ 阶矩阵，记为 $A(G)$，它的每个元素定义如下：

$$A[i,j]=\begin{cases} 1 & \text{对无向图}(v_i,v_j)\text{ 或}(v_j,v_i)\in E(G)\text{ },i\neq j \\ & \text{对有向图}\langle v_i,v_j\rangle\in E(G)\text{ },i\neq j \\ 0 & \text{若其他，即 } v_i \text{ 和 } v_j \text{ 之间没有边} \end{cases}$$

如图 7-11 所示可用邻接矩阵表示。

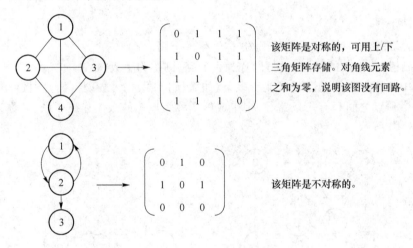

图 7-11 图的邻接矩阵

显然，无向图的邻接矩阵都是对称的，但有向图的邻接矩阵一般不对称。

从邻接矩阵很容易判定两个顶点之间是否有边，且容易求得各顶点的度。

2. 带权图（网）的邻接矩阵表示法

$$A[i,j]=\begin{cases} w_{ij} & \text{对无向图 }(v_i,v_j)\text{ 或}(v_j,v_i)\in E(G)\text{ },i\neq j \\ & \text{对有向图}\langle v_i,v_j\rangle\text{ 或}\langle v_j,v_i\rangle\in E(G) \\ 0\text{ 或}\infty & \text{若其他} \end{cases}$$

3. 图的邻接矩阵的存储结构

```
# define max 100
  struct vertex{
      int   num ;   //顶点编号
      char  data ;   //顶点信息
} vertex;
typedef struct  graph{
    struct vertex   vex[max];//顶点集合
            int   edges[max][max]; //边
  } Graph;
```

7.2.2　邻接表

图的邻接表就是将图中每个顶点的邻接顶点建立一个单链表，每个单链表的头结点保存与该顶点相关的信息，单链表中的其他结点（称为表结点）保存邻接顶点的相关信息。其结构如下。

头结点由 vexdata 和 firstarc 两个域构成，如图 7-12 所示。

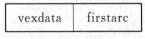

图 7-12　头结点

其中，vexdata 是数据域，用于存储顶点 v 的数据信息；firstarc 是链域，用于指向单链表中的第一个结点。

表结点由三个域构成，图 7-13 所示。

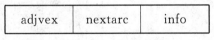

图 7-13　表结点

其中，adjvex 表示邻接点的存储序号，nextarc 是一个指针，指向下一个邻接顶点，info 是存储和边或弧相联系的其他信息（如权值等），也可以省略。

例如，图 7-14 所示为无向图的邻接表。

有向图的邻接表可以类似地构造，需要注意的是，在第 i 个链表中，链内结点是由 v_i 的出边的邻接点构成的。

例如，图 7-15 所示为有向图 G_1 的邻接表。

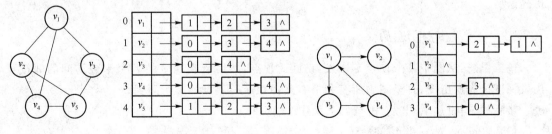

图 7-14　无向图的邻接表　　　　　图 7-15　有向图的邻接表

容易看出邻接表有如下性质。

151

（1）在无向图 G 中，如果 G 有 n 个顶点、e 条边，则它的邻接表表示需要 n 个头结点和 $2e$ 个表结点。

（2）在无向图 G 中，顶点 v_i 的度是第 i 个单链表中表结点的个数。

（3）在有向图 G 中，以顶点 v_i 为头结点的单链表中只含出边的邻接点。即以 v_i 为弧尾的邻接表结点的单链表。

（4）在有向图 G 中，第 i 个单链表中表结点的个数仅仅是 v_i 的出度 $OD(v_i)$，而要求 v_i 的入度，必须遍历整个邻接表。这是比较复杂的。因此针对有向图，为了方便求顶点的入度，可以建立其逆邻接表，即以 v_i 为头结点建立一个以 v_i 为弧头的邻接表结点的单链表。

图的存储方法还有十字链表法和邻接多重表法。

例 7-7 下面结构中最适于表示稀疏无向图的是（ ① ），适于表示稀疏有向图的是（ ② ）。

A. 邻接矩阵   B. 逆邻接表   C. 邻接多重表

D. 十字链表   E. 邻接表

【答案】①C ②ADE

例 7-8 下列哪一种图的邻接矩阵是对称矩阵？（   ）。

A. 有向图   B. 无向图   C. AOV 网   D. AOE 网

【答案】B

例 7-9 从邻接阵矩 $A = \begin{bmatrix} 0 & 1 & 0 \\ 1 & 0 & 1 \\ 0 & 1 & 0 \end{bmatrix}$ 可以看出，该图共有（①）个顶点；如果是有向图该图共有（②）条弧；如果是无向图，则共有（③）条边。

① A. 9   B. 3   C. 6   D. 1   E. 以上答案均不正确

② A. 5   B. 4   C. 3   D. 2   E. 以上答案均不正确

③ A. 5   B. 4   C. 3   D. 2   E. 以上答案均不正确

【答案】①B ②B ③D

7.3 图 的 遍 历

与树的遍历类似，我们感兴趣的是当给定图 $G = (V, E)$ 和 $V(G)$ 中访问第一个顶点 v_0 后，如何访问和 v_0 相邻的那些顶点。下面我们介绍两种常用的遍历方法，即深度优先遍历和广度优先遍历。

7.3.1 深度优先遍历

基本思想：从图中某个顶点 v 出发，访问此顶点，然后依次从 v 的各个未被访问的邻接点出发深度优先遍历图，直至图中所有和 v 有路径相通的顶点都被访问到。

步骤如下：设从 v_0 出发，进行如下操作

（1）访问 v_0，对 v_0 作访问标记；

（2）找到与 v_0 邻接的未作访问标记的顶点 w；按深度优先规则搜索遍历与 w 邻接的且未作访问标记的顶点；

（3）若与 v_0 邻接的顶点皆已作访问标记，则返回；否则找出与 v_0 邻接的且未有访问标记的所有顶点 w，按深度优先规则搜索遍历与 w 邻接的且未被访问的顶点。

例如，如图 7-16 所示，设从 v_1 出发开始深度优先搜索遍历，则可能的搜索序列为：

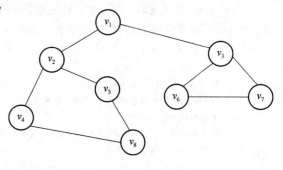

（1）$v_1\ v_2\ v_4\ v_8\ v_5\ v_3\ v_6\ v_7$

（2）$v_1\ v_2\ v_5\ v_8\ v_4\ v_3\ v_6\ v_7$

（3）$v_1\ v_3\ v_6\ v_7\ v_2\ v_4\ v_8\ v_5$

（4）$v_1\ v_3\ v_7\ v_6\ v_2\ v_5\ v_8\ v_4$

但下面的搜索序列是不可能的：

（1）$v_1\ v_2\ v_4\ v_5\ v_8\ v_3\ v_6\ v_7$

（2）$v_1\ v_3\ v_2\ v_4\ v_5\ v_8\ v_6\ v_7$

图 7-16　深度优先遍历

用邻接表存储图 G，创建一个一维数组 visited$[0..n-1]$（n 是图中顶点的数目），用于设置访问标志，初值 visited$[i]$ 为 0。

```
struct arcNode {
    int adjvex;
    struct arcNode * next;
    infotype      info;
}
struct Vnode{
    char    vexdata;
    struct arcNode * link;
    }Vnode;
typedef struct Vnode adjlist[20];
void DFS(Graph G, int v) {     // 从顶点 v 出发,深度优先搜索遍历连通图 G
    Visit (v) ; visited[v] = 1; p = g[v].link;
    while(p! = null){
        if(visited[p->adjvex] == 0)
            DFS(G, p->adjvex); //对尚未访问的邻接顶点 w
        p = p->next;
        }
    }
}
void DFSTraverse(Graph G, int Visited[], int n) { //对有 n 个顶点的图 G 作深度优先遍历
    int i,v;
    for (i = 0; i<n; i++)
        visited[i] = 0; //访问标志数组初始化
    for (v = 0; v<n; v ++)
        if (visited[v] == 0)  DFS(G, v);
                        //对尚未访问的顶点调用 DFS
}
```

7.3.2　广度优先遍历

基本思想：从某个顶点 v 出发，并在访问此顶点之后依次访问 v 的所有未被访问过的邻接点，之后按这些顶点被访问的先后次序依次访问它们的邻接点，直至图中所有和 v_0 有路径相通的顶点都被访问到。

例如，如图 7-14 所示，设从 v_1 出发开始广度优先搜索遍历，则可能的搜索序列为：

$$v_1\ v_2\ v_3\ v_4\ v_5\ v_6\ v_7\ v_8$$

（1）在广度优先遍历中，要求将被访问的顶点的所有邻接点都被访问后再访问下一个顶

153

点,因此必须对每个顶点的访问顺序进行记录,以便后面按此顺序访问各顶点的邻接点。所以,我们利用一个队列来记录顶点访问顺序。

(2) 同深度优先遍历一样,为了避免重复访问某个顶点,也需要创建一个一维数组 visited $[0..n-1]$(n 是图中顶点的数目),用来记录每个顶点是否已经被访问过。

广度优先算法如下:

```
int visited[0..n-1]={0,0,...0};
void BFS(AdjList adj,int v)
{//v是遍历起始点在邻接表中的下标,邻接表中下标从0开始
    InitQueue(Q);       //Q是队列
    visited[v]=1; visit(adj[v].item); EnQueue(Q,v);
    while (! QueueEmpty(Q)) {
    DeQueue(Q,v);
    for (w=adj[v].firstedge;w;w=w->next)
        if (! visited[w->adjvex]) {
        visited[w->adjvex]=1;
        visit(adj[w->adjvex].item);
        EnQueue(Q,w->adjvex); }
    }
}
```

例 7-10 无向图 $G=(V,E)$,其中:$V=\{a,b,c,d,e,f\}$,$E=\{(a,b),(a,e),(a,c),(b,e),(c,f),(f,d),(e,d)\}$,对该图进行深度优先遍历,得到的顶点序列正确的是( )。

A.a,b,e,c,d,f B.a,c,f,e,b,d C.a,e,b,c,f,d D.a,e,d,f,c,b

【答案】D

例 7-11 设如图 7-17 所示,在下面的 5 个序列中,符合深度优先遍历的序列有多少?( )。

$a\ e\ b\ d\ f\ c$ $a\ c\ f\ d\ e\ b$ $a\ e\ d\ f\ c\ b$ $a\ e\ f\ d\ c\ b$ $a\ e\ f\ d\ b\ c$

A. 5 个   B. 4 个   C. 3 个   D. 2 个

【答案】C

例 7-12 图 7-18 中给出由 7 个顶点组成的无向图。从顶点 1 出发,对它进行深度优先遍历得到的序列是( )。

A. 1354267   B. 1347652   C. 1354276   D. 1247653

E. 以上答案均不正确

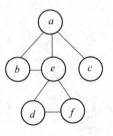

图 7-17　例 7-11 用图

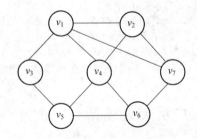

图 7-18　例 7-12 用图

【答案】C

例 7-13 图 7-18 中给出由 7 个顶点组成的无向图。从顶点 1 出发,对它进行广度优先遍历得到的顶点序列是( )。

　A. 1534267   B. 1726453   C. 1354276   D. 1247653

E. 以上答案均不正确

【答案】E

例 7-14 给出图 7-19 所示的无向图的邻接链表表示，并写出对其分别进行深度优先和广度优先遍历的结果。

【答案】

（1）无向图的邻接表如图 7-20 所示。

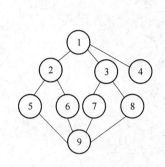

图 7-19 例 7-14 用图一

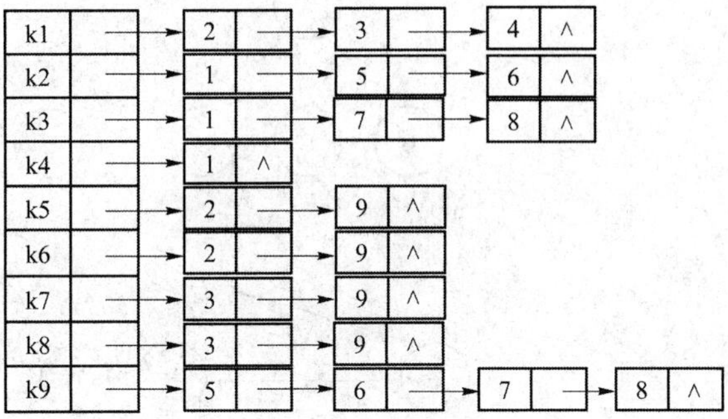

图 7-20 例 7-14 用图二

（2）从顶点 1 开始深度优先遍历序列为 125967384；广度优先遍历序列为 123456789。

注意：（1）邻接表不唯一，这里顶点的邻接点按升序排列；

（2）在邻接表确定后，深度优先和广度优先遍历序列唯一；

（3）这里的遍历，均从顶点 1 开始。

7.3.3　生成树和最小生成树

1. 生成树

当 G 是连通时，G 的具有下述性质的子图 T 称为 G 的生成树（支撑树）：

（1）T 包含 G 的所有顶点；

（2）T 为连通图；

（3）T 包含的边数最少。

换句话说，图 G 的生成树 T 是包含图 G 的所有顶点的最小连通子图。比如，图 7-22 中的 (a)(b)(c)都是图 7-21 图 G_1 的生成树。

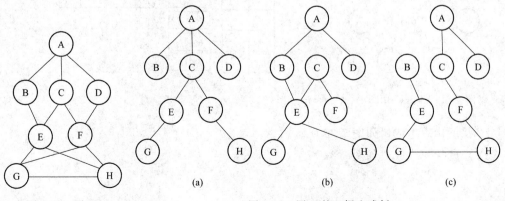

图 7-21　图 G_1

图 7-22　图 G 的三棵生成树

由此可见,我们还可以画出其他的生成树,即图的生成树不是唯一的。若连通图 G 有 n 个顶点,由 $n-1$ 条边构成的包含 G 中所有顶点的连通子图都是 G 的生成树。我们把从图中某点出发按深度优先遍历算法得到的生成树称为深度优先生成树(DFS 生成树),按广度优先算法得到的生成树称为广度优先生成树(BFS 生成树)。比如,图 7-23 就是图 7-21 中图 G_1 从 A 出发得到的两棵 DFS 生成树和 BFS 生成树。

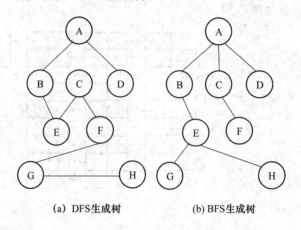

(a) DFS 生成树   (b) BFS 生成树

图 7-23 G_1 的由 A 出发的 DFS 生成树和 BFS 生成树

例 7-15 根据图 7-24 所示图 G:

(1)画出 G 的邻接表表示;

(2)根据画出的邻接表,以顶点①为根,画出 G 的深度优先生成树和广度优先生成树。

【答案】

(1)G 的邻接表表示如图 7-25 所示。

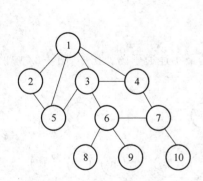

图 7-24 例 7-15 用图一

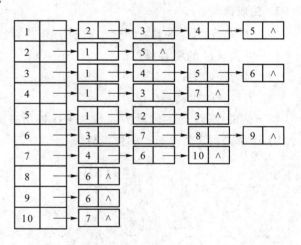

图 7-25 例 7-15 用图二

(2)深度优先生成树如图 7-26 所示。

(3)广度优先生成树如图 7-27 所示。

156

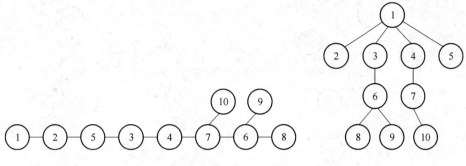

图 7-26　例 7-15 用图三　　　　　图 7-27　例 7-15 用图四

2. 最小生成树

带权图的最小生成树被广泛应用于解决工程技术及科学管理等各个领域的优化问题中，如铁路、高速公路、通信网络、城市管道设计等。一般来说，带权图的生成树不是唯一的。我们用带权图的生成树中各边的权值和来衡量生成树，称作生成树的代价。图 G 的所有生成树中，代价最小的生成树称为图 G 的最小生成树。很多问题都归结为求最小生成树问题。假设在 n 个城市之间修建铁路，使得各城市之间都有铁路相通，但要求铁路的总造价最小。我们可以将城市用顶点表示，两顶点间的边的权即是两城市间假设铁路所需费用。这个问题就是求图的最小生成树问题。

n 个城市之间最多有 $n(n-1)/2$ 条通路，如何从这些可能的线路中选出 $n-1$ 条，就是最小价生成树算法。

我们在此介绍两种求最小生成树的算法：Prim 算法和 Kruskal 算法。

（1）最小生成树的 Prim 算法

基本思想：取图中任意一个顶点 v 作为生成树的根，之后往生成树上添加新的顶点 w。在添加的顶点 w 和已经在生成树上的顶点 v 之间必定存在一条边，并且该边的权值在所有连通顶点 v 和 w 之间的边中取值最小。之后继续往生成树上添加顶点，直至生成树上含有 $n-1$ 个顶点为止。

算法：设 $N=(V,\{E\})$ 是连通网，TE 是最小生成树中边的集合，初始为空。

定义一个仅含一个顶点的集合 $U=\{u_0\}$，$u_0 \in V$（u_0 可从顶点集合 V 中任意选取），则将 N 中的所有顶点分成了两个集合：U，$V-U$。

重复执行以下操作：在所有的 $u \in U$，$v \in V$ 决定的边 $(u,v) \in \{E\}$ 中寻找一条代价最小的边 (u_0, v_0)，将该边并入 TE 集合，同时 v_0 并入 U，直到 $U=V$ 为止。

图 7-28 为 Prim 算法举例。

（2）最小生成树的 Kruskal 算法

考虑问题的出发点：为使生成树上边的权值之和达到最小，应使生成树中每一条边的权值尽可能地小。

基本思想：按各条边的费用（权）从小到大逐一排列，首先选择权最小的边加入生成树集合 T 中，然后在剩下的边中再选一条边权最小的边，若它与 T 中的边不构成回路则加入 T，否则在剩下的边中再选，直到选出 $n-1$ 条边为止。

例如，如图 7-29 所示图有 6 个顶点、10 条边，按边权值从小到大排列为：(v_1,v_3)，(v_4,v_6)，(v_2,v_5)，(v_3,v_6)，(v_1,v_4)，(v_3,v_4)，(v_2,v_3)，(v_1,v_2)，(v_3,v_5)，(v_5,v_6)。

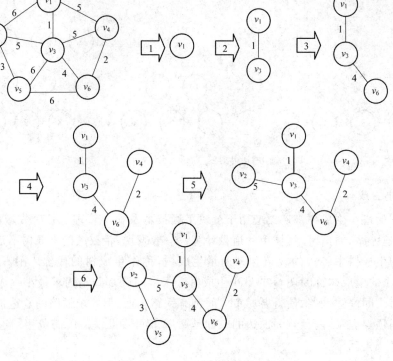

图 7-28　Prim 算法举例

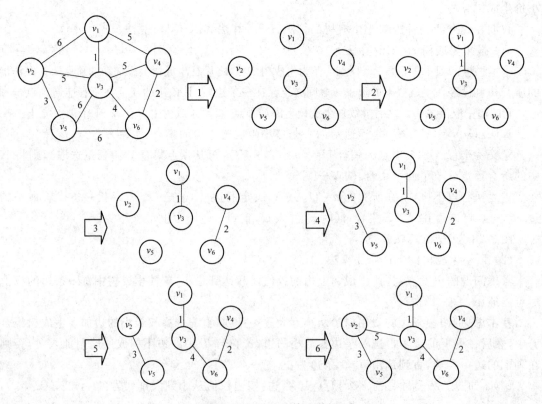

图 7-29　Kruskal 算法举例

例 7-16 已知一个无向图如图 7-30 所示,要求用 Kruskal 算法生成最小生成树(假设以①为起点,试画出构造过程)。

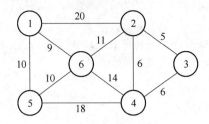

图 7-30　例 7-16 用图一

【答案】构造最小生成树过程如图 7-31 所示(图 7-31 也可选(2,4)代替(3,4),(5,6)代替(1,5))。

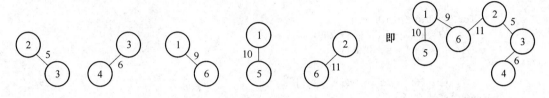

图 7-31　例 7-16 用图二

7.3.4　最小生成树的 C 语言实现

```c
#include <stdio.h>
typedef int InfoType;
#define MAXV 100                //最大顶点个数
#define MAXE 100                //最多边数
#define INF 32767               //INF 表示∞
//以下定义邻接矩阵类型
typedef struct
{   int no;                     //顶点编号
    InfoType info;              //顶点其他信息
} VertexType;                   //顶点类型
typedef struct                  //图的定义
{   int edges[MAXV][MAXV];      //邻接矩阵
    int n,e;                    //顶点数,边数
    VertexType vexs[MAXV];      //存放顶点信息
} MGraph;                       //图的邻接矩阵类型
//以下定义邻接表类型
typedef struct ANode            //边的结点结构类型
{   int adjvex;                 //该边的终点位置
    struct ANode * nextarc;     //指向下一条边的指针
    InfoType info;              //该边的相关信息,这里用于存放权值
} ArcNode;
typedef int Vertex;
typedef struct Vnode            //邻接表头结点的类型
{   Vertex data;                //顶点信息
    ArcNode * firstarc;         //指向第一条边
} VNode;
typedef VNode AdjList[MAXV];    //AdjList 是邻接表类型
typedef struct
```

159

```c
{   AdjList adjlist;              //邻接表
    int n,e;                      //图中顶点数 n 和边数 e
} ALGraph;                        //图的邻接表类型
typedef struct
{   int u;                        //边的起始顶点
    int v;                        //边的终止顶点
    int w;                        //边的权值
} Edge;

void DispMat1(MGraph g)
//输出邻接矩阵 g
{
    int i,j;
    for (i = 0;i<g.n;i++)
{
        for (j = 0;j<g.n;j++)
            if (g.edges[i][j] == INF)
            printf(" %3s","∞");
        else
            printf(" %3d",g.edges[i][j]);
    printf("\n");
  }
}


void Prim(MGraph g,int v)
{
    int lowcost[MAXV],min,n = g.n;
    int closest[MAXV],i,j,k;
    for (i = 0;i<n;i++)           //给 lowcost[]和 closest[]置初值
    {
        lowcost[i] = g.edges[v][i];
        closest[i] = v;
    }
    for (i = 1;i<n;i++)           //找出 n-1 个顶点
    {
        min = INF;
        for (j = 0;j<n;j++)       //在(V-U)中找出离 U 最近的顶点 k
            if (lowcost[j]! = 0 && lowcost[j]<min)
            {
                min = lowcost[j]; k = j;
            }
        printf("  边(%d,%d)权为:%d\n",closest[k],k,min);
        lowcost[k] = 0;           //标记 k 已经加入 U
        for (j = 0;j<n;j++)       //修改数组 lowcost 和 closest
            if (g.edges[k][j]! = 0 && g.edges[k][j]<lowcost[j])
            {
                lowcost[j] = g.edges[k][j];closest[j] = k;
            }
    }
}


void SortEdge(MGraph g,Edge E[])  //从邻接矩阵产生权值递增的边集
{
```

160

```
        int i,j,k = 0;
        Edge temp;
        for (i = 0;i<g.n;i++)
             for (j = 0;j<g.n;j++)
                  if (g.edges[i][j]<INF)
                  {
                      E[k].u = i;
                      E[k].v = j;
                      E[k].w = g.edges[i][j];
                      k++;
                  }
for (i = 1;i<k;i++)                   //按权值递增有序进行直接插入排序
{
    temp = E[i];
    j = i - 1;                        //从右向左在在有序区 E[0..i-1]中找 E[i]的插入位置
    while (j> = 0 && temp.w<E[j].w)
    {
        E[j + 1] = E[j];              //将权值大于 E[i].w 的记录后移
        j--;
    }
    E[j + 1] = temp;                  //在 j + 1 处插入 E[i]
  }
}


void Kruskal(Edge E[],int n,int e)
{
    int i,j,m1,m2,sn1,sn2,k;
    int vset[MAXE];
    for (i = 0;i<n;i++) vset[i] = i;     //初始化辅助数组
    k = 1;//k 表示当前构造最小生成树的第几条边,初值为 1
    j = 0;                               //E 中边的下标,初值为 0
    while (k<n)                          //生成的边数小于 n 时循环
    {
        m1 = E[j].u;m2 = E[j].v;  //取一条边的头尾顶点
        sn1 = vset[m1];sn2 = vset[m2];     //分别得到两个顶点所属的集合编号
        if (sn1! = sn2)             //两顶点属于不同的集合,该边是最小生成树的一条边
        {
            printf("  (%d, %d):%d\n",m1,m2,E[j].w);
            k++;                       //生成边数增 1
            for (i = 0;i<n;i++)        //两个集合统一编号
                  if (vset[i] == sn2)  //集合编号为 sn2 的改为 sn1
                      vset[i] = sn1;
        }
        j++;   //扫描下一条边
    }
}


void main()
{
    int i,j,u = 3;
    MGraph g;
    Edge E[MAXE];
    int A[MAXV][MAXV] = {{0,5,8,7,INF,3},
```

```
        {5,0,4,INF,INF,INF},
        {8,4,0,5,INF,9},
        {7,INF,5,0,5,INF},
        {INF,INF,INF,5,0,1},
        {3,INF,9,INF,1,0}};
    g.n = 6;g.e = 10;
    for (i = 0;i<g.n;i++)//建立邻接矩阵
        for (j = 0;j<g.n;j++)
            g.edges[i][j] = A[i][j];
    printf("图 G 的邻接矩阵:\n");
    DispMat1(g);
    printf("普里姆算法求解结果:\n");
    Prim(g,0);
    printf("\n");
    printf("克鲁斯卡尔算法求解结果:\n");
    SortEdge(g,E);
    Kruskal(E,g.n,g.e);
    printf("\n");
}
```

7.4　拓扑排序与 AOE 网

一般地,工程都可分成若干个称作活动的子工程,完成了所有子工程整个工程才能完成。我们把顶点代表活动的图称为 AOV 网(activity on vertex network)。

7.4.1　拓扑排序

1. 有向无环图

一个无环的有向图称作有向无环图(directed acycline graph),简称 DAG 图。

假设以有向图表示一个工程的施工图或程序的数据流图,则图中不允许出现回路,如果出现回路,说明了某项活动以它自己为先决条件,显然是荒谬的,工程将无法进行。

2. 拓扑排序

拓扑排序是一种对非线性结构的有向图进行线性化的重要手段。在给定的有向图 G 中,若顶点序列 $v_{i1},v_{i2},\cdots,v_{in}$ 满足下列条件:若在有向图 G 中从顶点 v_i 到顶点 v_j 有一条路径,则在序列中顶点 v_i 必在顶点 v_j 之前,便称这个序列为一个**拓扑序列**。求一个有向图拓扑序列的过程称为**拓扑排序**。

拓扑排序的方法如下:

(1) 从图中选择一个入度为 0 的顶点并输出;

(2) 从图中删掉该顶点及其所有以该顶点为弧尾的弧。

反复执行这两个步骤,直到所有的顶点都被输出,输出的序列就是这个无环有向图的拓扑序列。

例如:假设计算机专业的课程设置如表 7-1 所示,表中给出了学生应该学习的部分课程及每门课程所需要的先修课程。

(1) 根据课程设置表可以得到课程设置的拓扑图如图 7-32 所示。

表 7-1 计算机专业的课程设置

课程代号	课程名称	先修课程
c1	高等数学	
c2	计算机基础	
c3	离散数学	c1,c2
c4	数据结构	c2,c3
c5	程序设计	c2
c6	编译原理	c4,c5
c7	操作系统	c4,c9
c8	普通物理	c1
c9	计算机原理	c8

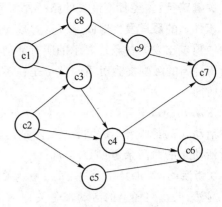

图 7-32 拓扑图

（2）根据拓扑排序方法可以得到拓扑序列。

① c1c2c8c9c3c4c5c6c7

② c1c2c8c9c3c4c7c5c6

③ c1c8c9c2c3c4c5c6c7

④ c1c8c9c2c3c4c5c7c6

可以看到,在每一时刻,可能同时存在多个入度为0的顶点供选择,因此拓扑序列不唯一。

7.4.2 关键路径

1. AOE 网

如果在带权有向图中,用顶点表示事件,用有向边表示活动,边上的权值表示活动的开销,则此带权有向图称为边活动网（activity on edge network）,简称 AOE 网。AOE 网是一个有向无环图。

AOE 网是用来描述由许多交叉活动组成的复杂计划和工程的方法,比如某工程的 AOE 网如图 7-33 所示。在工程中用边表示活动,边上的权表示完成这项活动所需要的时间,顶点表示某项活动的开始,顶点 1 称为源点（或起点）,表示整个工程开始,顶点 2 称为汇点（或终点）,表示整个工程的结束。用 AOE 网来估算工程的最短工期（完成整个工程至少需要多少时间）以及哪些活动是影响工程进展的关键。

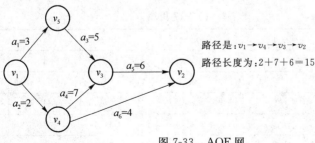

路径是：$v_1 \rightarrow v_4 \rightarrow v_3 \rightarrow v_2$
路径长度为：$2+7+6=15$

图 7-33 AOE 网

2. 几个术语

路径长度：路径上各活动持续时间的总和（即路径上所有权之和）。

完成工程的最短时间：从工程开始点（源点）到完成点（汇点）的最长路径称为完成工程的最短时间。

关键路径:路径长度最长的路径称为关键路径(不唯一)。

事件 v_i 的最早发生时间 ve(i):从源点 v_1 到 v_i 的最长路径长度。事件发生的最早时间决定了由该顶点出发的各条边表示的所有活动的最早开始时间。

事件 v_i 的最晚发生时间 vl(i):是在不影响整个工程竣工期限的条件下该事件可以发生的最晚时间。

活动 a_i 的最早开始时间 $e(i)$:等于该活动的弧尾事件 v_j 的最早发生时间。

活动 a_i 的最晚开始时间 $l(i)$:不推迟整个工程完成的前提下,活动 a_i 必须开始的时间。

活动 a_i 的时间余量:$l(i) - e(i)$。

关键活动:把 $l(i) = e(i)$ 的活动 a_i 称为关键活动,而关键活动组成的路径就是关键路径。

显然,关键路径上的活动都是关键活动,分析关键路径的目的是为了辨别哪些是关键活动,以便提高关键活动的功效,缩短整个工期。

3. 关键路径算法

(1) 输入 e 条弧 $\langle j,k \rangle$,建立 AOV 网的存储结构,按顶点的拓扑序列求其余各顶点的最早发生时间。

(2) 从源点 v_1 出发,令 ve(1) = 0 开始,求 ve(j):

$$ve(j) = \max \{ve(i) + dut(\langle i, \ j \rangle)\}$$

如果拓扑序列中顶点个数小于网中顶点个数 n,说明有回路,不能求关键路径,算法终止。

(3) 从终点出发,令 vl(n) = ve(n),求最迟发生时间 vl(j):

$$vl(j) = \min\{Vl(k) - dut(\langle j,k \rangle)\}$$

(4) 根据各顶点求每个活动 a_i 的最早开始时间和最迟开始时间 $e(i)$ 和 $l(i)$。当 $e(i) = l(i)$ 时的 a_i 为关键路径。

注意:求关键路径是在拓扑排序的前提下进行的,不能进行拓扑排序,自然也不能求关键路径。

例 7-17 求图 7-34 所示 AOE 网的关键路径和关键活动。v_1 是源点,v_6 是汇点。

【解析】各顶点的最早发生时间、最晚发生时间和各活动的最早开始时间、最晚开始时间如表 7-2 所示。

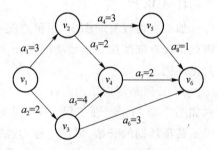

图 7-34 例 7-17 用图

表 7-2 例 7-17 用表

顶点	ve	vl	活动	e	l	$l - e$
v_1	0	0	a_1	0	1	1
v_2	3	4	a_2	0	0	0
v_3	2	2	a_3	3	4	1
v_4	6	6	a_4	3	4	1
v_5	6	7	a_5	2	2	0
v_6	8	8	a_6	2	5	3
			a_7	6	6	0
			a_8	6	7	1

关键路径是 $v_1 - v_3 - v_4 - v_6$，关键活动是 a_2、a_5、a_7。

4. 算法分析

设 AOE 网有 n 个顶点、e 条边，在求事件可能的最早发生时间和允许的最迟发生时间以及活动的最早开始时间和最晚开始时间时，都要对图中所有顶点及每个顶点所有的弧进行检查，时间花费为 $O(n+e)$，因此求关键路径算法的时间复杂度为 $O(n+e)$。

7.4.3 拓扑排序的 C 语言实现

```
#include <cstdio>
#include <cstring>
#include <stack>
using namespace std;


////////////////////////////////////////////////////////////////////////////////////////////////
// Description:表示图的结点的邻接边
struct Edge
{
    int dest;
    Edge * next;
} ** graph;


////////////////////////////////////////////////////////////////////////////////////////////////
// Description:添加一个边
// Input:e - 要添加边的结点，p - 目的地
// Output:e - 添加边后的结点
void AddEdge(Edge * &e, int p)
{
    if(!e)
    {
        e = new Edge;
        e->dest = p;
        e->next = 0;
    }
    else
    {
        Edge * tail = e;
        while (tail->next) tail = tail->next;
        tail->next = new Edge;
        tail = tail->next;
        tail->dest = p;
        tail->next = 0;
    }
}


////////////////////////////////////////////////////////////////////////////////////////////////
// Description:输入结点之间的边
// Input:Console 下用户输入，起点和终点；m - 边的个数
// Output: graph - 图；
void Input(int &m)
{
    int i, a, b;// a->b 存在边(有向)
```

165

```
        for (i = 0; i<m; i++)
        {
                scanf("%d %d", &a, &b);
                AddEdge(graph[a], b);
        }
}


////////////////////////////////////////////////////////////////////////////////////////////////////////////////
// Description:获得每个结点的入度
// Input:n - 结点的个数
// Output:degree - 每个结点的入度
void GetDegree(int * degree, int n)
{
        int i = 0;
        Edge  * edge;

        memset(degree, 0, sizeof(int) * n);
        for (i = 0; i<n; i++)
        {
                edge = graph[i];
                while(edge)
                {
                        degree[edge->dest]++;
                        edge = edge->next;
                }
        }
}


////////////////////////////////////////////////////////////////////////////////////////////////////////////////
// Description:拓扑排序
// Input:n - 结点个数
// Output:console 下输出一个正确的拓扑序
void TopoSort(int n)
{
        int * degree = new int[n];        // 初始化所有结点的入度
        GetDegree(degree, n);

        stack<int> s;                     // 获得入度为 0 的结点,并入栈
        int i = 0;
        for (i = 0; i<n; i++)
                if (degree[i] == 0)
                        s.push(i);

        int index = 0;                    // 结点的下标
        Edge * edge;                      // 当前结点邻接表
        while (! s.empty())
        {
                index = s.top();
                printf("%d", index);
                s.pop();

                edge = graph[index];
                while (edge)
```
166

```
                {
                    if ( - - degree[edge - >dest] = = 0)
                            s.push(edge - >dest);
                    edge = edge - >next;
                }
        }

        delete []degree;
}


int main()
{
        int n, m;// 结点个数、边个数
        scanf(" % d % d", &n, &m);

        int i;
        graph = new Edge * [n];
        for(i = 0; i<n; i + + ) graph[i] = 0;

        Input(m);
        TopoSort(n);

        return 0;
}
```

7.5 最短路问题

图也可以用来表示各城市之间已有的公路网,其中顶点表示城市,边表示连接城市的公路,边可以带权表示公路段的长度或驾车时间,我们关心的问题是:两地之间是否有通路? 若存在多条通路,哪条路最短?

7.5.1 迪杰斯特拉算法

迪杰斯特拉(Dijkstra)算法是求从一个点到其余各顶点的最短路径。

算法思想:将图中所有顶点分成两组,一组是包括已确定最短路径的顶点的集合 S,另一组是尚未确定的最短路径的顶点集合 $V-S$。

(1) 取 v_0 加入 S 中;

(2) 求出从 S 中 v_0 到 S 外各顶点的最短路的顶点 w;

(3) 把 w 加入 S 中。

算法步骤:引进辅助向量 D, $D[i]$ 用于存储某个顶点到其他顶点的最短路,v_0 表示源点,$A[v_0, i]$ 表示从 v_0 点到 i 点直接到达的距离。V 是图 G 的顶点集合,S 是已被确定最短路的顶点集合。$V-S$ 是尚未被选中的顶点构成的集合。

(1) 初值:$D[i] = A[v_0, i]$, $i=1, \cdots, n$,即如果 v_0 点到顶点 i 有弧,则 $D[i]$ 为弧上的权,否则为 ∞;$S=\{v_0\}$,将 v_0 加入 S 集;$V-S=\{1, 2, \cdots, n\}$。

（2）从 $V-S$ 中找出一个顶点 w，使得 $D[w]$ 的值为最小，并且将 w 放入 S 集合中，直到 $V-S$ 是空集为止。

（3）$D[i]=\min\{D[i],D[w]+A[w,i]\}$，$(w,i)\in E$，$i$ 为 w 的邻接各顶点，重复（2）。

例 7-18 如图 7-35 所示，我们从 v_1 出发，用迪杰斯特拉算法求到达其他各点的最短路。

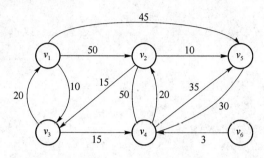

图 7-35 例 7-18 用图

【答案】

（1）根据图结构画出 G 的带权邻接矩阵。

（2）列表，如表 7-3 所示。

表 7-3 例 7-18 用表

			v_1 到其他各点的最短路		
	$K=1$	$K=2$	$K=3$	$K=4$	$K=5$
v_2	$50\langle v_1,v_2\rangle$	$50\langle v_1,v_2\rangle$	$45\langle v_1,v_3,v_4,v_2\rangle$		
v_3	$10\langle v_1,v_3\rangle$				
v_4	∞	$25\langle v_1,v_3,v_4\rangle$			
v_5	$45\langle v_1,v_5\rangle$	$45\langle v_1,v_5\rangle$	$45\langle v_1,v_5\rangle$	$45\langle 1,5\rangle$	
v_6	∞	∞	∞	∞	∞

（3）结论：v_1 到 v_2 最短路径为 $\langle v_1,v_3,v_4,v_2\rangle$，长度为 45；$v_1$ 到 v_3 最短路径为 $\langle v_1,v_3\rangle$，长度为 10；v_1 到 v_4 最短路径为 $\langle v_1,v_3,v_4\rangle$，长度为 25；$v_1$ 到 v_5 最短路径为 $\langle 1,5\rangle$，长度为 45；v_1 到 v_6 没有通路。

7.5.2 迪杰斯特拉算法的 C 语言实现

```
# include <stdio. h>
# include <string. h>
# include <cstdlib>
# define INFINITY  1000000//最大值  无穷
# define MAX_VERTEX_NUM 20//最大定点数
# define  TRUE   1
# define FALSE   0
char GPlace[MAX_VERTEX_NUM][MAX_VERTEX_NUM] = {"Amsterdam0","Athens1","Berlin2",
"Bern3","Brussels4",
    "Bucharest5","Budapest6","Copenhagen7","Lisbon8","London9",
    "Madrid10","Rome11","Paris12","Prague13","Sarajevo14",
    "Skopja15","Sofia16","Tirane17","Vienna18","Warsaw19"};
int v_reach = 0,q = 0;//初始化终点
```

168

```
char    v_begin = 0;//初始化起点
typedef struct {
        int adj;//VRType顶点关系类型。对无权图,用0或1
                                //表示相邻否;对带权图,则为权值类型
        int * info;//该弧相关信息的指针
}ArcCell,AdjMatrix[MAX_VERTEX_NUM][MAX_VERTEX_NUM];
typedef struct{
        int adj;
}Length_Weirht[MAX_VERTEX_NUM][MAX_VERTEX_NUM];
typedef struct{
        AdjMatrix arcs;//价格和路径的邻接矩阵
        int vexnum,arcnum;//图的当前顶点数和弧数
}MGragh;
MGragh G;//定义全局变量图G
//初始化权值图
MGragh DefineGraph_price()
{//价格权值图的初始化
        int i = 0,j = 0;
        for(i = 0;i<MAX_VERTEX_NUM;i + + )
                for(j = 0;j<MAX_VERTEX_NUM;j + + )
                        G.arcs[i][j].adj = INFINITY;
        G.arcs[i][j].adj = INFINITY;
        G.arcs[8][10].adj = 75 ;
        G.arcs[10][8].adj = 55 ;
        G.arcs[10][12].adj = 100 ;
        G.arcs[10][3].adj = 15 ;
        G.arcs[12][9].adj = 110 ;
        G.arcs[12][3].adj = 35 ;
        G.arcs[12][18].adj = 75 ;
        G.arcs[12][4].adj = 135 ;
        G.arcs[12][10].adj = 100 ;
        G.arcs[9][12].adj = 110 ;
        G.arcs[11][3].adj = 75 ;
        G.arcs[3][11].adj = 75;
        G.arcs[3][12].adj = 15 ;
        G.arcs[3][14].adj = 25 ;
        G.arcs[3][10].adj = 45 ;
        G.arcs[4][12].adj = 225 ;
        G.arcs[4][0].adj = 185 ;
        G.arcs[4][2].adj = 65 ;
        G.arcs[0][4].adj = 125 ;
        G.arcs[0][7].adj = 45 ;
        G.arcs[0][2].adj = 45 ;
        G.arcs[7][0].adj = 45;
        G.arcs[2][0].adj = 75 ;
        G.arcs[2][4].adj = 35 ;
        G.arcs[2][13].adj = 45 ;
        G.arcs[2][19].adj = 35 ;
        G.arcs[13][2].adj = 55 ;
        G.arcs[13][18].adj = 45 ;
        G.arcs[13][19].adj = 35 ;
        G.arcs[19][2].adj = 35 ;
        G.arcs[19][5].adj = 25 ;
```

```
            G.arcs[19][13].adj = 25 ;
            G.arcs[18][13].adj = 45 ;
            G.arcs[18][12].adj = 75 ;
            G.arcs[18][6].adj = 45 ;
            G.arcs[6][18].adj = 25 ;
            G.arcs[6][5].adj = 25 ;
            G.arcs[6][14].adj = 15 ;
            G.arcs[14][3].adj = 25 ;
            G.arcs[14][16].adj = 15 ;
            G.arcs[14][15].adj = 15 ;
            G.arcs[14][6].adj = 25 ;
            G.arcs[16][14].adj = 25 ;
            G.arcs[16][15].adj = 15;
            G.arcs[15][16].adj = 15 ;
            G.arcs[15][17].adj = 15 ;
            G.arcs[15][14].adj = 15;
            G.arcs[17][1].adj = 55 ;
            G.arcs[17][15].adj = 35;
            G.arcs[1][17].adj = 55 ;
            G.arcs[5][6].adj = 25 ;
            G.arcs[5][19].adj = 25 ;
            G.vexnum = 19 ;
            return G;
    }
    MGragh DefineGraph_Length()
    {//距离权值图的初始化
            int i = 0,j = 0;
            for(i = 0;i<MAX_VERTEX_NUM;i++)
                    for(j = 0;j<MAX_VERTEX_NUM;j++)
                            G.arcs[i][j].adj = INFINITY;
            G.arcs[8][10].adj = 450;
            G.arcs[10][8].adj = 450;
            G.arcs[10][12].adj = 1300;
            G.arcs[10][13].adj = 1500;
            G.arcs[12][9].adj = 450;
            G.arcs[12][3].adj = 600 ;
            G.arcs[12][18].adj = 1300 ;
            G.arcs[12][4].adj = 300 ;
            G.arcs[12][10].adj = 1300 ;
            G.arcs[9][12].adj = 450 ;
            G.arcs[11][3].adj = 900 ;
            G.arcs[3][11].adj = 900;
            G.arcs[3][12].adj = 600 ;
            G.arcs[3][14].adj = 1100 ;
            G.arcs[3][10].adj = 1500 ;
            G.arcs[4][12].adj = 300 ;
            G.arcs[4][0].adj = 200 ;
            G.arcs[4][2].adj = 800;
            G.arcs[0][4].adj = 200 ;
            G.arcs[0][7].adj = 800;
            G.arcs[0][2].adj = 700;
            G.arcs[7][0].adj = 800;
            G.arcs[2][0].adj = 700;
```

```
        G. arcs[2][4]. adj = 800;
        G. arcs[2][13]. adj = 350;
        G. arcs[2][19]. adj = 900;
        G. arcs[13][2]. adj = 350;
        G. arcs[13][18]. adj = 300;
        G. arcs[13][19]. adj = 850;
        G. arcs[19][2]. adj = 900;
        G. arcs[19][5]. adj = 1700;
        G. arcs[19][13]. adj = 850;
        G. arcs[18][13]. adj = 300;
        G. arcs[18][12]. adj = 1300;
        G. arcs[18][6]. adj = 300;
        G. arcs[6][18]. adj = 300;
        G. arcs[6][5]. adj = 900;
        G. arcs[6][14]. adj = 600 ;
        G. arcs[14][3]. adj = 1100 ;
        G. arcs[14][16]. adj = 600 ;
        G. arcs[14][15]. adj = 500 ;
        G. arcs[14][6]. adj = 600 ;
        G. arcs[16][14]. adj = 600 ;
        G. arcs[16][15]. adj = 200;
        G. arcs[15][16]. adj = 200 ;
        G. arcs[15][17]. adj = 200 ;
        G. arcs[15][14]. adj = 500;
        G. arcs[17][1]. adj = 700 ;
        G. arcs[17][15]. adj = 200;
        G. arcs[1][17]. adj = 700 ;
        G. arcs[5][6]. adj = 900 ;
        G. arcs[5][19]. adj = 1700 ;
        G. vexnum = 19 ;
        return G;
}

void ShortestPath_DIJ()
{
    //用 Dijkstra 算法求有向网 G 的 v0 顶点到其余顶点 v 的最短路径 P[v]
    //及其带权长度 D[v]
    //若 P[v][w]为 TRUE,则 w 是从 v0 到 v 当前求得最短路径上的顶点
    // final[v]为 TRUE 当且仅当 v∈S,即已经求得从 v0 到 v 的最短路径
    int i = 0,j = 0, v = 0,w = 0,min = 0,z = 0,D[MAX_VERTEX_NUM] = {0},L_J_N[MAX_VERTEX_NUM] = { - 1};//
    bool final[MAX_VERTEX_NUM];//判断是否有路径到过该点
    G. vexnum = MAX_VERTEX_NUM;//图的结点数初始化
    int P_J[MAX_VERTEX_NUM][MAX_VERTEX_NUM] = {0};//存储路径数组初始化
    for (v = 0; v<G. vexnum; ++ v)
        {
            final[v] = FALSE;   //初始化 final
            D[v] = G. arcs[v_begin][v].adj;//初始化最短长度
            P_J[v][v] = v_begin;//每一个点前驱为起始点
        }
    D[v_begin] = 0; //起始点到起始点的距离为 0

    final[v_begin] = TRUE;         //初始化,v0 顶点属于 S 集
    //--- 开始主循环,每次求得 v0 到某个 v 顶点的最短路径,并加 v 到 S 集---
    for (i = 1; i<G. vexnum; ++ i)
```

```
                    {                    // 其余 G.vexnum - 1 个顶点
                min = INFINITY;        // 当前所知离 v0 顶点的最近距离
                for (w = 0; w<G.vexnum; ++w)
                    if (!final[w])     // w 顶点在 V - S 中
                        if (D[w]<min)
                            { //D[w]<min 则重新对 D[w]赋值
                                v = w;
                                min = D[w];//将 D[w]的值赋给 min
                            }  // w 顶点离 v0 顶点更近

                        final[v] = TRUE;                    // 离 v0 顶点最近的 v 加入 S 集
                        for (w = 0; w<G.vexnum; ++w)    // 更新当前最短路径及距离
                            if (! final[w] && (min + G.arcs[v][w].adj< D[w]))
                            {
                                // 修改 D[w]和 P[w], w∈V - S
                                D[w] = min + G.arcs[v][w].adj;//D[w]的值变为新的最小值
                                P_J[w][w] = v;//w 的前驱变为 v

                            }//if
        }//for
if (D[v_reach] == INFINITY)
    {//D[v_reach]为无穷大
        printf("最短路径 % d 为 :\n",q++);
            printf("  ");
        printf("NO! \n");//输出没有路径
    }
else
    {
        if (P_J[v_reach][v_reach] == v_begin)
            {  //只有两个结点直接输出两个结点
                printf("最短路径 % d 为 :\n",q++);
                    printf("  ");
                for (j = 0;GPlace[v_begin][j]! = 0;j++)
                {//输出结点
                    printf("% c",GPlace[v_begin][j]);
                }
                printf("  ");
                for (j = 0;GPlace[L_J_N[v_reach]][j]! = 0;j++)
                {//输出结点
                    printf("% c",GPlace[v_reach][j]);
                }
                printf("  ");
                printf("最小值为 % d",D[v_reach]);
            }

        else
            {
            i = 1;
            L_J_N[i] = v_reach;//用 L_J_N 存储路径
            i++;
            L_J_N[i] = P_J[v_reach][v_reach];
            z = P_J[v_reach][v_reach];//z 为 v_reach 的前驱
            for (i = 3;P_J[z][z]! = v_begin;)
                {//进入循环继续存储
```

```
                                    L_J_N[i] = P_J[z][z];
                                    z = P_J[z][z];
                                    i++;
                         }
                    L_J_N[i] = v_begin;//最后将起始点存入数组
                    printf("最短路径%d为:\n",q++);
                            printf("   ");
                    for (j = 0;GPlace[L_J_N[i]][j]! = 0;j++)
                         {//输出路径
                                printf("%c",GPlace[L_J_N[i]][j]);
                         }
                    printf("   ");
                    i = i-1;
                    for (;L_J_N[i]! = -1; --i)
                         {//输出数组里的元素
                             for (j = 0;GPlace[L_J_N[i]][j]! = 0;j++)
                                 {
                                        printf("%c",GPlace[L_J_N[i]][j]);
                                 }
                             printf("   ");
                         }
                    printf("最小值为%d",D[v_reach]);
               }
          printf("   \n");
     }
} // ShortestPath_DIJ
void All_puts()
{//输出某一结点到其他所有结点的最短路径
     int i = 0;
     printf("请输入起始地点:\n");
     fflush(stdin);//清空缓存
     scanf("%d",&v_begin);
     fflush(stdin);//清空缓存
     for (i = 0;i<MAX_VERTEX_NUM;i++)
     {//进入循环输出起始点到各个结点的最短路径
          v_reach = i;
          ShortestPath_DIJ();
          //q = 0;
     }
}
void ShortestPath_Price()
{//以价格优先考虑最短路径
     G = DefineGraph_price();
     All_puts();//输出最短路径
}
void ShortestPath_Length()
{//以路程长度优先考虑最短路径
     G = DefineGraph_Length();
     All_puts();//输出最短路径
}
void main()
{
     int f = 0;
```

```
        printf("******************************************\n");
        printf("请选择功能:\n");
        printf("                    1.优先考虑价格;\n");
        printf("                    2.优先考虑路程;\n");
        printf("               0.选择退出;\n");
        printf("******************************************\n");
        scanf(" %d",&f);//输入 f 选择功能
        while (f)
        {
            switch(f)
            {
            case 1:
                printf("0.Amsterdam\t1.Athens\t2.Berlin\t3.Bern\t\t4.Brussels\n");
                printf("5.Bucharest\t6.Budapest\t7.Copenhagen\t8.Lisbon\t9.London\n");
                printf("10.Madrid\t11.Rome\t\t12.Paris\t13.Prague\t14.Sarajevo\n");
                printf("15.Skopja\t16.Sofia\t17.Tirane\t18Vienna\t19.Warsaw\n");
                printf("请输入起始点的对应编号(例如:Bern 则输入 3)\n");
                ShortestPath_Price();
                break;
            case 2:
                printf("Amsterdam 0,Athens 1,Berlin 2,Bern 3,Brussels 4,Bucharest 5,Budapest 6\n");
                printf("Copenhagen 7,Lisbon 8,London 9,Madrid 10,Rome 11,Paris 12,Prague 13,\n");
                printf("Sarajevo 14,Skopja 15,Sofia 16,Tirane 17,Vienna 18,Warsaw 19\n");
                printf("请输入起始点的对应编号(例如:Bern 则输入 3)\n");
                ShortestPath_Length();
                break;
            default:
                break;
            }
            printf("******************************************\n");
            printf(" 请选择功能:\n");
            printf("                    1.优先考虑价格;\n");
            printf("                    2.优先考虑路程;\n");
            printf("               0.选择退出;\n");
            printf("******************************************\n");
            scanf(" %d",&f);
        }
        system("pause");
}
```

7.5.3 弗洛伊德算法

弗洛伊德(Floyd)算法是求每一对顶点之间的最短路径。

基本思想:从 v_i 到 v_j 的所有可能存在的路径中,选出一条长度最短的路径。即递推地产生一个矩阵序列 $dist^{(0)}$ $dist^{(1)}$ … $dist^{(n)}$,其中 $dist^{(0)}=cost$(为邻接矩阵),元素 $dist^{(0)}[i,j]$ 表示从顶点 v_i 到顶点 v_j,中间经过的顶点序号≤0(即不经任何其他顶点)的最短路径长度。最后 $dist^{(n)}[i,j]$ 表示从 v_i 到 v_j 中间经过的顶点序号不大于 n 的最短路径长度,即为所求。其中 $dist^{(k)}[i,j]$ 是从 v_i 到 v_j 的中间经过顶点序号≤k 的最短路,称为 k 型最短路。

也就是说,从邻接矩阵开始递推地产生从 v_i 到 v_j 的最短路。首先,如果$\langle v_i,v_j \rangle$存在,则路径$\{v_i,v_j\}$(路径中不含其他顶点)就是 0 型最短路;然后构造 1 型最短路,如果从 v_i 到 v_j 经

174

过顶点序号 1 有 $\langle v_i,v_1\rangle$，$\langle v_1,v_j\rangle$，则存在路径 $\{v_i,v_1,v_j\}$，比较并取 0 型最短路的 $\{v_i,v_j\}$ 和此 $\{v_i,v_1,v_j\}$ 的最小者作为 1 型最短路；在此基础上构造 2 型最短路，如果从 v_i 到 v_j 经过顶点序号 2 有 $\langle v_i,v_2\rangle$，$\langle v_2,v_j\rangle$，则存在路径 $\{v_i,v_2,v_j\}$，比较并取 1 型最短路的 $\{v_i,v_j\}$ 和此 $\{v_i,v_2,v_j\}$ 的最小者作为 2 型最短路……依此类推，直至构造成 n 型最短路即为所求。

例 7-19 用 Floyd 算法求图 7-36 每对顶点的最短路。

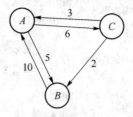

图 7-36　例 7-19 用图

【解析】

（1）图 7-36 的邻接矩阵为

$$\cos t=\begin{bmatrix}0 & 5 & 6\\10 & 0 & \infty\\3 & 2 & 0\end{bmatrix}\qquad \text{dist}^{(0)}=\cos t=\begin{bmatrix}0 & 5 & 6\\10 & 0 & \infty\\3 & 2 & 0\end{bmatrix}$$

（2）当 $K=1$ 时，代表从顶点 i 到 j 可以经过顶点 A（顶点序号 1）的最短路，构造 1 型最短路。

$$\text{dist}^{(1)}=\begin{bmatrix}0 & 5 & 6\\10 & 0 & 16\\3 & 2 & 0\end{bmatrix}$$

（3）当 $K=2$ 时，代表从顶点 i 到 j 可以经过顶点 B（顶点序号 2）的最短路，构造 2 型最短路。

$$\text{dist}^{(2)}=\begin{bmatrix}0 & 5 & 6\\10 & 0 & 16\\3 & 2 & 0\end{bmatrix}$$

（4）当 $K=3$ 时，代表从顶点 i 到 j 可以经过顶点 C（顶点序号 3）的最短路，构造 3 型最短路。

$$\text{dist}^{(3)}=\begin{bmatrix}0 & 5 & 6\\10 & 0 & 16\\3 & 2 & 0\end{bmatrix}$$

此即为每对顶点的最短路。

Floyd 算法如下：

```
void Floyd(Graph G, cost, path) {
    for(i = 1; i< = n; i++)   //dist,path 初始化
        for(j = 1; j< = n; j++) {
            dist[i][j] = cost[i][j];
            if (dist[i][j]<32767) path[i][j] = {Vi} + {Vj};}
    for(k = 1;k< = n; k++)   //递推产生 dist 序列
        for(i = 1; i< = n; i++)
            for(j = 1; j< = n; j++)
                if (dist [i][k] + dist[k][j]<dist[i][j])
                    {dist[i][j] = dist [i][k] + dist[k][j];
                     path[i][j] = path[i][k] + path[k][j];}
}
```

本 章 小 结

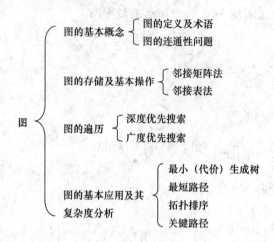

练 习 强 化

一、选择题

1. 在一个具有 n 个顶点的有向图中,若所有顶点的出度数之和为 s,则所有顶点的入度数之和为（　　）。
   A. s
   B. $s-1$
   C. $s+1$
   D. n

2. 在一个具有 n 个顶点的有向图中,若所有顶点的出度数之和为 s,则所有顶点的度数之和为（　　）。
   A. s
   B. $s-1$
   C. $s+1$
   D. $2s$

3. 在一个具有 n 个顶点的无向图中,若具有 e 条边,则所有顶点的度数之和为（　　）。
   A. n
   B. e
   C. $n+e$
   D. $2e$

4. 在一个具有 n 个顶点的无向完全图中,所含的边数为（　　）。
   A. n
   B. $n(n-1)$
   C. $n(n-1)/2$
   D. $n(n+1)/2$

5. 在一个具有 n 个顶点的有向完全图中,所含的边数为（　　）。
   A. n
   B. $n(n-1)$
   C. $n(n-1)/2$
   D. $n(n+1)/2$

6. 若要把 n 个顶点连接为一个连通图,则至少需要（　　）条边。
   A. n
   B. $n+1$
   C. $n-1$
   D. $2n$

7. 在一个具有 n 个顶点和 e 条边的无向图的邻接矩阵中,表示边存在的元素（又称为有效元素）的个数为（　　）。
   A. n
   B. ne
   C. e
   D. $2e$

8. 在一个无权图的邻接表表示中,每个边结点至少包含（　　）域。
   A. 1
   B. 2
   C. 3
   D. 4

9. 在一个有向图的邻接表中,每个顶点单链表中结点的个数等于该顶点的（　　）。

A. 出边数　　　　　　B. 入边数　　　　　　C. 度数　　　　　　D. 度数减 1

10. 若一个图的边集为{(A,B),(A,C),(B,D),(C,F),(D,E),(D,F)},则从顶点 A 开始对该图进行深度优先搜索,得到的顶点序列可能为(　　　)。

　A. A,B,C,F,D,E　　　　　　　　　　B. A,C,F,D,E,B

　C. A,B,D,C,F,E　　　　　　　　　　D. A,B,D,F,E,C

11. 若一个图的边集为{(A,B),(A,C),(B,D),(C,F),(D,E),(D,F)},则从顶点 A 开始对该图进行广度优先搜索,得到的顶点序列可能为(　　　)。

　A. A,B,C,D,E,F　　　　　　　　　　B. A,B,C,F,D,E

　C. A,B,D,C,E,F　　　　　　　　　　D. A,C,B,F,D,E

12. 由一个具有 n 个顶点的连通图生成的最小生成树中,具有(　　　)条边。

　A. n　　　　　　B. $n-1$　　　　　　C. $n+1$　　　　　　D. $2n$

13. 已知一个有向图的边集为{〈a,b〉,〈a,c〉,〈a,d〉,〈b,d〉,〈b,e〉,〈d,e〉},则由该图产生的一种可能的拓扑序列为(　　　)。

　A. a,b,c,d,e　　B. a,b,d,e,b　　C. a,c,b,e,d　　D. a,c,d,b,e

14. 下列说法不正确的是(　　　)。

　A. 图的遍历是从给定的源点出发每一个顶点仅被访问一次

　B. 图的深度遍历不适用于有向图

　C. 遍历的基本算法有两种:深度遍历和广度遍历

　D. 图的深度遍历是一个递归过程

15. 在图采用邻接表存储时,求最小生成树的 Prim 算法的时间复杂度为(　　　)。

　A. $O(n)$　　　　B. $O(n+e)$　　　　C. $O(n^2)$　　　　D. $O(n^3)$

16. 求解最短路径的 Floyd 算法的时间复杂度为(　　　)。

　A. $O(n)$　　　　B. $O(n+c)$　　　　C. $O(n^2)$　　　　D. $O(n^3)$

17. 已知有向图 $G=(V,E)$,其中 $V=\{v_1,v_2,v_3,v_4,v_5,v_6,v_7\}$,$E=\{\langle v_1,v_2\rangle,\langle v_1,v_3\rangle$,$\langle v_1,v_4\rangle,\langle v_2,v_5\rangle,\langle v_3,v_5\rangle,\langle v_3,v_6\rangle,\langle v_4,v_6\rangle,\langle v_5,v_7\rangle,\langle v_6,v_7\rangle\}$,$G$ 的拓扑序列是(　　　)。

　A. $v_1,v_3,v_4,v_6,v_2,v_5,v_7$　　　　　　B. $v_1,v_3,v_2,v_6,v_4,v_5,v_7$

　C. $v_1,v_3,v_4,v_5,v_2,v_6,v_7$　　　　　　D. $v_1,v_2,v_5,v_3,v_4,v_6,v_7$

18. 关键路径是事件结点网络中(　　　)。

　A. 从源点到汇点的最长路径　　　　　B. 从源点到汇点的最短路径

　C. 最长回路　　　　　　　　　　　　D. 最短回路

19. 下列关于 AOE 网的叙述中,不正确的是(　　　)。

　A. 关键活动不按期完成就会影响整个工程的完成时间

　B. 任何一个关键活动提前完成,那么整个工程将会提前完成

　C. 所有的关键活动提前完成,那么整个工程将会提前完成

　D. 某些关键活动提前完成,那么整个工程将会提前完成

20. 下列关于最小生成树的叙述中,正确的是(　　　)。

　① 最小生成树的代价唯一

　② 所有权值最小的边一定会出现在所有的最小生成树中

　③ 使用 Prim 算法从不同顶点开始得到的最小生成树一定相同

④ 使用 Prim 算法和 Kruskal 算法得到的最小生成树总不相同

A. 仅①　　　　　　B. 仅②　　　　　　C. 仅①③　　　　　　D. 仅②④

二、填空题

1. 在一个具有 n 个顶点的无向图中,要连通所有顶点则至少需要_____条边。

2. 表示图的两种存储结构为_____和_____。

3. 在一个连通图中存在着_____个连通分量。

4. 图中的一条路径长度为 k,该路径所含的顶点数为_____。

5. 一个图的边集为$\{(a,c),(a,e),(b,e),(c,d),(d,e)\}$,从顶点 a 出发进行深度优先搜索遍历得到的顶点序列为_____,从顶点 a 出发进行广度优先搜索遍历得到的顶点序列为_____。

6. 一个图的边集为$\{\langle a,c\rangle,\langle a,e\rangle,\langle c,f\rangle,\langle d,c\rangle,\langle e,b\rangle,\langle e,d\rangle\}$,从顶点 a 出发进行深度优先搜索遍历得到的顶点序列为_____,从顶点 a 出发进行广度优先搜索遍历得到的顶点序列为_____。

7. 图的_____优先搜索遍历算法是一种递归算法,图的_____优先搜索遍历算法需要使用队列。

8. 对于一个具有 n 个顶点和 e 条边的连通图,其生成树中的顶点数和边数分别为_____和_____。

9. 若一个连通图中每个边上的权值均不同,则得到的最小生成树是_____(唯一/不唯一)的。

10. Prim 算法适用于求_____的网的最小生成树;Kruskal 算法适用于求_____的网的最小生成树。

三、判断题

1. 树中的结点和图中的顶点就是指数据结构中的数据元素。　　　　　　　　(　　)

2. 在 n 个结点的无向图中,若边数大于 $n-1$,则该图必是连通图。　　　　(　　)

3. 有 e 条边的无向图,在邻接表中有 e 个结点。　　　　　　　　　　　　(　　)

4. 有向图中顶点 v 的度等于其邻接矩阵中第 v 行中的 1 的个数。　　　　　(　　)

5. 强连通图的各顶点间均可达。　　　　　　　　　　　　　　　　　　　　(　　)

6. 十字链表是无向图的一种存储结构。　　　　　　　　　　　　　　　　　(　　)

7. 无向图的邻接矩阵可用二维数组存储。　　　　　　　　　　　　　　　　(　　)

8. 用邻接矩阵法存储一个图所需的存储单元数目与图的边数有关。　　　　　(　　)

9. 有 n 个顶点的无向图,采用邻接矩阵表示,图中的边数等于邻接矩阵中非零元素之和的一半。　　　　　　　　　　　　　　　　　　　　　　　　　　　　　　　(　　)

10. 有向图的邻接矩阵是对称的。　　　　　　　　　　　　　　　　　　　　(　　)

11. 无向图的邻接矩阵一定是对称矩阵,有向图的邻接矩阵一定是非对称矩阵。(　　)

12. 邻接矩阵适用于有向图和无向图的存储,但不能存储带权的有向图和无向图,而只能使用邻接表存储形式来存储它。　　　　　　　　　　　　　　　　　　　　　　(　　)

13. 用邻接矩阵存储一个图时,在不考虑压缩存储的情况下,所占用的存储空间大小与图中结点个数有关,而与图的边数无关。　　　　　　　　　　　　　　　　　　(　　)

14. 需要借助于一个队列来实现 DFS 算法。　　　　　　　　　　　　　　　(　　)

15. 广度遍历生成树描述了从起点到各顶点的最短路径。 （　　）

16. 任何无向图都存在生成树。 （　　）

17. 带权无向图的最小生成树必是唯一的。 （　　）

18. 连通图上各边权值均不相同,则该图的最小生成树是唯一的。 （　　）

19. 带权的连通无向图的最小(代价)生成树(支撑树)是唯一的。 （　　）

20. 求最小生成树的 Prim 算法中边上的权可正可负。 （　　）

21. 无环有向图才能进行拓扑排序。 （　　）

22. 有环图也能进行拓扑排序。 （　　）

23. 任何有向图的结点都可以排成拓扑排序,而且拓扑序列不唯一。 （　　）

24. AOE 网的含义是以边表示活动的网。 （　　）

25. 对一个 AOE 网,从源点到终点的路径最长的路径称作关键路径。 （　　）

26. 关键路径是 AOE 网中从源点到终点的最长路径。 （　　）

27. 在表示某工程的 AOE 网中,加速其关键路径上的任意关键活动均可缩短整个工程的完成时间。 （　　）

28. 在 AOE 图中,关键路径上活动的时间延长多少,整个工程的时间也就随之延长多少。 （　　）

29. 当改变网上某一关键路径上任一关键活动后,必将产生不同的关键路径。 （　　）

30. 一个有向无环图的拓扑排序序列不一定是唯一的。 （　　）

四、操作题

1. 对于一个无向图(题四、1 图),假定采用邻接矩阵表示,试分别写出从顶点 0 出发按深度优先搜索遍历得到的顶点序列和按广度优先搜索遍历得到的顶点序列。

注:每一种序列都是唯一的,因为都是在存储结构上得到的。

2. 对于一个有向图（题四、2 图）,假定采用邻接表表示,并且假定每个顶点单链表中的边结点是按出边邻接点序号从大到小的次序连接的,试分别写出从顶点 0 出发按深度优先搜索遍历得到的顶点序列和按广度优先搜索遍历得到的顶点序列。

注:每一种序列都是唯一的,因为都是在存储结构上得到的。

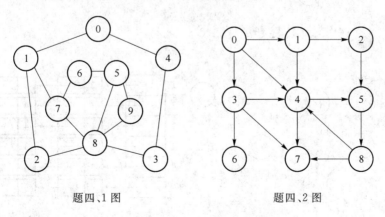

题四、1 图　　　　　　　　题四、2 图

3. 已知一个无向图的邻接矩阵(题四、3 图),试写出从顶点 0 出发分别进行深度优先和广度优先搜索遍历得到的顶点序列。

4. 已知一个无向图的邻接表(题四、4 图),试写出从顶点 0 出发分别进行深度优先和广度优先搜索遍历得到的顶点序列。

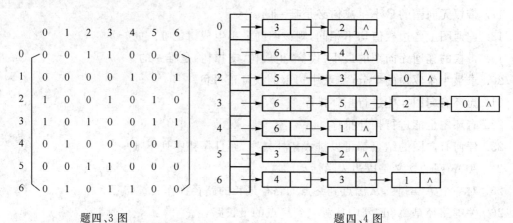

题四、3 图　　　　　　　　　　题四、4 图

5. 已知一个网(题四、5 图),按照 Prim 方法,从顶点 1 出发,求该网的最小生成树的产生过程。

6. 已知一个网(题四、5 图),按照 Kruskal 方法,求该网的最小生成树的产生过程。

7. 题四、7 图给出了一个具有 15 个活动、11 个事件的工程的 AOE 网,求关键路径。

8. 下面的邻接表表示一个给定的无向图(题四、8 图):

(1) 给出从顶点 v_1 开始,对图 G 用深度优先搜索法进行遍历时的顶点序列;

(2) 给出从顶点 v_1 开始,对图 G 用广度优先搜索法进行遍历时的顶点序列。

题四、5 图

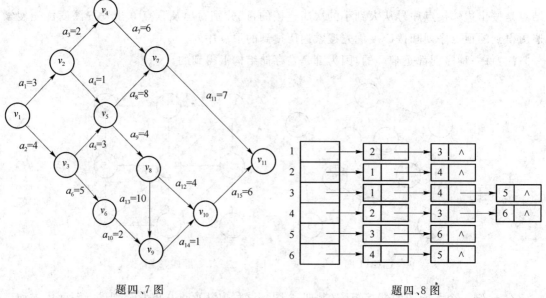

题四、7 图　　　　　　　　　　题四、8 图

9. 设 $G=(V,E)$ 以邻接表存储(题四、9 图),试画出图的深度优先和广度优先生成树。

180

10. 试写出用 Kruskal 算法构造题四、10 图所示的一棵最小生成树的过程。

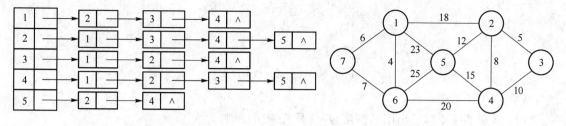

题四、9 图　　　　　　　　　　题四、10 图

11. 求出题四、11 图所示的最小生成树。

12. 题四、12 图表示一个地区的通信网,边表示城市间的通信线路,边上的权表示架设线路花费的代价,如何选择能沟通每个城市且总代价最省的 $n-1$ 条线路,画出所有可能的选择。

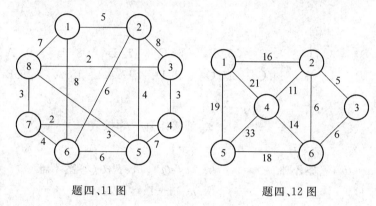

题四、11 图　　　　　　　　　　题四、12 图

13. 题四、13 图是带权的有向图 G 的邻接表表示法,求:

(1) 以结点 v_1 出发深度遍历图 G 所得的结点序列;

(2) 以结点 v_1 出发广度遍历图 G 所得的结点序列;

(3) 从结点 v_1 到结点 v_8 的最短路径;

(4) 从结点 v_1 到结点 v_8 的关键路径。

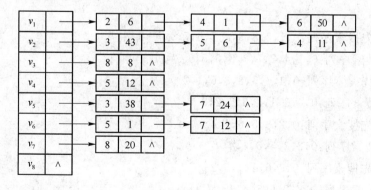

题四、13 图

14. 对有 5 个结点 $\{A, B, C, D, E\}$ 的图的邻接矩阵,

$$\begin{bmatrix} 0 & 100 & 30 & \infty & 10 \\ \infty & 0 & \infty & \infty & \infty \\ \infty & 60 & 0 & 20 & \infty \\ \infty & 10 & \infty & 0 & \infty \\ \infty & \infty & \infty & 50 & 0 \end{bmatrix}$$

（1）画出逻辑图；

（2）基于邻接矩阵写出图的深度、广度优先遍历序列；

（3）计算图的关键路径。

练 习 答 案

一、选择题

1. A　　2. D　　3. D　　4. C　　5. B　　6. C　　7. D　　8. B　　9. A　　10. B

11. D　　12. B　　13. A　　14. C　　15. C　　16. D　　17. A　　18. A　　19. B　　20. A

二、填空题

1. $n-1$　　　　　　　　　　2. 邻接矩阵　邻接表

3. 1　　　　　　　　　　　　4. $k+1$

5. $acdeb$　$acedb$（答案不唯一）　　6. $acfebd$　$acefbd$（答案不唯一）

7. 深度　广度　　　　　　　　8. n　$n-1$

9. 唯一　　　　　　　　　　　10. 边稠密　边稀疏

三、判断题

1. √　　2. ×　　3. ×　　4. ×　　5. √　　6. ×　　7. √　　8. ×　　9. √　　10. ×

11. ×　　12. ×　　13. √　　14. ×　　15. ×　　16. ×　　17. ×　　18. √　　19. ×　　20. ×

21. √　　22. ×　　23. ×　　24. ×　　25. ×　　26. √　　27. ×　　28. √　　29. ×　　30. √

四、操作题

1. 深度优先搜索序列：0，1，2，8，3，4，5，6，7，9

广度优先搜索序列：0，1，4，2，7，3，8，6，5，9

2. 深度优先搜索序列：0，4，7，5，8，3，6，1，2

广度优先搜索序列：0，4，3，1，7，5，6，2，8

3. 深度优先搜索序列：0，2，3，5，6，1，4

广度优先搜索序列：0，2，3，5，6，1，4

4. 深度优先搜索序列：0，3，6，4，1，5，2

广度优先搜索序列：0，3，2，6，5，4，1

5. 过程如题四、5用图所示。

6. 求解过程如题四、6用图所示。

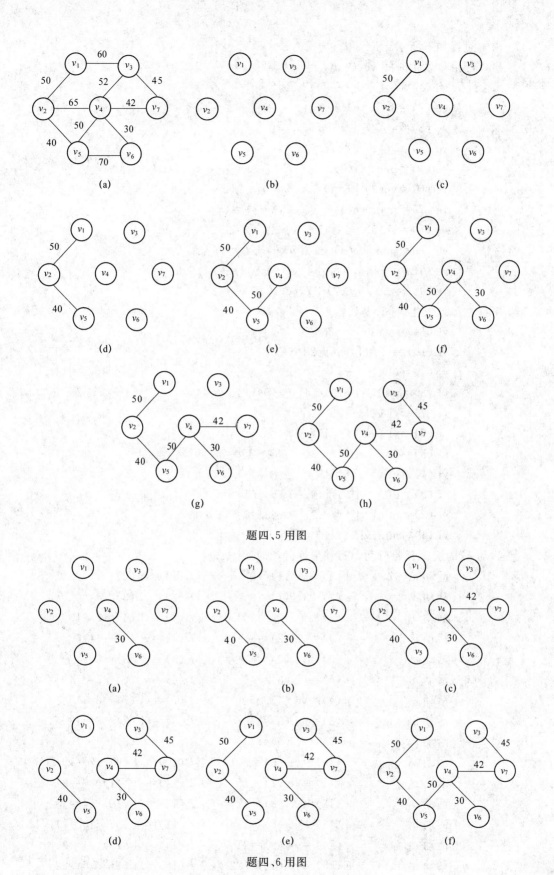

(a)   (b)   (c)

(d)   (e)   (f)

(g)   (h)

题四、5 用图

(a)   (b)   (c)

(d)   (e)   (f)

题四、6 用图

7. 求解过程如下所示：

① 事件的最早发生时间 $ve(k)$。

$$ve(1)=0$$
$$ve(2)=3$$
$$ve(3)=4$$
$$ve(4)=ve(2)+2=5$$
$$ve(5)=\max\{ve(2)+1,ve(3)+3\}=7$$
$$ve(6)=ve(3)+5=9$$
$$ve(7)=\max\{ve(4)+6,ve(5)+8\}=15$$
$$ve(8)=ve(5)+4=11$$
$$ve(9)=\max\{ve(8)+10,ve(6)+2\}=21$$
$$ve(10)=\max\{ve(8)+4,ve(9)+1\}=22$$
$$ve(11)=\max\{ve(7)+7,ve(10)+6\}=28$$

② 事件的最迟发生时间 $vl(k)$。

$$vl(11)=ve(11)=28$$
$$vl(10)=vl(11)-6=22$$
$$vl(9)=vl(10)-1=21$$
$$vl(8)=\min\{vl(10)-4,vl(9)-10\}=11$$
$$vl(7)=vl(11)-7=21$$
$$vl(6)=vl(9)-2=19$$
$$vl(5)=\min\{vl(7)-8,vl(8)-4\}=7$$
$$vl(4)=vl(7)-6=15$$
$$vl(3)=\min\{vl(5)-3,vl(6)-5\}=4$$
$$vl(2)=\min\{vl(4)-2,vl(5)-1\}=6$$
$$vl(1)=\min\{vl(2)-3,vl(3)-4\}=0$$

③ 活动 a_i 的最早开始时间 $e(i)$ 和最晚开始时间 $l(i)$。

活动	$e(i)$	$l(i)$
活动 a_1	$e(1)=ve(1)=0$	$l(1)=vl(2)-3=3$
活动 a_2	$e(2)=ve(1)=0$	$l(2)=vl(3)-4=0$
活动 a_3	$e(3)=ve(2)=3$	$l(3)=vl(4)-2=13$
活动 a_4	$e(4)=ve(2)=3$	$l(4)=vl(5)-1=6$
活动 a_5	$e(5)=ve(3)=4$	$l(5)=vl(5)-3=4$
活动 a_6	$e(6)=ve(3)=4$	$l(6)=vl(6)-5=14$
活动 a_7	$e(7)=ve(4)=5$	$l(7)=vl(7)-6=15$
活动 a_8	$e(8)=ve(5)=7$	$l(8)=vl(7)-8=13$
活动 a_9	$e(9)=ve(5)=7$	$l(9)=vl(8)-4=7$
活动 a_{10}	$e(10)=ve(6)=9$	$l(10)=vl(9)-2=19$
活动 a_{11}	$e(11)=ve(7)=15$	$l(11)=vl(11)-7=21$
活动 a_{12}	$e(12)=ve(8)=11$	$l(12)=vl(10)-4=18$
活动 a_{13}	$e(13)=ve(8)=11$	$l(13)=vl(9)-10=11$
活动 a_{14}	$e(14)=ve(9)=21$	$l(14)=vl(10)-1=21$
活动 a_{15}	$e(15)=ve(10)=22$	$l(15)=vl(11)-6=22$

④最后,比较 $e(i)$ 和 $l(i)$ 的值可判断出 a_2,a_5,a_9,a_{13},a_{14},a_{15} 是关键活动,关键路径如题四、7 用图所示。

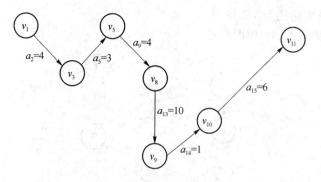

题四、7 用图

8.（1）$v_1 v_2 v_4 v_3 v_5 v_6$ （2）$v_1 v_2 v_3 v_4 v_5 v_6$

9. 设从顶点 1 开始遍历,则深度优先生成树（1）和宽度优先生成树（2）如题四、9 用图所示。

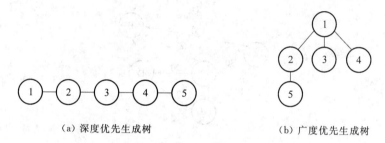

（a）深度优先生成树   （b）广度优先生成树

题四、9 用图

10. $V(G)=\{1,2,3,4,5,6,7\}$
$E(G)=\{(1,6,4),(1,7,6),(2,3,5),(2,4,8),(2,5,12),(1,2,18)\}$
11. $V(G)=\{1,2,3,4,5,6,7,8\}$
$E(G)=\{(3,8,2),(4,7,2),(3,4,3),(5,8,3),(2,5,4),(6,7,4),(1,2,5)\}$
注:（或将(3,4,3)换成(7,8,3)）
12. $E_1(G)=\{(1,2,16),(2,3,5),(2,6,6),(2,4,11),(6,5,18)\},V(G)=\{1,2,3,4,5,6\}$
$E_2(G)=\{(1,2,16),(2,3,5),(3,6,6),(2,4,11),(6,5,18)\}$

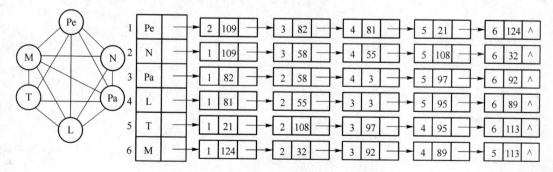

题四、12 用图

13．（1）$v_1,v_2,v_3,v_8,v_5,v_7,v_4,v_6$

（2）$v_1,v_2,v_4,v_6,v_3,v_5,v_7,v_8$

（3）v_1 到 v_8 最短路径 56，路径为 $v_1—v_2—v_5—v_7—v_8$

（4）关键路径如题四、13 用图所示。

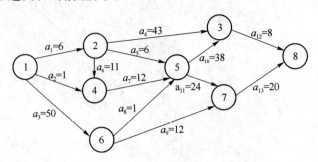

题四、13 用图

v_1 到 v_8 的关键路径是 $v_1—v_6—v_5—v_3—v_8$，长 97

14．（1）逻辑图如题四、14 用图所示。

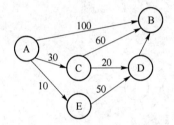

题四、14 用图

（2）深度优先遍历序列：ABCDE；广度优先遍历序列：ABCED

（3）关键路径 A—B(长 100)

第8章　查　　找

本章内容提要：

查找的基本概念、顺序查找法、折半查找法、二叉排序树、平衡二叉树、B-树的基本概念及基本操作、B＋树的基本概念、哈希(Hash)表等。

8.1　查找的基本概念

查找是指在大量的信息中寻找一个特定的信息元素的过程，在计算机应用中，查找是常用的基本运算。本章将讨论一种在实际应用中适用于查找运算的数据结构——查找表。

查找表(search table)：用于查找的数据元素的集合称为查找表。查找表由同一类型的数据元素构成。这些数据元素称为**记录**。

静态查找表(static search table)：若只对查找表进行如下两种操作：(1)查看某个特定的数据元素是否在查找表中，(2)检索某个特定元素的各种属性，则称这类查找表为**静态查找表**。静态查找表在查找过程中自身不发生变化。对静态查找表进行的查找操作称为**静态查找**。

动态查找表(dynamic search table)：若在查找过程中可以插入查找表中不存在的数据元素，或者从查找表中删除某个数据元素，则称这类查找表为**动态查找表**。动态查找表在查找过程中自身可能会发生变化。对动态查找表进行的查找操作称为**动态查找**。

关键字(key)：是数据元素中的某个数据项的值。若关键字能够唯一地标识一个数据元素，则称此关键字为**主关键字**(每个数据元素的主关键字互不相同)；若查找表中某些元素的关键字相同，则称这种关键字为**次关键字**。例如，学生信息表中的学号是主关键字，而姓名是次关键字。

查找(searching)：在数据元素集合中查找满足某种查找条件的数据元素的过程称为**查找**。最简单且最常用的查找条件是"关键字等于某个给定的值"，即在查找表中搜索关键字等于给定值的数据元素。若表中存在这样的记录，则称**查找成功**，此时的查找结果应返回该数据元素的全部信息或返回该数据元素的位置；若表中不存在满足查找条件的数据元素，则称**查找不成功**，此时查找的结果可以返回一个失败标识。若按主关键字查找，查找结果是唯一的；若按次关键字查找，结果可能不唯一。

查找长度：在查找过程中，与查找表中各记录的关键字进行比较的次数称为查找长度。

查找算法的时间效率：由于查找过程的主要操作是与关键字的比较，因此通常以"平均比较次数"来衡量查找算法的时间效率。平均比较次数通常也称为**平均查找长度**(average search length, ASL)。

对于含有 n 个记录的表，查找成功时的平均查找长度为

$$ASL = \sum_{i=1}^{n} p_i \times c_i$$

式中，n 是查找表中记录的个数；p_i 是查找第 i 个记录的概率，且 $\sum_{i=1}^{n} p_i = 1$；c_i 是找到第 i 个记录所需要进行比较的次数，即查找长度。显然，c_i 随查找过程不同而不同。

8.2　静态查找表

静态查找表的抽象数据类型定义为：

ADT StaticSearchTable{

　　数据对象 D：D 是具有相同类型的数据元素的集合，各数据元素均含有可以唯一标识该元素的关键字。

　　数据关系 R：数据元素同属于一个集合。

　　数据操作 P：

　　　Creat(&ST,n)：

　　　　操作结果：构造一个含 n 个元素的静态查找表 ST。

　　　Destroy(&ST)：

　　　　初始条件：静态查找表 ST 存在。

　　　　操作结果：销毁表 ST。

　　　Search(ST,key)：

　　　　初始条件：静态查找表 ST 存在，key 为和关键字类型相同的给定值。

　　　　操作结果：若 ST 中存在其关键字等于 key 的数据元素，则函数值为该元素在表中的位置，否则为"空"。

　　　Traverse(ST,Visit( ))：

　　　　初始条件：静态查找表 ST 存在，Visit 是对元素操作的应用函数。

　　　　操作结果：按某种次序对 ST 的每个元素调用 Visit( )一次且仅一次。一旦 Visit( )失败，则操作失败。

}ADT StaticSearchTable

8.2.1　顺序查找

以线性表表示静态查找表，顺序查找的基本思想是，依次用给定值(key)与查找表中各数据元素的关键字值进行比较，若某个数据元素的关键字值与给定值相等，则查找成功，返回该记录的存储位置；否则，若直到最后一个记录，其关键字值与给定值均不相等，则查找失败，返回失败标识。这里的线性表可以是顺序表，也可以是线性链表。对于顺序表，可以通过数组下标递增(或递减)顺序扫描数组中各个元素；对于线性链表，则可通过表结点指针(假设为 p)，反复执行"p＝p－＞netx;"来扫描表中各个元素。

1. 顺序表的顺序查找

```
//------------------ 顺序表的存储结构 --------------------
#define  MAXSIZE  100        //线性表的最大长度
  typedef  struct {
    ElemType  Elem[MAXSIZE];    //数组 Elem,它的存储位置就是存储空间的存储位置
    int  length;            //线性表的当前长度
  }SqList;
```

假设在查找表中,数据元素的个数为 $n(n \leqslant \text{MAXSIZE})$,并分别存放在下标为 $1 \sim n$ 的数组单元中,则顺序查找的算法为:

```
#define  MAXSIZE  100        //用于定义顺序表的长度
int  sq_search1 (SqList ST,ElemType  k)
{//在顺序表中查找关键字值等于 k 的记录
 //若查找成功,返回该记录的位置下标序号,否则返回 0
  i = 1;
  while (i< = n && ST[i].key ! = k)  i + + ;
  if (i< = n) retrun i;
    else return 0;
}
```

改进算法:

```
int  sq_search2 (SqList ST,ElemType  k)
{//设置了监视哨的顺序表查找,查找关键字值等于指定值 k 的记录
 //若查找成功,返回记录存放位置的下标值,否则返回 0
  i = n;
  ST[0].key = k;
  while (ST[i].key ! = k)  i - - ;
  return i;
}
```

以上两个算法在算法思想上是一致的。只是在 sq_search2 中,查找之前对 ST[0].key 进行赋值,目的在于免去查找过程中每一步都要检查整个表是否查找完毕。在此,ST[0].key 起到了监视哨的作用。这仅是一个程序设计技巧上的改进,然而实践证明,这个改进能使顺序查找在查找表长度较大时,进行一次查找所需的平均时间几乎减少一半。当然,监视哨也可以设在高下标处。

2. 线性链表的顺序查找

线性链表的顺序查找是指采用线性链表表示查找表,并用顺序查找方法查找关键字与指定值相等的记录。

```
// --------------- 线性链表的存储结构 --------------------
 typedef  struct  node {
     KeyType key;         //KeyType 为关键字的数据类型
     InfoType data;       //其他数据
     struct node * next;  //指向链表结点的指针
}Link_Node, * Link;
```

对线性链表实现顺序查找就是在有头结点的链式查找表中查找关键字值等于给定值的记录,若查找成功,返回指向相应结点的指针,否则返回空指针或失败标识。

```
Link_Node * link_search (Link h,KeyType k)
{//在以 h 为头指针的线性链表中,查找关键字值等于 k 的记录
 //若查找成功,返回指向该结点的指针,否则,返回空指针
  p = h - >next;
  while((p! = NULL) && (p - >key! = k)) p = p - >next;
  return p;
}
```

无论采用以上哪种方式表示查找表,根据 k 的不同取值,顺序查找算法均存在两种查找长度:一种是查找成功的查找长度,另一种是查找失败的查找长度。对应的 ASL 也有两种:一种

是查找成功情况下的 ASL_1，另一种是查找失败情况的下的 ASL_2。

以顺序表的顺序查找算法 sq_search1()为例，对于第一种：$p_i = 1/n$，$c_i = i$（或 $c_i = n - i + 1$），若 k 等于 ST[i].key，则在扫描到 $a[i]$ 之前已经进行了 $i-1$ 次比较，加上最后一次，一共进行了 i 次比较。因此

$$ASL_1 = \sum_{i=1}^{n} \frac{1}{n} \cdot i = \frac{1}{n} \cdot \frac{n(1+n)}{2} = \frac{n+1}{2}$$

对于第二种：在查找失败的情况下，需要将查找表中的每一个记录的关键字与 k 进行比较，对于具有 n 个记录的查找表，其查找长度为 n。因此，$ASL_2 = n$。

由 ASL_1 及 ASL_2 的表达式可知，顺序查找算法的时间复杂度为 $O(n)$。

说明：上述对 ASL_2 的分析过程是针对 sq_search1()进行的，在其改进算法 sq_search2()中，首先将要查找的值存放于 0 号下标的数组单元中，然后从后往前查找，即使查找不成功，仍然需要与 0 号下标单元中的值进行比较，即共比较 $n+1$ 次。因此，$ASL_2 = n + 1$。

顺序查找是一种最简单、直观的查找方法，对查找表中各记录的组织方式无特殊要求。然而，在各类实际应用中，查找表中的记录往往是依据关键字的某种顺序进行组织的。例如，在英文字典中，各单词是以英文字母的顺序排列的；在学生登记表中，各位学生的信息是以学号顺序排列的。这类依据关键字的某种顺序排列的查找表被称为**有序表**。而对有序表的查询，可以通过折半查找的方法进行。

8.2.2 折半查找

折半查找要求线性表是有序的，即表中记录按关键字有序（递增、递减有序皆可，本章节中以递增为例）。

折半查找的基本思想是：首先以整个查找表作为查找范围，用查找条件中给定的值 k 与查找表中间位置记录的关键字比较，若相等，则查找成功；否则，根据比较结果缩小查找范围。如果 k 的值小于关键字的值，根据查找表的有序性可知查找的数据元素只有可能在表的前半部分，即在左子表中，所以继续对左子表进行折半查找；若 k 的值大于中间结点的关键字值，则可以判定查找的数据元素只有可能在表的后半部分，即在右子表中，所以应该继续对右子表进行折半查找。每进行一次折半查找，要么查找成功，结束查找，要么将查找范围缩小一半，如此重复，直到查找成功或查找失败（查找范围缩小为空）为止。

1. 折半查找过程示例

假设待查有序（升序）顺序表中数据元素的关键字序列为 $(8,18,27,42,47,50,56,68,95,120)$，用折半查找方法查找关键字值为 27 的数据元素。

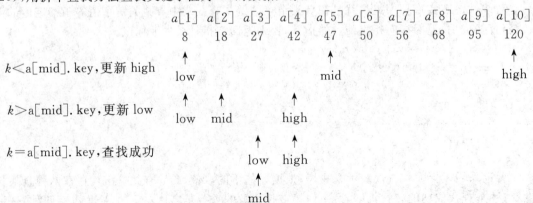

2. 算法介绍

假设查找表存放在数组 a 的 $a[1] \sim a[n]$ 中，且升序，查找关键字值为 k。

折半查找的主要步骤如下。

（1）置初始查找范围：low＝1，high＝n。

（2）求查找范围中间项：mid＝$\lfloor$(low＋high)/2$\rfloor$。

（3）将指定的关键字值 k 与中间项 $a[mid].key$ 比较：

① 若相等，查找成功，找到的数据元素为此时 mid 指向的位置；

② 若 k 小于 $a[mid].key$，查找范围的低端数据元素指针 low 不变，高端数据元素指针 high 更新为 mid－1；

③ 若 k 大于 $a[mid].key$，查找范围的高端数据元素指针 high 不变，低端数据元素指针 low 更新为 mid＋1；

（4）重复步骤（2）、（3）直到查找成功或查找范围空（low＞high），即查找失败为止。

（5）如果查找成功，返回找到元素的存放位置，即当前的中间项位置指针 mid；否则返回查找失败标志。

折半查找的算法如下：

```
int bin_search (SqList a,ElemType k)
{
    low = 1;   high = n;                        //置初始查找范围的低、高端指针
    while (low< = high)
    {   mid = (low + high)/2;                   //计算中间项位置
        if (k = = a[mid].key)  break;           //找到,结束循环
          else  if (k< a[mid].key)  high = mid - 1;   //给定值 k 小
                 else   low = mid + 1;          //给定值 k 大
    }
    if (low< = high)  return mid ;              //查找成功
      else return 0 ;                           //查找失败
}
```

折半查找的过程可以用二叉树来表示。把当前查找区间中位置上的记录作为树根，左子表和右子表中的记录分别为根的左子树和右子树，由此得到的二叉树称为**描述折半查找的判定树**。例如，对于序列$\{4,9,11,14,15,19,23,27,31\}$可以作出一棵判定树，如图 8-1 所示，图中叶子结点（方框所示）代表查找不成功的位置。由图 8-1 可知，折半查找的比较次数即为从根结点到待查找元素所经过的结点数，其比较次数最多的情况即为一直走到叶子结点的情况。因此，算法的时间复杂度可以用树的高度来表示，推广到一般情况，对于有 n 个记录的查找表，进行折半查找的时间复杂度为 $O(\log_2 n)$。折半查找的平均查找长度近似为 $\log_2(n-1)-1$。

例 8-1 画出含有 13 个关键字的有序表进行折半查找的判定树，并分别求其在等概率查找表中的元素时，查找成功和不成功的平均查找长度 ASL_1、ASL_2（在查找不成功时对空位置处进行的比较不计算在总的比较次数内）。

假设 13 个元素的有序表如表 8-1 所示。

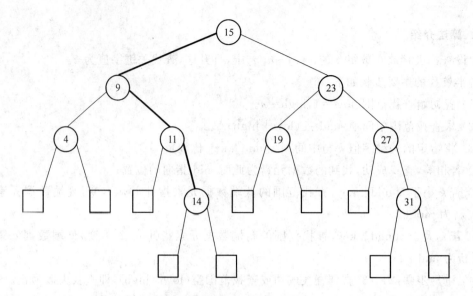

图 8-1　折半查找判定树（粗线为查找 14 所走的路径）

表 8-1　13 个元素的有序表

下标	0	1	2	3	4	5	6	7	8	9	10	11	12
关键字	K1	K2	K3	K4	K5	K6	K7	K8	K9	K10	K11	K12	K13

根据表 8-1 建立判定树 T1 的过程如下。

（1）确定 T1 中各结点在表中的下标范围为 0～12。

（2）由 $\lfloor(0+12)/2\rfloor=6$ 可知，T1 根结点为 K7。T1 左子树 T2 下标范围为 0～5，右子树 T3 下标范围为 7～12。

（3）由 $\lfloor(0+5)/2\rfloor=2$ 可知，T2 根结点为 K3。T2 左子树 T4 下标范围为 0～1，右子树 T5 下标范围为 3～5。

（4）由 $\lfloor(7+12)/2\rfloor=9$ 可知，T3 根结点为 K10。T3 左子树 T6 下标范围为 7～8，右子树 T7 下标范围为 10～12。

（5）由 $\lfloor(0+1)/2\rfloor=0$ 可知，T4 的根结点为 K1。T4 左子树空，右子树只有一个结点 K2，T4 处理结束。

（6）由 $\lfloor(3+5)/2\rfloor=4$ 可知，T5 根结点为 K5。T5 左子树只有一个结点 K4，右子树也只有一个结点 K6，T5 处理结束。

（7）由 $\lfloor(7+8)/2\rfloor=7$ 可知，T6 根结点为 K8。T6 的左子树为空，右子树只有一个结点 K9，T6 处理结束。

（8）由 $\lfloor(10+12)/2\rfloor=11$ 可知，T7 根结点为 K12。T7 左子树只有一个结点 K11，右子树也只有一个结点 K13，T7 处理结束。

由（1）～（8）可绘制出图 8-2 所示的判定树，图中方框为空指针，代表查找不成功的位置。

查找成功情况下，每个结点的比较次数如表 8-2 所示。

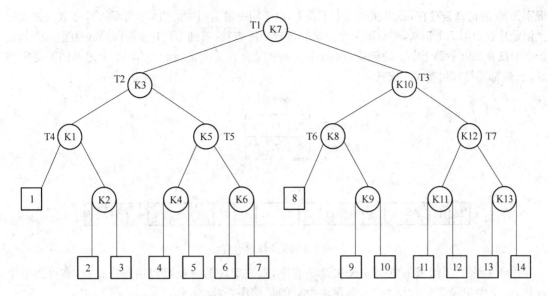

图 8-2　折半查找判定树

表 8-2　每个结点的比较次数

关键字	K1	K2	K3	K4	K5	K6	K7	K8	K9	K10	K11	K12	K13
比较次数	3	4	2	4	3	4	1	3	4	2	4	3	4

由此可知 $ASL_1 = (3+4+2+4+3+4+1+3+4+2+4+3+4)/13 = 41/13$。

查找不成功时,即各空指针处的比较次数如表 8-3 所示。

表 8-3　空指针处的比较次数

查找失败的位置	1	2	3	4	5	6	7	8	9	10	11	12	13	14
比较次数	3	4	4	4	4	4	4	3	4	4	4	4	4	4

由此可知 $ASL_2 = (3+4+4+4+4+4+4+3+4+4+4+4+4+4)/14 = 27/7$。

由例 8-1 可知,对于一个有序表所建立的折半查找判定树的树形与原始序列的关键字值无关,只与原始序列中关键字的个数有关,即关键字个数相同的有序表可以产生同形的判定树。

8.2.3　分块查找

分块查找又称为索引顺序查找,这是顺序查找的一种改进方法。在此查找方法中,除表本身以外,还需建立一个"索引表"。例如,图 8-3 所示为一个表及其索引表,表中含有 18 个记录,可分成 3 个子表$(R_1,R_2,\cdots,R_6)$,$(R_7,R_8,\cdots,R_{12})$,$(R_{13},R_{14},\cdots,R_{18})$,对每个子表(或称块)建立一个索引项,其中包括两项内容:关键字项(其值为该子表内的最大关键字)和指针项(指示该子表的第一个记录在表中的位置)。索引表按关键字有序,则表或者有序或者分块有序。所谓"分块有序"指的是第二个子表中所有记录的关键字均大于第一个子表中的最大关键字,第三个子表中的所有关键字均大于第二个子表中的最大关键字……依此类推。

因此,分块查找过程需分两步进行。先确定待查记录所在的块(子表),然后在块中顺序查找。假设给定值 key=38,则先将 key 依次和索引表中各最大关键字进行比较,因为 22<key<48,则关

193

键字为 38 的记录若存在，必定在第二个子表中，由于同一索引项中的指针所示第二个子表中的第一个记录是表中第 7 个记录，则自第 7 个记录起进行顺序查找，直到 ST[10]. key=key 为止。假如此子表中没有关键字等于 key 的记录(例如：key=29 时自第 7 个记录起至第 12 个记录的关键字和 key 比较都不等)，则查找不成功。

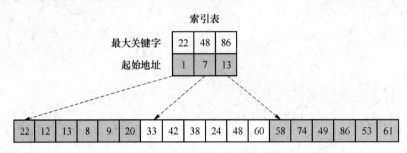

图 8-3　表及其索引表

由于由索引项组成的索引表按关键字有序，则确定块的查找可以用顺序查找，亦可用折半查找，而块中记录是任意排列的，则在块中只能是顺序查找。

由此，分块查找的算法即为这两种查找算法的简单合成。

分块查找的平均查找长度为

$$\text{ASL}_{\text{bs}}=L_{\text{b}}+L_{\text{w}}$$

其中，L_{b} 为查找索引表确定所在块的平均查找长度，L_{w} 为在块中查找元素的平均查找长度。

一般情况下，为进行分块查找，可以将长度为 n 的表均匀地分成 b 块，每块含有 s 个记录，即 $b=\lceil n/s \rceil$；又假定表中每个记录的查找概率相等，则每块查找的概率为 $1/b$，块中每个记录的查找概率为 $1/s$。

若用顺序查找确定所在块，则分块查找的平均查找长度为

$$\text{ASL}_{\text{bs}}=L_{\text{b}}+L_{\text{w}}=\frac{1}{b}\sum_{j=1}^{b}j+\frac{1}{s}\sum_{i=1}^{s}i=\frac{b+1}{2}+\frac{s+1}{2}$$

$$=\frac{1}{2}\left(\frac{n}{s}+s\right)+1$$

可见，此时的平均查找长度不仅和表长 n 有关，而且和每一块中的记录个数 s 有关。在给定 n 的前提下，s 是可以选择的。容易证明，当 s 取 $\sqrt{n}$ 时，ASL_{bs} 取最小值 $\sqrt{n}+1$。这个值比顺序查找有了很大改进，但远不及折半查找。

若用折半查找确定所在块，则分块查找的平均查找长度为

$$\text{ASL}_{\text{bs}}\approx\log_2\left(\frac{n}{s}+1\right)+\frac{s}{2}$$

8.2.4　静态查找算法的 C 语言实现

1. 顺序查找算法的 C 语言实现

```
# include <stdio.h>
# define MAXL 100                    //定义表中最多记录个数
typedef int KeyType;
typedef char InfoType[10];
typedef struct
{
    KeyType key;                      //KeyType 为关键字的数据类型
```

194

```
        InfoType data;                    //其他数据
} NodeType;
typedef NodeType SeqList[MAXL];           //顺序表类型
int SeqSearch(SeqList R,int n,KeyType k)  //顺序查找算法

{
    int i = 0;
    while (i<n && R[i].key! = k)
    {
        printf(" % d ",R[i].key);
        i ++ ;                            //从表头往后找
    }
    if (i> = n)
        return - 1;
    else
    {
        printf(" % d",R[i].key);
        return i;
    }
}
void main()
{
    SeqList R;
    int n = 10,i;
    KeyType k = 5;
    int a[] = {3,6,2,10,1,8,5,7,4,9};
    for (i = 0;i<n;i ++ )                 //建立顺序表
        R[i].key = a[i];
    printf("关键字序列:");
    for (i = 0;i<n;i ++ )
        printf(" % d ",R[i].key);
    printf("\n");
    printf("查找 % d 所比较的关键字:\n\t",k);
    if ((i = SeqSearch(R,n,k))! = - 1)
        printf("\n 元素 % d 的位置是 % d\n",k,i);
    else
        printf("\n 元素 % d 不在表中\n",k);
    printf("\n");
}
```

2. 折半查找算法的 C 语言实现

```
# include <stdio. h>
# define MAXL 100                          //定义表中最多记录个数
typedef int KeyType;
typedef char InfoType[10];
typedef struct
{
    KeyType key;                           //KeyType 为关键字的数据类型
    InfoType data;                         //其他数据
} NodeType;
typedef NodeType SeqList[MAXL];            //顺序表类型
int BinSearch(SeqList R,int n,KeyType k)   //折半查找算法
{
```

```c
    int low = 0,high = n-1,mid,count = 0;
    while (low< = high)
    {
        mid = (low + high)/2;
        printf("   第%d次比较:在[%d,%d]中比较元素
R[%d]:%d\n",++count,low,high,mid,R[mid].key);
            if (R[mid].key = = k)              //查找成功返回
            return mid;
        if (R[mid].key>k)                      //继续在R[low..mid-1]中查找
            high = mid-1;
        else
            low = mid+1;                       //继续在R[mid+1..high]中查找
    }
    return-1;
}
void main()
{
    SeqList R;
    KeyType k = 9;
    int a[] = {1,2,3,4,5,6,7,8,9,10},i,n = 10;
    for (i = 0;i<n;i++)                        //建立顺序表
        R[i].key = a[i];
    printf("关键字序列:");
    for (i = 0;i<n;i++)
        printf("%d ",R[i].key);
    printf("\n");
    printf("查找%d的比较过程如下:\n",k);
    if ((i = BinSearch(R,n,k))! = -1)
        printf("元素%d的位置是%d\n",k,i);
    else
        printf("元素%d不在表中\n",k);
}
```

3. 分块查找算法的 C 语言实现

```c
# include <stdio.h>
# define MAXL 100                  //定义表中最多记录个数
# define MAXI 20                    //定义索引表的最大长度
typedef int KeyType;
typedef char InfoType[10];
typedef struct
{
    KeyType key;                    //KeyType 为关键字的数据类型
    InfoType data;                  //其他数据
} NodeType;
typedef NodeType SeqList[MAXL];     //顺序表类型
typedef struct
{
    KeyType key;                    //KeyType 为关键字的类型
    int link;                       //指向分块的起始下标
} IdxType;
typedef IdxType IDX[MAXI];          //索引表类型

int IdxSearch(IDX I,int m,SeqList R,int n,KeyType k)  //分块查找算法
```

```c
{
    int low = 0,high = m - 1,mid,i,count1 = 0,count2 = 0;
    int b = n/m;                        //b 为每块的记录个数
    printf("二分查找\n");
    while (low< = high)                 //在索引表中进行二分查找,找到的位置存放在 low 中
    {
        mid = (low + high)/2;
        printf("  第 %d 次比较:在[%d,%d]中比较元素
R[%d]:%d\n",count1 + 1,low,high,mid,R[mid].key);
        if (I[mid].key> = k)
            high = mid - 1;
        else
            low = mid + 1;
        count1 ++ ;                     //累计在索引表中的比较次数
    }
    if (low<m)                          //在索引表中查找成功后,再在线性表中进行顺序查找
    {
        printf("比较 %d 次,在第 %d 块中查找元素 %d\n",count1,low,k);
        i = I[low].link;
        printf("顺序查找:\n    ");
        while (i< = I[low].link + b - 1 && R[i].key! = k)
        {
            i ++ ;count2 ++ ;
            printf("%d ",R[i].key);
        }//count2 累计在顺序表对应块中的比较次数
        printf("\n");
        printf("比较 %d 次,在顺序表中查找元素 %d\n",count2,k);
        if (i< = I[low].link + b - 1)
            return i;
        else
            return - 1;
    }
    return - 1;
}
void main()
{
    SeqList R;
    KeyType k = 46;
    IDX I;
    int a[] = {8,14,6,9,10,22,34,18,19,31,40,38,54,66,46,71,78,68,80,85,100,94,88,96,87},i;
    for (i = 0;i<25;i ++ )              //建立顺序表
        R[i].key = a[i];
    I[0].key = 14;I[0].link = 0;
    I[1].key = 34;I[1].link = 4;
    I[2].key = 66;I[2].link = 10;
    I[3].key = 85;I[3].link = 15;
    I[4].key = 100;I[4].link = 20;
    if ((i = IdxSearch(I,5,R,25,k))! = - 1)
        printf("元素 %d 的位置是 %d\n",k,i);
    else
        printf("元素 %d 不在表中\n",k);
    printf("\n");
}
```

8.3 动态查找表

8.3.1 二叉排序树

1. 二叉排序树的定义

二叉排序树(**binary sort tree**)或者是一棵空树,或者是具有下列性质的二叉排序树:(1)若它的左子树不空,则左子树上所有结点的值均小于它的根结点的值;(2)若它的右子树不空,则右子树上所有结点的值均大于它的根结点的值;(3)它的左、右子树也分别为二叉排序树。

例如图 8-4 所示为一棵二叉排序树。

2. 二叉排序树的操作

(1)二叉排序树的查找

从二叉排序树的结构定义中可看到,一棵非空二叉排序树中根结点的关键字值大于其左子树上所有结点的关键字值,而小于其右子树上所有结点的关键字值,所以在二叉排序树中查找一个关键字值为 k 的结点的基本思想是:用给定值 k 与根结点关键字值比较,如果 k 小于根结点的值,则要找的结点只可能在左子

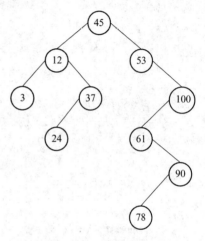

图 8-4 二叉排序树

树中,所以继续在左子树中查找,否则将继续在右子树中查找。依此方法查找下去,直至查找成功或查找失败为止。二叉排序树查找的过程描述如下:

① 若二叉树为空树,则查找失败;

② 将给定值 k 与根结点的关键字值比较,若相等,则查找成功;

③ 若根结点的关键字值小于给定值 k,则在左子树中继续查找;否则,在右子树中继续查找。

假定二叉排序树的链式存储结构的类型定义如下:

```
typedef struct node {
    keytype key;
    anytype otheritem;
    struct node * lchild;
    struct node * rchild;
}Bin_Sort_Tree_Node, * Bin_Sort_Tree;
```

二叉排序树查找过程的描述是一个递归过程,若用链式存储结构存储,其查找操作的递归算法如下所示:

```
Bin_Sort_Tree_Node * bt_search(Bin_Sort_Tree bt ,keytype k)
{   //在根指针为 bt 的二叉排序树上查找一个关键字值为 k 的结点
    //若查找成功返回指向该结点的指针,否则返回空指针
    if((bt == NULL) || (bt - >key == k ))return bt;
        else if (k< bt - >key) return bt_search(bt->lchild ,k);  //在左子树中搜索
```

```
        else   return bt_search(bt->rchild,k);          //在右子树中搜索
}
```

（2）二叉排序树的插入

在一棵二叉排序树中插入一个结点可以用一个递归的过程实现,即若二叉排序树为空,则新结点作为二叉排序树的根结点;否则,若给定结点的关键字值小于根结点关键字值,则插入在左子树上;若给定结点的关键字值大于根结点的值,则插入在右子树上。

下面是二叉排序树插入操作的递归算法。

```
void bt_insert(Bin_Sort_Tree * bt ,Bin_Sort_Tree_Node * pn)
{ //在以 bt 为根的二叉排序树上插入一个由指针 pn 指向的新的结点
    if( * bt == NULL)  * bt = pn ;
    else  if( * bt->key>pn->key )  bt_insert( &( * bt->lchild) ,pn);
          else  if( * bt->key<pn->key )  bt_insert1(&( * bt->rchild) ,pn) ;
}
```

利用二叉排序树的插入算法,可以很容易地实现创建二叉排序树的操作,其基本思想为:由一棵空二叉树开始,经过一系列的查找插入操作生成一棵二叉排序树。

例如,设待查找的关键字的序列为{45,24,53,45,12,90},则生成二叉排序树的过程如图 8-5 所示。

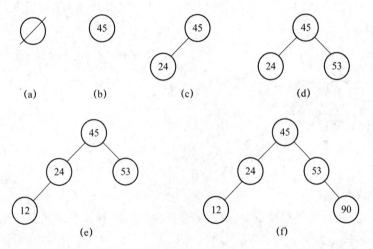

图 8-5 二叉排序树的生成过程

创建二叉排序树的算法如下:

```
Bin_Sort_Tree_Node * bt_bulid (Bin_Sort_Tree a ,int n)
{  //在数组 a 的 a[1]～a[n]单元中存放着将要构成二叉排序树的 n 个结点内容
    bt = NULL ;
    for(i = 1; i <= n;i++)
    {
        p = (Bin_Sort_Tree_Node * )malloc (sizeof (Bin_Sort_Tree_Node));
        p->key = a[i].key;
        p->otheritem = a[i].otheritem;
        p->lchild = NULL;
        p->rchild = NULL; //创建结点
        bt_insert( &bt ,p); //插入
    }
    return(bt) ;
}
```

容易看出，中序遍历二叉排序树可得到一个关键字的有序序列。这就是说，一个无序序列可以通过构造一棵二叉排序树而变成一个有序序列，构造树的过程即为对无序序列进行排序的过程。

（3）二叉排序树的删除

下面分四种情况讨论，确保从二叉树中删除结点后，不会影响二叉排序树的性质。

① 若要删除的结点为叶子结点，可以直接进行删除。

② 若要删除结点有右子树，但无左子树，可用其右子树的根结点取代要删除结点。

③ 若要删除结点有左子树，但无右子树，可用其左子树的根结点取代要删除结点（与情况②类似）。

④ 若要删除结点的左右子树均非空，则首先找到要删除结点的右子树中关键字值最小的结点（即右子树中最左结点），将该结点从右子树中删除，并用它取代要删除的结点。

特别说明，结点个数和取值均相同的表构成的二叉排序树树形可能不相同。其树形由结点的输入顺序决定。如下例：如果查询序列为{45,24,53,12,37,90}，则对应的二叉排序树 T1 如图 8-6 所示。

此时，平均查找长度为：ASL ＝(1＋2×2＋3×3)/6＝14/6。

如果查询序列为{12,24,37,45,53,90}，则对应的二叉排序树 T2 如图 8-7 所示。

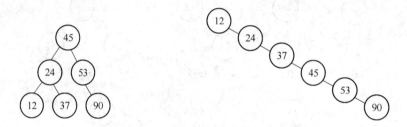

图 8-6   二叉排序树 T1   图 8-7   二叉排序树 T2

此时，平均查找长度为：ASL ＝(1＋2＋3＋4＋5＋6)/6＝21/6。

为了使平均查找长度尽可能得小，我们需要在构造二叉排序树的过程中进行"平衡化"处理，成为平衡二叉树。

8.3.2   平衡二叉树

平衡二叉树(balanced binary tree)又称为 AVL 树。它或者是一棵空树，或者是具有下列性质的二叉树：它的左子树和右子树都是平衡二叉树，且左子树和右子树的深度之差的绝对值不超过 1。若将二叉树上结点的平衡因子(blance factor, BF)定义为该结点的左子树的深度减去右子树的深度，则平衡二叉树上所有结点的平衡因子只可能是－1、0 和 1。只要二叉树上有一个结点的平衡因子的绝对值大于 1，则该二叉树就是不平衡的。

建立平衡二叉树的过程和建立二叉排序树的过程基本一样，都是将关键字逐个插入空树中的过程。所不同的是，在建立平衡二叉树的过程中，每插入一个新的关键字都要进行检查，看是否新关键字的插入会使得原平衡二叉树失去平衡，即树中出现平衡因子绝对值大于 1 的结点。如果失去平衡则需要进行平衡调整。

假定向平衡二叉树中插入一个新结点破坏了平衡二叉树的平衡性，首先要找出插入新结点后失去平衡的最小子树，然后再调整这个子树，使之成为平衡子树。所谓失去平衡的最小子树是以距离插入结点最近,且平衡因子绝对值大于 1 的结点作为根的子树。平衡调整有 4 种情况,分别为 LL 型、RR 型、LR 型和 RL 型,如图 8-8 所示。

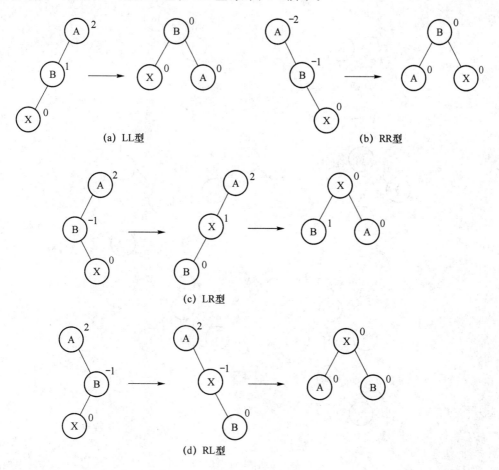

图 8-8　平衡调整的 4 种情况

例 8-2　以关键字序列{16,3,7,11,9,26,18,14,15}构造一棵 AVL(平衡二叉树)树,构造完成后依次删除结点 16、15、11。给出详细操作过程,题目中在结点上方标出平衡因子,用虚线框出需要进行平衡调整的 3 个结点。

解:(1) 建立平衡二叉树

① 插入 16。此时树空,可直接插入,如图 8-9(a)所示。

② 插入结点 3。3 比 16 小,从根结点向左走找到插入位置后,没有发生不平衡现象,如图 8-9(b)所示。

③ 插入结点 7。按照二叉排序树查找方法找到插入位置后插入,如图 8-9(c)中左图所示。插入 7 后出现不平衡现象,此时失去平衡的最小子树根结点为 16,进行平衡调整,将 7 作为根结点,3 和 16 分别为其左、右孩子结点,这样仍能保持根大于左小于右的特性,这里进行的是 LR 调整。LR 调整结果如图 8-9(c)中右图所示。

④ 插入结点 11。没有发生不平衡现象,如图 8-9(d)所示。

⑤ 插入结点 9,如图 8-9(e)中左图所示。插入 9 后出现了不平衡现象,此时失去平衡的最小子树根结点为 16。由图中虚线框内的结点可以看出,将 11 作为根结点,9 和 16 分别作为其左、右孩子结点同样满足根大于左小于右的特性,这里进行的是 LL 调整。LL 调整结果如

图 8-9(e)右图所示。

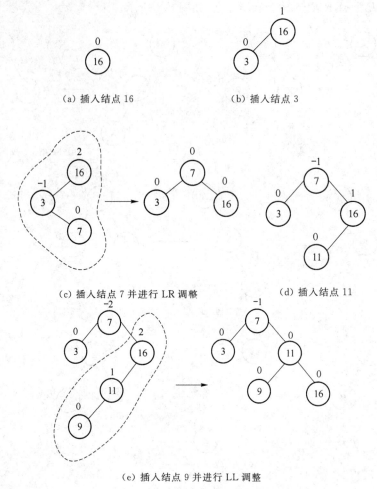

（a）插入结点 16   （b）插入结点 3

（c）插入结点 7 并进行 LR 调整   （d）插入结点 11

（e）插入结点 9 并进行 LL 调整

图 8-9　例 8-2 图一

⑥ 插入结点 26，如图 8-10(a)中左图所示。插入 26 后出现了不平衡现象，此时失去平衡的最小子树根结点为 7。由图中虚线框内结点可以看出，将 11 作为根界顶尖，7 和 16 分别作为其左、右孩子结点同样满足根大于左小于右的特点，这里进行的是 RR 调整。这样处理后结点 7 的右子树变为空，可以将结点 9 连接在结点 7 的右子树上。调整后的结果如图 8-10(a)中右图所示。

⑦ 插入结点 18，如图 8-10(b)中左图所示。插入 18 后出现不平衡现象，此时失去平衡的最小子树根结点为 16。由图中虚线框内的结点可以看出，将 18 作为根结点，16 和 16 分别作为其左、右孩子结点同样满足根大于左小于右的特性，这里进行 RL 调整。RL 调整结果如图 8-10(b)中右图所示。

⑧ 插入结点 14，没有发生不平衡现象，如图 8-10(c)所示。

⑨ 插入结点 15，如图 8-10(d)中左图所示。插入 15 后出现了不平衡现象，此时失去平衡的最小子树根结点为 16。由图中虚线框内的结点可以看出，将 15 作为根结点，14 和 16 分别作为其左、右孩子结点同样满足根大于左小于右的特性，这里进行的是 LR 调整。LR 调整后结果如图 8-10(d)中右图所示。至此，平衡二叉树建立完成。

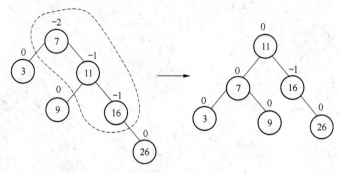

（a）插入结点 26 并进行 RR 调整

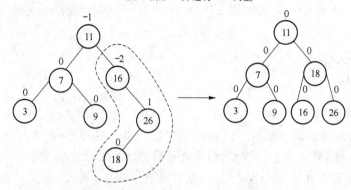

（b）插入结点 18 并进行 RL 调整

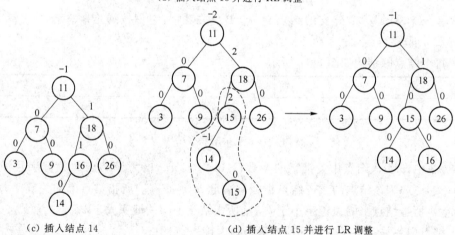

（c）插入结点 14　　　　　　（d）插入结点 15 并进行 LR 调整

图 8-10　例 8-2 用图二

（2）删除结点

① 删除 16。因结点 16 是叶子结点,应按照删除操作的第一种情况来处理:直接删除,结果如图 8-11(a)所示。

② 删除结点 15。结点 15 含有一棵左子树,因此应该按照删除操作的第三种情况来处理:删除结点 15,将结点 15 的子树根连接在 15 与其双亲结点相连的指针上,结果如图 8-11(b)所示。

③ 删除结点 11。结点 11 含有两棵子树,因此应按照删除操作的第四种情况来处理:沿着结点 11 的左子树根一直往右走,最终来到结点 9,因结点 9 是叶子结点,这样就转化成了删除操作的第一种情况,将结点 9 直接删除。然后将关键字 11 用关键字 9 来代替,结果如图 8-11(c)所示。

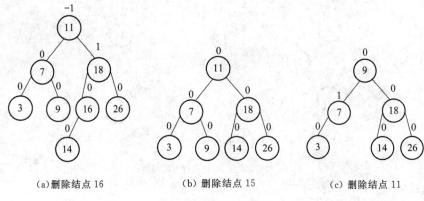

(a)删除结点 16   (b)删除结点 15   (c)删除结点 11

图 8-11　例 8-2 用图三

8.3.3　B—树

1. B—树的基本概念

B—树中所有结点的孩子结点个数的最大值称为 B—树的阶,通常用 m 表示,一般要求 $m \geqslant 3$。一棵 m 阶 B—树或者是一棵空树,或者是满足以下要求的 m 叉树:

(1) 每个结点最多有 m 个分支(子树);根结点至少有两个分支,非根结点至少有 $\lceil m/2 \rceil$ 个分支。

(2) 有 $n(k \leqslant n \leqslant m)$ 个分支的结点有 $n-1$ 个关键字,它们按递增顺序排列。$k = 2$(根结点)或 $\lceil m/2 \rceil$(非根结点)。

(3) 每个结点的结构如图 8-12 所示。

n	k_1	k_2	$\cdots$	k_n
p_0	p_1	p_2	$\cdots$	p_n

图 8-12　每个结点的结构

图 8-12 中,n 为该结点中关键字的个数;$k_i(1 \leqslant i \leqslant n-1)$ 为该结点的关键字且满足 $k_i \leqslant k_{i+1}$;$p_i(0 \leqslant i \leqslant n)$ 为该结点的孩子结点指针且满足 $p_i(0 < i < n)$ 所指结点上的关键字大于 k_i 且小于 k_{i+1};p_0 所指结点上的关键字小于 k_1,p_n 所指结点上的关键字大于 k_n。

(4) 结点内各关键字互不相等且按从小到大排列。

(5) 各个底层结点是叶结点,它们处于同一层;叶结点下面是失败结点(可以用空指针表示),是查找失败到达的位置。

B—树结构的 C 语言描述如下:

```
#define  m  3                    // B—树的阶,暂设为 3
typedef struct BTNode {
    int  keynum;                 //结点中关键字个数,即结点的大小
    struct BTNode  * parent;     //指向双亲结点的指针
    KeyType    key[m+1];         //关键字(0 号单元不用)
    struct BTNode  * ptr[m+1];   //子树指针向量
    Record       * recptr[m+1];  //记录指针向量
} BTNode, * BTree;               // B—树结点和 B—树的类型
```

2. B—树的基本操作

（1）查找

B—树的查找较为简单，是二叉排序树的扩展，二叉排序树是二路查询，B—树是多路查询。因为B—树结点内的关键字是有序的，在结点内进行查找时既可以使用顺序查找也可以使用折半查找。B—树的具体查找步骤如下（key为要查找的关键字）。

① 先让key与根结点中的关键字比较，如果key大于等于$k[i]$（$k[]$为结点内的关键字数组），则查找成功。

② 若$key<k[1]$，则到$p[0]$所指示的子树中进行继续查找（$p[]$为结点内的指针数组）。

③ 若$key>k[n]$，则到$p[n]$所示的子树中进行继续查找。

④ 若$k[i]<key<k[i+1]$，则沿着指针$p[i]$所指示的子树继续查找。

⑤ 如果最后遇到空指针，则证明查找不成功。

假设查找结果的是如下结构的记录：

```
typedef struct {
  BTNode  * pt;                    //指向找到的结点
  int   i;                         // 1..m,在结点中的关键字序号
  int   tag;                       // 1:查找成功,0:查找失败
} Result;                          //在 B- 树的查找结果类型
```

则下列算法简要地描述了B—树的查找操作：

```
Result SearchBTree(BTree T,KeyType K) {
  //在 m 阶 B- 树 T 上查找关键字 K,返回结果(pt,i,tag)。若查找成功,则特征
  //值 tag = 1,指针 pt 所指结点中第 i 个关键字等于 K;否则特征值 tag = 0,等
  //于 K 的关键字应插入在指针 pt 所指结点中第 i 和第 i+1 个关键字之间
    p = T;   q = NULL;   found = FALSE;   i = 0;
  //初始化,p指向待查结点,q指向p的双亲
  while (p && ! found) {
    i = Search(p,K);
    //在 p->key[1..keynum]中查找 i,使得 p->key[i]< = K<p->key[i+1]
    if (i>0 && p->key[i] == K)  found = TRUE;    //找到待查关键字
    else { q = p;   p = p->ptr[i]; }
  }
  if (found)  return (p,i,1);  //查找成功
  else return (q,i,0);   //查找不成功,返回 K 的插入位置信息
}
```

（2）插入操作

按照B—树的查找方法找到插入位置（插入位置一定出现在叶结点上），然后直接插入。插入后检查被插入结点内关键字的个数，如果关键字个数大于$m-1$，则需要进行拆分。进行拆分时，结点内的关键字若已经有m个，此时取出第$\lceil m/2 \rceil$个关键字，并将第$1\sim\lceil m/2 \rceil-1$个关键字和第$\lceil m/2 \rceil+1\sim m$个关键字作成两个结点连接在第$\lceil m/2 \rceil$个关键字左右的指针上，并将第$\lceil m/2 \rceil$个关键字插入其父结点相应的位置中；如果在其父结点内又出现了关键字个数超出规定范围的情况，则继续进行拆分操作。也就是说，插入操作只会使得B—树逐渐变高而不会改变叶子结点在同一层的特性。

（3）删除操作

如果删除的关键字在叶子结点上，有以下 3 种情况。

① 结点内的关键字个数大于 $\lceil m/2 \rceil - 1$，这时可以直接删除。

② 结点内的关键字个数等于 $\lceil m/2 \rceil - 1$，并且其左、右兄弟结点中存在关键字个数大于 $\lceil m/2 \rceil - 1$ 的结点，则从关键字个数大于 $\lceil m/2 \rceil - 1$ 的兄弟结点中借关键字。

③ 结点内的关键字个数等于 $\lceil m/2 \rceil - 1$，并且其左右兄弟结点中不存在关键字个数大于 $\lceil m/2 \rceil - 1$ 的结点，这时需要进行结点的合并。

如果删除的关键字不在叶子结点上，就需要首先将其转化成在叶子结点上，然后按上面所述方法进行处理。

这里引入一个相邻关键字的概念，对于不在叶子结点上的关键字 a，它的相邻关键字为其左子树中最大的关键字或者其右子树中最小的关键字。找 a 的相邻关键字的方法为，沿着 a 的左指针来到其子树根结点，然后沿着根结点中最右端关键字的右指针往下走，用同样的方法一直走到叶结点上，叶结点上的最右端关键字即为 a 的相邻关键字（这里找到的是 a 左边的相邻关键字，找其右边的相邻关键字的方法类似）。这与二叉排序树中找一个关键字的前驱和后继的方法是类似的。要删除关键字 a，可以用其相邻关键字来取代 a，然后按照上面所述方法删除叶结点上的相邻关键字即可。

例 8-3　设有一棵空的 3 阶 B—树，依次插入关键字 30，20，10，40，80，58，47，50，29，22，56，98，99，请画出该树。

解：该树如图 8-13 所示。

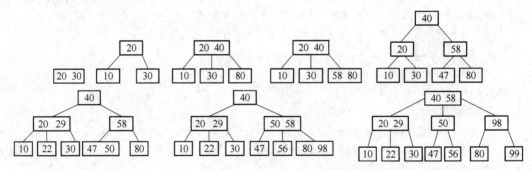

图 8-13　例 8-3 用图

例 8-4　对图 8-14 所示的 3 阶 B—树依次执行下列操作，画出各步操作的结果。

（1）插入 90；（2）插入 25；（3）插入 45；（4）删除 60；（5）删除 80。

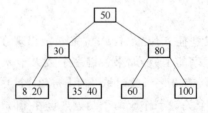

图 8-14　例 8-4 用图一

解：结果如图 8-15 所示。

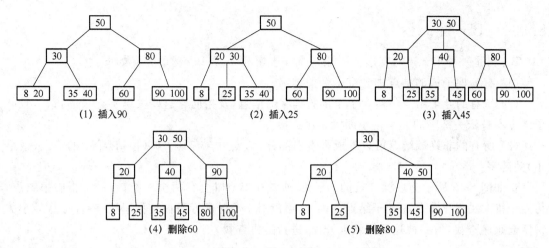

(1) 插入90   (2) 插入25   (3) 插入45

(4) 删除60   (5) 删除80

图 8-15   例 8-4 用图二

例 8-5   已知两棵 B-树如图 8-16 所示。

(1) 对树(a),请分别画出先后插入 26、85 两个新结点后的树形。

(2) 对树(b),请分别画出先后删除 53、37 两个结点后的树形。

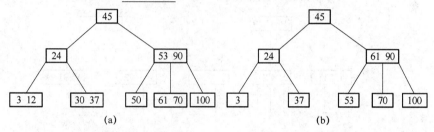

(a)   (b)

图 8-16   例 8-5 用图一

解:(1) 树形如图 8-17 所示。

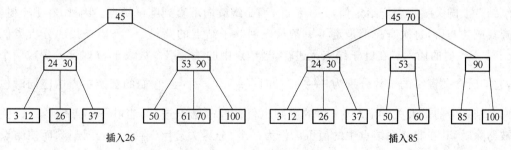

插入26   插入85

图 8-17   例 8-5 用图二

(2) 树形如图 8-18 所示。

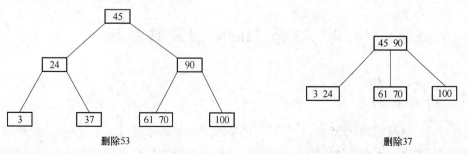

删除53   删除37

图 8-18   例 8-5 用图三

207

8.3.4　B＋树

B＋树是一种B—树的变形。一棵 m 阶 B＋树和 m 阶 B—树的差异如下。

（1）有 n 棵子树的结点中含有 n 个关键字。

（2）所有的叶子结点中包含了全部关键字的信息，及指向含这些关键字记录的指针，且叶子结点本身依关键字的大小自小而大顺序连接。

（3）所有的非终端结点可以看成是索引部分，结点中含有其子树（根结点）中的最大（或最小）关键字。

例如图 8-19 所示为一棵 3 阶的 B＋树，通常在 B＋树上有两个头指针，一个指向根结点，另一个指向关键字最小的叶子结点。因此，可以对 B＋树进行两种查找运算：一种是从最小关键字起顺序查找，另一种是从根结点开始，进行随机查找。

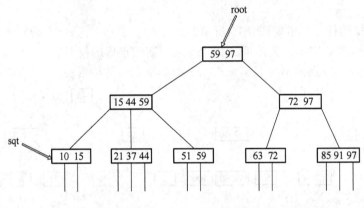

图 8-19　一棵 3 阶 B＋树

在 B＋树上进行随机查找、插入和删除的过程基本上与 B—树类似。只是在查找时，若非终端结点上的关键字等于给定值，并不终止，而是继续向下直到叶子结点。因此，在 B＋树，不管查找成功与否，每次查找都是走了一条从根到叶子结点的路径。B＋树查找的分析类似于B—树。B＋树的插入尽在叶子结点上进行，当结点中的关键字个数大于 m 时要分裂成两个结点，它们所含关键字的个数分别为 $\left\lceil \dfrac{m+1}{2} \right\rceil$ 和 $\left\lceil \dfrac{m+1}{2} \right\rceil$。并且，它们的双亲结点中应同时包含这两个结点中的最大关键字。B＋树的删除也仅在叶子结点进行，当叶子结点中的最大关键字被删除时，其在非终端结点中的值可以作为一个"分界关键字"存在。若因删除而使结点中关键字的个数少于 $\left\lceil \dfrac{m}{2} \right\rceil$ 时，其和兄弟结点的合并过程亦和 B—树类似。

8.4　哈希（Hash）表及其查找

8.4.1　哈希表的定义

前面讨论的各种结构（线性表、树等）中，记录在结构中的相对位置是随机的，记录的关键字和结构中的位置之间不存在确定的关系，因此，在结构中查找某个记录时需进行一系列的比较。

这一类查找方法建立在"比较"的基础上。顺序查找是通过比较的结果为"＝＝"或者"！＝"实现查找的；折半查找、二叉排序树查找和 B—树查找是通过比较的结果"＞""＜"或"＝＝"实现查找的。查找的效率依赖于查找过程的"比较次数"。理想的情况是希望不经过任何比较，一次存取便能得到所查记录，那就必须在记录的存储位置和它的关键字之间建立一个确定的映射关系 f，使每个关键字和结构中唯一的存储位置对应。因而在查找时，只要根据这个映射 f 找到给定值 K 的像 $f(K)$。若结构中存在关键字和 K 相等的记录，则必定存储在位置 $f(K)$ 上，由此不需要进行比较便可直接取得所查记录。在此，我们称这个映射 f 为哈希函数，按这个思想建立的表为哈希表。

8.4.2 哈希函数的构造方法

目前，构造哈希函数的方法有很多种，主要有以下几种。

（1）直接定址法：取关键字或者关键字的某个线性函数为哈希地址。即 $H(\text{key})=\text{key}$ 或者 $H(\text{key})=a \cdot \text{key}+b$，其中 a、b 为常数。

（2）数字分析法：假设关键字是 r 进制数，并且哈希表中可能出现的关键字都是事先知道的，则可选取关键字的若干数位组成哈希地址。选取的原则是使得到的哈希地址尽可能避免冲突，即所选数位上的数字尽可能是随机的。

（3）平方取中法：取关键字平方后的中间几位作为哈希地址。通常在选定哈希函数的时候不一定知道关键字的全部情况，仅取其中的几位为地址不一定合适，而一个数平方后的中间几位数和数的每一位都相关，由此得到的哈希地址随机性更大，选取的位数由表长决定。

（4）折叠法：将关键字分割成位数相同的几部分（最后一部分的位数可以不同），然后取这几部分的叠加和（舍去进位）作为哈希地址。当关键字位数很多，且关键字中每一位上的数字分布大致均匀时，可以采用折叠法得到哈希地址。

（5）除留取余法：取关键字被某个不大于哈希表表长 m 的数 p 除后所得的余数为哈希地址，即

$$H(\text{key})=\text{key mod } p \qquad (p \leqslant m)$$

在本方法中，p 的选择很重要，一般 p 选择小于或者等于表长的最大素数，这样可以减少冲突。

（6）随机函数法：选择一个随机函数，取以关键字为种子的随机函数值作为哈希地址，即 $H(\text{key})=\text{random}(\text{key})$，其中 random 为随机函数。通常，当关键字长度不等时常采用此法构造哈希函数。

实际工作中需视不同的情况采用不同的哈希函数。通常考虑的因素有计算哈希函数所需时间、关键字的长度、哈希表的大小、关键字的分布情况、记录的查找频率。

例 8-6 有一线性表：$A=(18,60,43,54,90,46)$，设哈希表为 $H[m]$，$m=13$。选取哈希函数 $H(k)=k\%m$，则每个元素的散类地址为：

$H(18)=18 \% 13=5 \qquad H(60)=60 \% 13=8 \qquad H(43)=43 \% 13=4$

$H(54)=54 \% 13=2 \qquad H(90)=90 \% 13=12 \qquad H(46)=46 \% 13=7$

存储方式如表 8-4 所示。

表 8-4　例 8-6 用表

0	1	2	3	4	5	6	7	8	9	10	11	12
		54		43	18		46	60				90

8.4.3 处理冲突的方法

1. 产生冲突的原因

在构造哈希表的过程中,不同的关键字值(k 值)经过哈希函数映射后对应相同的存储地址,这就是"冲突"现象。例如:如果上例中还有一个 $k=70$,则 $H(70)=70\ \%\ 13=5$,与 $H(18)=5$ 相同,因此 70 和 18 产生冲突。我们称这种由于哈希函数值相同而产生冲突的关键字为同义词。采用设计精良的哈希函数可以尽可能地减少冲突,但是由于哈希函数往往是把大空间中的元素映射到小空间中,因此冲突几乎是不可能避免的。一旦发生冲突后,如何处理冲突,是构造哈希表的一个关键问题。

2. 处理冲突的方法

(1)开放定址法:从发生冲突的那个单元开始,按照一定的次序,在散列表中查找出一个空闲的存储单元,把发生了冲突的待插入元素存到该单元中。

该方法的特点是:散列表中的空闲单元(当前还没有保存数据的单元)不仅向同义词开放,同时还向发生冲突的非同义词开放。也就是说,下标为 d 的空闲单元中保存的是同义词的一个元素,还是其他元素,关键是看谁先占用它。当其他存储位置出现冲突时,可将其他关键字对应的记录保存到本存储位置,这就是"开放定址"的含义。

重新确定地址的方法为:
$$H_i = (H(\text{key}) + d_i)\ \%\ m \quad i = 1, 2, \cdots, k \quad (k \leqslant m-1)$$
其中,$H(\text{key})$ 为哈希函数;m 为哈希表的长度;d_i 为增量序列,可有三种取法,对应三种方法。

① 线性探测再散列:$d_i = 1, 2, 3, \cdots, m-1$(容易产生"二次聚集");

② 二次探测再散列:$d_i = 1^2, -1^2, 2^2, -2^2, 3^2, -3^2, \cdots, \pm k^2 (k \leqslant m/2)$;

③ 伪随机探测再散列:$d_i =$ 伪随机数序列。

例 8-7 向例 8-6 中构造的 H 散列表中再插入关键字值分别为 31 和 58 的两个元素。若发生冲突则使用线性探测再散列法。

解:对关键字 31 来说:$H(31) = 31\ \%\ 13 = 5$,因为 $H[5]$ 已经被占用,则 $H_1 = (5+1)\ \%\ 13 = 6$,因为 $H[6]$ 没有占用,则 31 保存在 $H[6]$ 中。

对关键字 58 来说:$H(58) = 58\ \%\ 13 = 6$,因为 $H[6]$ 已经被占用,则 $H_1 = (6+1)\ \%\ 13 = 7$,因为 $H[7]$ 被占用,继续;$H_2 = (6+2)\ \%\ 13 = 8$,因为 $H[8]$ 被占用,继续;$H_3 = (6+3)\ \%\ 13 = 9$,因为 $H[9]$ 没有占用,则 58 保存在 $H[9]$ 中。

对应的散列表如表 8-5 所示。

表 8-5 例 8-7 用表一

0	1	2	3	4	5	6	7	8	9	10	11	12
		54		43	18	31	46	60	58			90

若使用二次探测再散列法,过程如下。

对关键字 31 来说:$H(31) = 31\ \%\ 13 = 5$,因为 $H[5]$ 已经被占用,则 $H_1 = (5+1^2)\ \%\ 13 = 6$,因为 $H[6]$ 没有占用,则 31 保存在 $H[6]$ 中。

对关键字 58 来说:$H(58) = 58\ \%\ 13 = 6$,因为 $H[6]$ 已经被占用,则 $H_1 = (6+1^2)\ \%\ 13 = 7$,因为 $H[7]$ 被占用,继续;$H_2 = (6-1^2)\ \%\ 13 = 5$,因为 $H[5]$ 被占用,继续;$H_3 = (6+2^2)\ \%\ 13 =$

10,因为 $H[10]$ 未占用,则 58 保存在 $H[10]$ 中。

对应的散列表如表 8-6 所示。

表 8-6　例 8-7 用表二

0	1	2	3	4	5	6	7	8	9	10	11	12
		54		43	18	31	46	60		58		90

（2）再哈希法:

$$H_i = RH_i(\text{key}), i = 1, 2, 3, \cdots, k$$

RH_i 均是不同的哈希函数,即在同义词发生地址冲突时利用另一个哈希函数计算地址,直到冲突不再发生。这种方法不易产生"二次聚集",但增加了计算时间。

（3）链地址法:把所有的同义词用单链表连起来的方法。在该方法中,哈希表每个单元中存放的不再是记录本身,而是存放相应同义词单链表的表头指针。

例 8-8　设一组数据为 $\{1, 14, 27, 29, 55, 68, 10, 11, 23\}$,现采用的哈希函数是 $H(\text{key}) = \text{key mod } 13$,即关键字对 13 取模,冲突用链地址法解决,设哈希表的大小为 13（0..12）,试画出插入上述数据后的哈希表。

解:哈希表如图 8-20 所示。

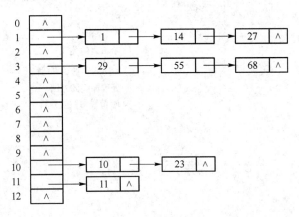

图 8-20　例 8-8 用图

（4）建立公共溢出区:假设哈希函数的值域为 $[0, m-1]$,则设向量 HashTable$[0, \cdots, m-1]$ 为基本表,每个分量存放一个记录,另设立向量 OverTable$[0, \cdots, v]$ 为溢出表。所有关键字和基本表中关键字为同义词的记录,不管它们由哈希函数得到的哈希地址是什么,一旦发生冲突,都填入溢出表。

8.4.4　哈希表的性能分析

查找成功时的平均查找长度是指找到表中已有表项的平均比较次数。而查找不成功的平均查找长度是指在表中找不到待查的表项,但找到插入位置的平均比较次数。它是在表中所有可能散列到的地址上插入新元素时,为找到空位置而进行探查的平均次数。表 8-7 中列出了用几种不同的方法解决冲突时哈希表的平均查找长度。从表 8-7 中可以看出,哈希表的平均查找长度与关键字个数 n 无关,而与关键字个数和表长度的比值 a 有关,该比值称为**填装因子**。

表 8-7　解决冲突的平均查找长度

解决冲突的方法	平均查找长度	
	查找成功时	查找不成功时
线性探测法	$[1+1/(1-a)]/2$	$[1+1/(1-a)^2]/2$
二次探测法	$-(1/a)\ln(1-a)$	$1/(1-a)$
链地址法	$1+a/2$	$a+e^a \approx a$

本 章 小 结

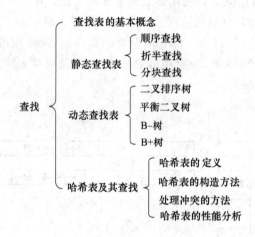

练 习 强 化

一、选择题

1. 若查找每个元素的概率相等,则在长度为 n 的顺序表上查找任一元素的平均查找长度为(　　)。

A. n 　　　　　　B. $n+1$ 　　　　　　C. $(n-1)/2$ 　　　　　　D. $(n+1)/2$

2. 对于长度为 18 的顺序存储的有序表,若采用折半查找,则查找第 15 个元素的比较次数为(　　)。

A. 3 　　　　　　B. 4 　　　　　　C. 5 　　　　　　D. 6

3. 对具有 n 个元素的有序表采用折半查找,则算法的时间复杂度为(　　)。

A. $O(n)$ 　　　　　B. $O(n^2)$ 　　　　　C. $O(1)$ 　　　　　D. $O(\log_2 n)$

4. 在索引查找中,若用于保存数据元素的主表的长度为 144,它被均分为 12 子表,每个子表的长度均为 12,则索引查找的平均查找长度为(　　)。

A. 13 　　　　　　B. 24 　　　　　　C. 12 　　　　　　D. 79

5. 从具有 n 个结点的二叉排序树中查找一个元素时,在最坏情况下的时间复杂度为(　　)。

A. $O(n)$ B. $O(1)$ C. $O(\log_2 n)$ D. $O(n^2)$

6. 若根据查找表(23,44,36,48,52,73,64,58)建立哈希表,采用 $H(K)=K\%7$ 计算哈希地址,则哈希地址等于 3 的元素个数是( )。

     A. 1   B. 2   C. 3   D. 4

7. 当采用分块查找时,数据的组织方式为( )。

     A. 数据分成若干块,每块内数据有序

     B. 数据分成若干块,每块内数据不必有序,但块间必须有序,每块内最大(或最小)的数据组成索引块

     C. 数据分成若干块,每块内数据有序,每块内最大(或最小)的数据组成索引块

     D. 数据分成若干块,每块(除最后一块外)中数据个数需相同

8. 在一棵平衡二叉排序树中,每个结点的平衡因子的取值范围是( )。

     A. $-1\sim 1$ B. $-2\sim 2$ C. $1\sim 2$ D. $0\sim 1$

9. 下面关于二分查找的叙述正确的是( )。

     A. 表必须有序,表可以顺序方式存储,也可以链表方式存储

     C. 表必须有序,而且只能从小到大排列

     B. 表必须有序且表中数据必须是整型、实型或字符型

     D. 表必须有序,且表只能以顺序方式存储

10. 折半查找的时间复杂度为( )。

     A. $O(n^2)$ B. $O(n)$ C. $O(n\log_2 n)$ D. $O(\log_2 n)$

11. 散列查找时,解决冲突的方法有( )。

     A. 除留余数法   B. 数字分析法   C. 直接定址法   D. 链地址法

12. 分别以下列序列构造二叉排序树,与用其他三个序列所构造的结果不同的是( )。

     A. (100,80,90,60,120,110,130)   B. (100,120,110,130,80,60,90)

     C. (100,60,80,90,120,110,130)   D. (100,80,60,90,120,130,110)

13. 下面有关散列冲突解决的说法中不正确的是( )。

     A. 处理冲突即当某关键字得到的哈希地址已经存在时,为其寻找另一个空地址

     B. 使用链地址法在链表中插入元素的位置随意,既可以是表头表尾,也可以在中间

     C. 二次探测能够保证只要哈希表未填满,总能找到一个不冲突的地址

     D. 线性探测能够保证只要哈希表未填满,总能找到一个不冲突的地址

14. 设哈希表长为14,哈希函数是 $H(\text{key})=\text{key}\%11$,表中已有数据的关键字为15、38、61、84共四个,现要将关键字为49的结点加到表中,用二次探测再散列法解决冲突,则放入的位置是( )。

     A. 8   B. 3   C. 5   D. 9

15. 下面关于 m 阶 B 树说法正确的是( )。

     ①每个结点至少有两棵非空子树

     ②树中每个结点至多有 $m-1$ 个关键字

     ③所有叶子在同一层上

     ④当插入一个数据项引起 B 树结点分裂后,树长高一层

     A. ①②③   B. ②③   C. ②③④   D. ③

16. (2009年真题)下列叙述中,不符合 m 阶 B-树定义要求的是( )。

A. 根结点最多有 m 棵子树　　　　 B. 所有叶结点都在同一层上

C. 各结点内关键字均升序或降序排列　　D. 叶结点之间通过指针连接

17.（2010 年真题）已知一个长度为 16 的顺序表 L，其元素按关键字有序排列，若采用折半查找法查找一个 L 中不存在的元素，则关键字的比较次数最多是（　　）。

A. 4　　　　　　　B. 5　　　　　　　C. 6　　　　　　　D. 7

18.（2011 年真题）为提高散列（Hash）表的查找效率，可采取的正确措施是（　　）。

①增大装填因子

②设计冲突少的散列函数

③处理冲突时避免产生聚集现象

A. 仅①　　　　　　B. 仅②　　　　　　C. 仅①②　　　　　　D. 仅②③

19.（2012 年真题）设有一棵 3 阶 B 树，如题一、19 图所示。删除关键字 78 得到一棵新 B 树，其最右结点所含的关键字是（　　）。

题一、19 图

A. 60　　　　　　B. 60,62　　　　　C. 62,65　　　　　D. 65

20.（2013 年真题）在一株高度为 2 的 5 阶 B 树中，所含关键字的个数最少的是（　　）。

A. 5　　　　　　　B. 7　　　　　　　C. 8　　　　　　　D. 14

二、填空题

1. 以顺序查找方法从长度为 n 的顺序表或单链表中查找一个元素时，平均查找长度为_____，时间复杂度为_____。

2. 对长度为 n 的查找表进行查找时，假定查找第 i 个元素的概率为 p_i，查找长度（即在查找过程中依次同有关元素比较的总次数）为 c_i，则在查找成功情况下的平均查找长度的计算公式为_____。

3. 假定一个顺序表的长度为 40，并假定查找每个元素的概率都相同，则在查找成功情况下的平均查找长度为_____，在查找不成功情况下的平均查找长度为_____。

4. 以折半查找方法从长度为 n 的有序表中查找一个元素时，平均查找长度约等于_____，时间复杂度为_____。

5. 以折半查找方法在一个查找表上进行查找时，该查找表必须组织成_____存储的_____表。

6. 从有序表 (12,18,30,43,56,78,82,95) 中分别折半查找 43 和 56 元素时，其比较次数分别为_____和_____。

7. 假定对长度 $n=50$ 的有序表进行折半查找，则对应的判定树高度为_____，最后一层的结点数为_____。

8. 假定在索引查找中，查找表长度为 n，每个子表的长度相等，设为 s，则进行成功查找的平均查找长度为_____。

9. 在一棵二叉排序树中,每个分支结点的左子树上所有结点的值一定_____该结点的值,右子树上所有结点的值一定_____该结点的值。

10. 对一棵二叉排序树进行中序遍历时,得到的结点序列是一个_____。

三、判断题

1. 采用线性探测法处理散列时的冲突,当从哈希表删除一个记录时,不应将这个记录的所在位置置空,因为这会影响以后的查找。　　　　　　　　　　　　　　　( )

2. 在散列检索中,"比较"操作一般也是不可避免的。　　　　　　　　　　　( )

3. 散列函数越复杂越好,因为这样随机性好,冲突概率小。　　　　　　　　( )

4. 哈希函数的选取平方取中法最好。　　　　　　　　　　　　　　　　　　( )

5. 哈希表的平均查找长度与处理冲突的方法无关。　　　　　　　　　　　　( )

6. 负载因子(装填因子)是散列表的一个重要参数,它反映散列表的装满程度。( )

7. 散列法的平均检索长度不随表中结点数目的增加而增加,而是随负载因子的增大而增大。　　　　　　　　　　　　　　　　　　　　　　　　　　　　　　　　　( )

8. 哈希表的结点中只包含数据元素自身的信息,不包含任何指针。　　　　　( )

9. 若散列表的负载因子 $\alpha < 1$,则可避免碰撞的产生。　　　　　　　　　　( )

10. 查找相同结点的效率折半查找总比顺序查找高。　　　　　　　　　　　( )

11. 用向量和单链表表示的有序表均可使用折半查找方法来提高查找速度。　( )

12. 在索引顺序表中,实现分块查找,在等概率查找情况下,其平均查找长度不仅与表中元素个数有关,而且与每块中元素个数有关。　　　　　　　　　　　　　　( )

13. 顺序查找法适用于存储结构为顺序或链接存储的线性表。　　　　　　　( )

14. 折半查找法的查找速度一定比顺序查找法快。　　　　　　　　　　　　( )

15. 就平均查找长度而言,分块查找最小,折半查找次之,顺序查找最大。　( )

16. 对无序表用二分法查找比顺序查找快。　　　　　　　　　　　　　　　( )

17. 对大小均为 n 的有序表和无序表分别进行顺序查找,在等概率查找的情况下,对于查找成功,它们的平均查找长度是相同的,而对于查找失败,它们的平均查找长度是不同的。( )

18. 任一查找树(二叉分类树)的平均查找时间都小于用顺序查找法查找同样结点的线性表的平均查找时间。　　　　　　　　　　　　　　　　　　　　　　　　　　( )

19. 最佳二叉树是 AVL 树(平衡二叉树)。　　　　　　　　　　　　　　　( )

20. 在查找树(二叉树排序树)中插入一个新结点,总是插入到叶结点下面。( )

21. 完全二叉树肯定是平衡二叉树。　　　　　　　　　　　　　　　　　　( )

22. 对一棵二叉排序树按前序方法遍历得出的结点序列是从小到大的序列。( )

23. 二叉树中除叶结点外,任一结点 X,其左子树根结点的值小于该结点(X)的值;其右子树根结点的值 $\geqslant$ 该结点(X)的值,则此二叉树一定是二叉排序树。　　　( )

24. 有 n 个数存放在一维数组 $A[1..n]$ 中,在进行顺序查找时,这 n 个数的排列有序或无序其平均查找长度不同。　　　　　　　　　　　　　　　　　　　　　　　　( )

25. N 个结点的二叉排序树有多种,其中树高最小的二叉排序树是最佳的。( )

26. 在任意一棵非空二叉排序树中,删除某结点后又将其插入,则所得二排序叉树与原二排序叉树相同。　　　　　　　　　　　　　　　　　　　　　　　　　　( )

27. 设 T 为一棵平衡树,在其中插入一个结点 n,然后立即删除该结点后得到 T_1,则 T 与 T_1 必定相同。 ( )

28. 将线性表中的结点信息组织成平衡的二叉树,其优点之一是总能保证任意检索长度均为 $\log_2 n$ 量级(n 为线性表中的结点数目)。 ( )

29. B—树中所有结点的平衡因子都为零。 ( )

30. 二叉排序树删除一个结点后,仍是二叉排序树。 ( )

四、操作题

1. 假定一个待哈希存储的线性表为 $(32,75,29,63,48,94,25,46,18,70)$,哈希地址空间为 $HT[13]$,若采用除留余数法构造哈希函数和线性探测法处理冲突,试求出每一元素在哈希表中的初始哈希地址和最终哈希地址(题四、1 表),画出最后得到的哈希表(题四、1 图),求出平均查找长度。

题四、1 表

元素	32	75	29	63	48	94	25	46	18	70
初始哈希地址										
最终哈希地址										

	0	1	2	3	4	5	6	7	8	9	10	11	12
哈希表													

题四、1 图

2. 设有一组关键字 $\{9,01,23,14,55,20,84,27\}$,采用哈希函数:$H(key)=key \bmod 7$,表长为 10,用开放地址法的二次探测再散列方法 $H_i=(H(key)+d_i) \bmod 10 (d_i=1^2,2^2,3^2,\cdots,)$ 解决冲突。要求:对该关键字序列构造哈希表,并计算查找成功的平均查找长度。

3. 对下面的关键字集 $\{30,15,21,40,25,26,36,37\}$ 若查找表的装填因子为 0.8,采用线性探测再散列方法解决冲突。

(1) 设计哈希函数;

(2) 画出哈希表;

(3) 计算查找成功和查找失败的平均查找长度;

(4) 写出将哈希表中某个数据元素删除的算法。

4. 设哈希表 a、b 分别用向量 $a[0..9]$,$b[0..9]$ 表示,哈希函数均为 $H(key)=key \bmod 7$,处理冲突使用开放定址法,$H_i=[H(key)+D_i] \bmod 10$,在哈希表 a 中 D_i 用线性探测再散列法,在哈希表 b 中 D_i 用二次探测再散列法,试将关键字 $\{19,24,10,17,15,38,18,40\}$ 分别填入哈希表 a、b 中,并分别计算出它们的平均查找长度 ASL。

5. 采用哈希函数 $H(k)=3 \cdot k \bmod 13$ 并用线性探测开放地址法处理冲突,在数列地址空间 $[0..12]$ 中对关键字序列 $22,41,53,46,30,13,1,67,51$

(1) 构造哈希表(画示意图);

(2) 装填因子;等概率下(3)成功的和(4)不成功的平均查找长度。

6. 已知散列表的地址空间为 $A[0..11]$,散列函数 $H(k)=k \bmod 11$,采用线性探测法处理冲突。请将下列数据 $\{25,16,38,47,79,82,51,39,89,151,231\}$ 依次插入到散列表中,并计算出在等概率情况下查找成功时的平均查找长度。

7. 设输入的关键字序列为:$22,41,53,33,46,30,13,01,67$,哈希函数为:$H(key)=key \bmod 11$。

哈希表长度为11。试用线性探测法解决冲突,将各关键字按输入顺序填入哈希表中。

8. 设哈希表的地址范围为0～17,哈希函数为:$H(K) = K \bmod 16$,K为关键字,用线性探测再散列法处理冲突,输入关键字序列:(10,24,32,17,31,30,46,47,40,63,49)造出哈希表,试回答下列问题:

(1) 画出哈希表示意图;(2) 若查找关键字63,需要依次与哪些关键字比较?

(3) 若查找关键字60,需要依次与哪些关键字比较?

(4) 假定每个关键字的查找概率相等,求查找成功时的平均查找长度。

9. (2010年真题)将关键字序列(7、8、30、11、18、9、14)散列存储到散列表中,散列表的存储空间是一个下标从0开始的一维数组,散列函数为$H(\mathrm{key}) = (\mathrm{key} \cdot 3) \bmod 7$,处理冲突采用线性探测再散列法,要求装载因子为0.7。

(1) 请画出所构造的散列表;

(2) 分别计算等概率情况下查找成功和查找不成功的平均查找长度。

10. (2013年真题)设包含4个数据元素的集合$S = \{$"do","for","repeat","while"$\}$,各元素的查找概率依次为:$p_1 = 0.35$,$p_2 = 0.15$,$p_3 = 0.15$,$p_4 = 0.35$。将S保存在一个长度为4的顺序表中,采用折半查找法,查找成功时的平均查找长度为2.2。请回答:

(1) 若采用顺序存储结构保持S,且要求平均查找长度更短,则元素应如何排列? 应使用何种查找方法? 查找成功时的平均查找长度是多少?

(2) 若采用链式存储结构保存S,且要求平均查找长度更短,则元素应如何排列? 应使用何种查找方法? 查找成功时的平均查找长度是多少?

五、算法设计题

1. 试写一个判别给定二叉树是否为二叉排序树的算法,设此二叉树以二叉链表作为存储结构,且树中结点的关键字均不同。

2. 试将折半查找的算法改写成递归算法。

练 习 答 案

一、选择题

1. D 2. B 3. D 4. A 5. A 6. B 7. B 8. A 9. D 10. D
11. D 12. C 13. C 14. D 15. B 16. C 17. B 18. B 19. D 20. A

二、填空题

1. $(n+1)/2$ $O(n)$

2. $\sum\limits_{i=1}^{n} p_i c_i$

3. 20.5 41

4. $\lceil \log_2(n+1) \rceil - 1$ $O(\log_2 n)$

5. 顺序 有序

6. 1 3

7. 6 19

8. $(n/s + s)/2 + 1$

9. 小于 大于

10. 有序序列

三、判断题

1. √ 2. √ 3. × 4. × 5. × 6. √ 7. √ 8. × 9. × 10. ×
11. × 12. √ 13. √ 14. × 15. × 16. × 17. √ 18. × 19. √ 20. ×

四、操作题

1. $H(K)=K\ \%\ 13$ 平均查找长度为 14/10,其余解答如下。

题四、1 用表

元素	32	75	29	63	48	94	25	46	18	70
初始哈希地址	6	10	3	11	9	3	12	7	5	5
最终哈希地址	6	10	3	11	9	4	12	7	5	8

哈希表	0	1	2	3	4	5	6	7	8	9	10	11	12
				29	94	18	32	46	70	48	75	63	25

题四、1 用图

2. 哈希表如题四、2 用表所示。

题四、2 用表

散列地址	0	1	2	3	4	5	6	7	8	9
关键字	14	01	9	23	84	27	55	20		
比较次数	1	1	1	2	3	4	1	2		

平均查找长度:

$ASL_{succ}=(1+1+1+2+3+4+1+2)/8=15/8$

以关键字 27 为例:$H(27)=27\%7=6$(冲突);$H_1=(6+1)\%10=7$(冲突);$H_2=(6+2^2)\%10=0$(冲突);$H_3=(6+3^3)\%10=5$;所以比较了 4 次。

3. 由于装填因子为 0.8,关键字有 8 个,所以表长为 8/0.8=10。

(1) 用除留余数法,哈希函数为 $H(\text{key})=\text{key}\ \%\ 7$。

(2) 哈希表如题四、3 用表所示。

题四、3 用表

散列地址	0	1	2	3	4	5	6	7	8	9
关键字	21	15	30	36	25	40	26	37		
比较次数	1	1	1	3	1	1	2	6		

(3) 计算查找失败时的平均查找长度,必须计算不在表中的关键字,当其哈希地址为 $i(0 \leqslant i \leqslant m-1)$ 时的查找次数。本例中 $m=10$。故查找失败时的平均查找长度为:

$ASL_{unsucc}=(9+8+7+6+5+4+3+2+1+1)/10=4.6$ $ASL_{succ}=16/8=2$

(4) int Delete(int h[n],int k)

　　//从哈希表 H[n] 中删除元素 k,若删除成功返回 1,否则返回 0

　　{i=k%7;// 哈希函数用上面(1),即 H(key)= key % 7

if(h[i]==maxint)//maxint 解释成空地址

　printf("无关键字%d\n",k);return (0);}

　　if(h[i]==k){h[i]=-maxint ;return(1);} //被删元素换成最大机器数的负数

　　else // 采用线性探测再散列解决冲突

　　{j=i;

```
        for(d = 1;d≤n - 1;d + + )
            {i = (j + d) % n;                    // n 为表长,此处为 10
        if(h[i] = = maxint)return (0); //maxint 解释成空地址
        if(h[i] = = k){ h[i] = - maxint ;return  (1);}
        }//for
    }
    printf("无关键字 % d\n",k);return (0)
}
```

4. 哈希表 a 如题四、4 用表一所示。

题四、4 用表一

散列地址	0	1	2	3	4	5	6	7	8	9
关键字		15		24	10	19	17	38	18	40
比较次数		1		1	2	1	4	5	5	5

哈希表 a：$ASL_{succ} = 24/8 = 3$。

哈希表 b 如题四、4 用表二所示。

题四、4 用表二

散列地址	0	1	2	3	4	5	6	7	8	9
关键字		15	17	24	10	19	40	38	18	
比较次数		1	3	1	2	1	2	4	4	

哈希表 b：$ASL_{succ} = 18/8$。

5.(1) 哈希表如题四、5 用表所示。

题四、5 用表

散列地址	0	1	2	3	4	5	6	7	8	9	10	11	12
关键字	13	22		53	1		41	67	46		51		30
比较次数	1	1		1	2		1	2	1		1		1

(2) 装填因子 $= 9/13 = 0.7$ (3)$ASL_{succ} = 11/9$ (4)$ASL_{unsucc} = 29/13$

6. 哈希表如题四、6 用表所示。

题四、6 用表

散列地址	0	1	2	3	4	5	6	7	8	9	10	11
关键字	231	89	79	25	47	16	38	82	51	39	151	
比较次数	1	1	1	1	2	1	2	3	2	4	3	

$ASL_{succ} = 21/11$

7. 哈希表如题四、7 用表所示。

题四、7 用表

散列地址	0	1	2	3	4	5	6	7	8	9	10
关键字	22	33	46	13	01	67			41	53	30
比较次数	1	2	1	2	4	5			1	1	3

8. (1) 哈希表如题四、8用表所示。

题四、8用表

散列地址	0	1	2	3	4	5	6	7	8	9	10	11	12	13	14	15	16	17
关键字	32	17	63	49					24	40	10				30	31	46	47
比较次数	1	1	6	3					1	2	1				1	1	3	3

(2) 查找关键字 63，$H(k)=63 \bmod 16=15$，依次与 31、46、47、32、17、63 比较。

(3) 查找关键字 60，$H(k)=60 \bmod 16=12$，散列地址 12 内为空，查找失败。

(4) $\text{ASL}_{succ}=23/11$。

9.（1）因为装填因子为 0.7，数据总数为 7，所以存储空间长度为 $7/0.7=10$。因此可选表长 $m=10$。分别计算各个数据元素的散列地址：

$H(7)=(7\times3)\%7=0$，一次比较到位。

$H(8)=(8\times3)\%7=3$，一次比较到位。

$H(30)=(30\times3)\%7=6$，一次比较到位。

$H(11)=(11\times3)\%7=5$，一次比较到位。

$H(18)=(18\times3)\%7=5$，冲突；探测下一位置 6，冲突；探测下一位置 7，3 次比较到位。

$H(9)=(9\times3)\%7=6$，冲突；根据上一步的探测结果可知，最终位置为 8，3 次比较到位。

$H(14)=(14\times3)\%7=0$，冲突；探测下一位置 1，两次比较到位。

根据以上得到关键字的散列地址，可以得到散列表如题四、9用表所示。

题四、9用表

下标	0	1	2	3	4	5	6	7	8	9
关键字	7	14		8		11	30	18	9	

(2) 由(1)中结果可以计算出查找成功和不成功的平均查找长度，具体如下：

查找成功的平均查找长度为

$$\text{ASL}_{成功}=(1+1+1+1+3+3+2)/7=12/7$$

查找不成功的平均查找长度为

$$\text{ASL}_{不成功}=(3+2+1+2+1+5+4)/7=18/7$$

10.（1）采用顺序存储结构，数据元素按其查找概率降序排列。

采用顺序查找方法。

查找成功时的平均查找长度 $=0.35\times1+0.35\times2+0.15\times3+0.15\times4=2.1$。

(2)【答案一】

采用链式存储结构，数据元素按其查找概率降序排列，构成单链表。

采用顺序查找方法。

查找成功时的平均查找长度 $=0.35\times1+0.35\times2+0.15\times3+0.15\times4=2.1$。

【答案二】

采用二叉链表存储结构，构造二叉排序树，元素存储方式如题四、10用图所示。

采用二叉排序树的查找方法。

查找成功时的平均查找长度 $=0.15\times1+0.35\times2+0.35\times2+0.15\times3=2.0$。

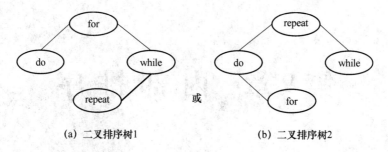

(a) 二叉排序树1　　　　　　　　　　(b) 二叉排序树2

题四、10 用图

五、算法设计题

1. 设计思路：进入判别算法之前，pre 取初值为 min（小于树中任一结点值），fail ＝ FALSE，即认为 bt 是二叉排序树。按中序遍历 bt，并在沿向根结点，与前驱比较，若逆序，则 fail 为 TRUE，则 bt 不是二叉排序树。

```
void bisorttree(bitree bt,keytype pre,bool &fail)
{   //fail 初值为 FALSE,若非二叉序树,则 fail 值 TRUE
    if (! fail)
    {   if (bt)
        {   bisosrttree(bt->lchild,pre,fail);    //判断左子树
            if (bt->data_key<pre)  fail = TRUE;
            else
            {   pre = bt->data_key;
                bisorttree(bt->rchild,pre,fail);    //判断右子树
            }
        }
    }
}   //bisorttree
```

说明：较为直观的方法可套用中序遍历非递归算法。

```
2.  int search_bin(SeqTable st ,keytype k ,int low ,int high)
    {   if (low<high)  return (0);    //不成功
        else
        {   mid = (low + high)/2;
            if (k == st.elem[mid].key)  return (mid) ;    //成功
            else
                if (k<st.elem[mid].key)  return (st,k,low,mid-1);
                else  return(st,k,mid+1,high);
        }
    }   //search-bin
```

第9章 内部排序

本章内容提要：

插入排序、选择排序、交换排序、归并排序、基数排序以及各种排序算法的比较等。

9.1 排序的基本概念

9.1.1 排序的定义

（1）**排序**：指将原来无序的序列重新排列成有序序列的过程。待排序的序列中的每一项可能是单独的数据元素，也可能是一条记录（由多个数据元素组成）。如果是记录，则既可以按照记录的主关键字排序，也可以按照记录的次关键字排序。

（2）**稳定性**：指待排序的序列中有两个或两个以上相同的项，排序前和排序后，看这些相同项的相对位置有没有发生变化，如果没有发生变化，就是稳定的；如果发生了变化，就是不稳定的。

如果记录中关键字不能重复（如主关键字），则排序结果是唯一的，这时排序方法是否稳定并不重要；如果关键字可以重复（如次关键字），则在排序时，就需要根据具体的需求来考虑是否需要选择稳定的排序方法。

（3）**内部排序与外部排序**：根据在排序过程中待排序的所有数据元素是否全部被放置在内存中，可将排序方法分为内部排序和外部排序两大类。内部排序指的是待排序记录存放在计算机内存中进行的排序过程；外部排序指的是待排序记录数量很大，以致内存一次不能容纳全部记录，在排序过程中尚需对外存进行访问的排序过程。本章主要介绍内部排序的相关方法。

9.1.2 排序算法的分类

根据排序原则可将排序方法分为以下几类。

（1）插入类排序：将一个记录插入到一个已经排好序的有序表中，使得新表仍然有序。属于这类排序的有**直接插入排序**、**折半插入排序**、**希尔排序**等。

（2）交换类排序：比较两个元素，如果逆序，则交换位置，每趟排序都通过一系列"交换"，让一个记录排到它最终的位置上。属于这类排序的有**冒泡排序**、**快速排序**等。

（3）选择类排序：每一趟排序都是从剩余元素中选择出一个最小（或最大）的记录，放在确定的位置。属于这类排序的有**简单选择排序**、**堆排序**等。

（4）归并类排序：所谓归并就是将两个或两个以上的有序序列合并成一个新的有序序列，

二路归并排序就是基于这种思想。

（5）基数类排序：基于多关键字排序的思想，把一个逻辑关键字拆分成多个关键字进行排序。

9.1.3　排序算法的效率

评价排序算法的效率主要从两个方面：一是在待排序的序列规模一定的条件下，算法执行所消耗的平均时间，对于排序操作，时间主要消耗在关键字之间的比较和数据元素的移动上，因此通常认为，高效率的排序算法应该是尽可能少的比较次数和尽可能少的数据元素移动次数；二是执行算法所需要的辅助存储空间，辅助存储空间是指在待排序的序列规模一定的条件下，除了存放待排序数据元素占用的存储空间之外，执行算法所需要的其他存储空间，理想的空间效率是算法执行期间所需要的辅助空间与待排序的序列规模无关。

9.1.4　待排序序列的参考存储结构

待排序序列可以用顺序存储结构和链式存储结构表示。这里，我们将待排序序列用顺序存储结构表示。

```
#define MAXSIZE 20
typedef int KeyType ; //定义关键字类型为整数类型(也可以为其他类型)
typedef struct {
  KeyType key ; //关键字项
  InfoType otherinfo ; //其他数据项
} RecordType  ;
typedef struct {
  RecordType r[MAXSIZE +1] ; //r[0]闲置或者作为哨兵单元
  int length ; //顺序表长度
} SqList ; //顺序表类型
```

9.2　插入类排序

9.2.1　直接插入排序

1. 执行过程

先通过一个例子来说明插入排序的执行流程。例如，对原始序列{49,38,65,97,76,13,27,49}进行插入排序的具体流程如下（序列中有两个 49，其中一个加下画线，以示区分）。

原始序列：49,38,65,97,76,13,27,49

（1）我们将原始序列分为已经排好的部分和尚未排好的部分，初始状态，已经排好的部分只有原始序列的第一记录：

{49} 38,65,97,76,13,27,49

（2）插入 38,38<49，所以 49 向后移动一个位置，38 插入到 49 原来的位置，这趟排序后

的结果为：

{38,49} 65,97,76,13,27,49

（3）插入 65,65>49,所以不需要移动,65 就排在 49 之后,这趟排序后的结果为：

{38,49,65} 97,76,13,27,49

（4）插入 97,97>65,所以不需要移动,97 就排在 65 之后,这趟排序后的结果为：

{38,49,65,97} 76,13,27,49

（5）插入 76,76<97,所以 97 向后移动一个位置;继续比较,76>65,65 不需要移动,76 应该插入在 65 之后,97 之前,这趟排序后的结果为：

{38,49,65,97,76} 13,27,49

（6）插入 13,13<97,97 后移;13<76,76 后移;这样逐个向前比较,发现 13 应该插入在最前面,这趟排序后的结果为：

{13,38,49,65,97,76} 27,49

（7）插入 27,还是从后向前进行比较,确定 27 应该插在 13 之后、38 之前,这样排序后的结果为：

{13,27,38,49,65,97,76} 49

（8）最后插入 49,同样从后向前组个比较,知道 49＝49<65,它的位置确定,直接插入排序全过程完成。最后的排序结果为：

{13,27,38,49,49,65,97,76}

过程合并如下：(49)　38　65　97　76　13　27　49

(38)（38　49）65　97　76　13　27　49

(38)（38　49　65）97　76　13　27　49

(38)（38　49　65　97）76　13　27　49

(76)（38　49　65　76　97）13　27　49

(13)（13　38　49　65　76　97）27　49

(27)（13　27　38　49　65　76　97）49

(49)（13　27　38　49　49　65　76　97）

2. 算法介绍

根据上述例子可以总结出直接插入排序的算法思想:每趟将一个待排序的元素作为关键字,按照其关键字值的大小插入到已经排好的分部序列的适当位置上,直到插入完成。

一般情况下,第 i 趟排序的操作为:在含有 $i-1$ 个记录的有序子序列 $r[1..i-1]$ 中插入一个新记录 $r[i]$,变成含有 i 个记录的有序序列 $r[1..i]$。这里预留 $r[0]$,从 $r[1]$ 开始保存原始序列,首先将待插入的记录 $r[i]$ 复制到 $r[0]$ 中,如图 9-1 所示。

在每趟排序中,可把 $r[0]$ 看成是 $r[i]$ 的备份,即哨兵,这样从 $r[1]$~$r[i-1]$ 查找插入位置时可直接同 $r[0]$ 比较,$r[i]$ 可被覆盖。从后向前比较,如果 $r[i-1] \leqslant r[0]$,则 $r[i]$ 的位置不必改变,否则(即 $r[i-1]>r[0]$),则将 $r[i-1]$ 移动到 $r[i]$ 处,然后再对 $r[i-2]$ 和 $r[0]$ 进行比较,依次进行。当最后找到一个比 $r[0]$ 小的关键字时,将 $r[0]$ 复制到此关键字的后面一个位置,结束。具体算法为:

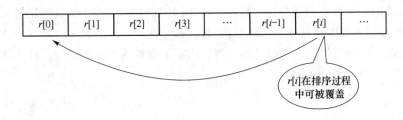

$r[0]$	$r[1]$	$r[2]$	$r[3]$	…	$r[i-1]$	$r[i]$	…

$r[i]$在排序过程
中可被覆盖

图 9-1　将待插入记录 $r[i]$ 复制到 $r[0]$ 中

```
void InsertSort(SqList &L)
 {
        for (i = 2 ; i <= L.length ; ++i )
        //第一个元素认为本身有序,所以从第二个元素开始即可
        if(L.r[i].key<L.r[i-1].key)  //当 r[i]小于 r[i-1]时,需排序,否则无须排序
           { L.r[0] = L.r[i] ; //复制 L.r[i]至 L.r[0],保证下面的 for 循环肯定能正常结束
              for(j = i-1 ; L.r[0].key<L.r[j].key ; --j )
                    L.r[j+1] = L.r[j] ; //记录后移
              L.r[j+1] = L.r[0] ; //插入到第一个小于 L.r[0]的元素 L.r[j]的后面
           }
 }
```

3. 算法性能分析

（1）时间复杂度分析

对插入排序算法进行时间复杂度分析,可以选取最内层循环中的"L.r[j+1]＝L.r[j];"作为基本操作。

① 考虑最坏的情况,即整个序列是逆序的,则内层 for 循环的循环条件"L.r[0].key<L.r[j].key"始终成立,此时,对于每一次外层 for 循环,最内层循环的执行次数(即基本操作的执行次数)达到最大值,为 i 次。i 取值范围为 $2\sim n$,由此可得基本操作总的执行次数为 $n(n-1)/2$,可以看出时间复杂度为 $O(n^2)$。

② 考虑最好的情况,即整个序列已经有序,则对于内层 for 循环的循环条件始终不成立,此时内层循环始终不执行,双层循环就变成了单层循环,显然时间复杂度为 $O(n)$。

考虑一般的情况,本算法的时间复杂度为 $O(n^2)$。

（2）空间复杂度

由算法代码可知,算法所需的额外空间只有一个 L.r[0],因此空间复杂度为 $O(1)$。

直接插入排序算法简单、容易实现。当待排序记录较少时,排序速度较快,但是当待排序的记录数量较大时,大量的比较和移动操作将使直接插入排序算法的效率降低;然而,当待排序的数据元素基本有序时,直接插入排序过程中的移动次数大大减少,从而效率会有所提高。

9.2.2　折半插入排序

折半插入排序的基本思想和直接插入排序一样,区别在于寻找插入位置的方法不同,折半插入排序是采用折半查找法来寻找插入位置的。

折半查找法的一个基本条件是序列已经有序,并且数据量比较大时,这时用折半查找将快于顺序查找,从直接插入排序的流程中可以看出,每次都是在一个已经有序的序列中插入一个新的记录,所以在这个有序序列寻找插入位置,就可以用折半查找的方式来进行。具体算法如下:

```
void BInsertSort(SqList &L)
{ for (i = 2 ;i < = L.length ; ++ i )
  { L.r[0] = L.r[i] ;
    low = 1 ; high = i - 1 ;
    while (low < = high)
      { mid = (low + high)/2 ;
        if(L.r[0].key<L.r[mid].key) high = mid - 1 ;
          else low = mid + 1 ;
      } //查找合适的插入位置
    for(j = i - 1 ; j > = high + 1 ; j -- )
      L.r[j + 1] = L.r[j] ;
            L.r[high + 1] = L.r[0] ; //high 之后的第一个位置就是合适的位置
  }
}
```

该算法的时间复杂度是 $O(n^2)$,属稳定排序。折半插入排序比直接插入排序明显地减少了关键字间的"比较"次数,但记录"移动"的次数不变。算法的空间复杂度与直接插入排序相同,为 $O(1)$。

9.2.3 希尔排序

由直接插入排序的分析得知,其算法时间复杂度为 $O(n^2)$,但若待排记录序列为"正序"时,其时间复杂度可提高至 $O(n)$。由此可设想,若待排记录序列按关键字"基本有序",直接插入排序的效率就可大大提高,从另一方面看,由于直接插入排序算法简单,则在 n 值很小时效率也比较高。希尔排序正是从这两点分析出发对直接插入排序进行改进得到的一种插入排序方法。

希尔排序又叫缩小增量排序,其本质还是插入排序,只不过是将待排序的序列按某种规则分成几个子序列,分别对这几个子序列进行直接插入排序。这个规则就是相隔某个"增量"的记录组成一个子序列。例如,以增量 5 来分割序列,即将下标为 1、6、11、16……的记录分成一组,将下标为 2、7、12、17……的记录分成另一组等,然后分别对这些组进行直接插入排序,这就是一趟希尔排序。将上面排好序的整个序列,再以增量 3 分割,即将下标为 1、4、7、10、13……的记录分成一组,将下标为 2、5、8、11、14……的记录分成一组等,然后分别对这些组进行直接插入排序,这又完成了一趟希尔排序。最后以增量 1 分割整个序列,其实就是对整个序列进行一趟直接插入排序,从而完成整个希尔排序。

注意到增量 5、3、1 是逐渐缩小的,因此称之为缩小增量排序。由于直接插入排序适合于基本有序且长度较小的记录序列,而希尔排序的每趟排序过程都是针对相对较短的子序列进行的,并且每趟排序后都会使整个序列变得更加有序,在整个序列基本有序后,再进行一趟直接插入排序,就会使排序效率大大提高。

方法:将整个序列分成若干子序列,对各个子序列进行直接插入排序,得到一趟希尔排序序列;然后缩短步长,重复以上动作,直到步长为1。

具体步骤如下。

① 先取一正整数 d($d<n$,一般可取 $d=\lfloor n/2 \rfloor$),把所有距离为 d 的倍数的记录编在一组,组成一个子序列,这样将整个待排序序列分成若干组;

② 在各个子序列中进行直接插入排序;

③ 取一个新的 d(比原来的要小,一般取原来的 1/2),重复执行①和②,直到 $d=1$ 为止(此时,整个序列变成直接插入排序)。

例如,使用希尔排序法对序列{49,38,65,97,76,13,27,49,55,04}进行排序,过程如下。

(1)以增量 5 分割序列,得到以下几个子序列。

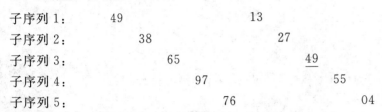

```
子序列1:        49                              13
子序列2:            38                              27
子序列3:                65                              49
子序列4:                    97                              55
子序列5:                        76                              04
```

分别对这 5 个子序列进行直接插入排序,得到

```
子序列1:        13                              49
子序列2:            27                              38
子序列3:            49                                  65
子序列4:                55                                  97
子序列5:                    04                                  76
```

一趟希尔排序结束,结果为

13,27,49,55,04,49,38,65,97,76

(2)在对上一步排序的结果以增量 3 分割,得到以下几个子序列。

```
子序列1:        13          55          38          76
子序列2:            27          04          65
子序列3:            49          49          97
```

分别对这 3 个子序列进行直接插入排序,得到

```
子序列1:        13          38          55          76
子序列2:            04          27          65
子序列3:            49          49          97
```

一趟希尔排序结束,结果为

13,04,49,38,27,49,55,65,97,76

(3)最后以增量 1 分割,即对上面结果的全体记录进行一趟直接插入排序,从而完成整个希尔排序。最后结果为

04,13,27,38,49,49,55,65,76,97

观察发现,两个 49 在排序后颠倒了位置,因此希尔排序是不稳定的。

希尔排序的具体算法如下:

```
void ShellInsert(SqList &L,int dk){
//对顺序表 L 作一趟希尔插入排序。本算法和一趟直接插入排序相比,作了以下修改:
//1.前后记录位置的增量是 dk,而不是 1
//2. r[0]只是暂存单元,不是哨兵。当 j<=0 时,插入位置已找到
```

```
for(i = dk + 1; i< = L. length; ++i)
    if(L. r[i]. key<L. r[i-dk]. key){ // 需将 L. r[i]插入有序增量子表
        L. r[0] = L. r[i] ; //复制 L. r[i]至 L. r[0]暂存
        for(j = i-dk ; j>0&&L. r[0]. key<L. r[j]. key ; j- = dk)
            L. r[j+dk] = L. r[j] ; //记录后移,查找插入位置
        L. r[j+dk] = L. r[0] ; //插入
    }
}// ShellInsert
void ShellSort(SqList &L,int dlta[],int t){
//按增量序列 dlta[0,…,t-1]对顺序表 L 作希尔排序
    for(k = 0; k<t; ++k)
        ShellInsert(L,dlta[k]); //一趟增量为 dlta[k]的插入排序
}// ShellSort
```

　　希尔排序的分析是一个复杂问题,因为它的时间是所取"增量"序列的函数。研究表明,当增量序列为 dlta[k]$= 2^{t-k+1} - 1$ 时,希尔排序的时间复杂度为 $O(n^{3/2})$,其中 t 为排序趟数,$1 \leqslant k \leqslant t \leqslant \lfloor \log_2(n+1) \rfloor$。此外,大量实验表明,当 n 在某个特定范围内,希尔排序所需的比较和移动次数约为 $n^{1.3}$;当 $n \to \infty$ 时,可减少到 $n(\log_2 n)^2$。增量序列可以有各种取法,但需要注意,应使增量序列中的值没有除 1 之外的公因子,并且最后一个增量值必须等于 1。

9.2.4　插入类排序的 C 语言实现

```
# include <stdio. h>
# define MAXE 20                    //线性表中最多元素个数
typedef int KeyType;
typedef char InfoType[10];
typedef struct                      //记录类型
{
    KeyType key;                    //关键字项
    InfoType data;                  //其他数据项,类型为 InfoType
} RecType;
void InsertSort(RecType R[],int n)   //对 R[0..n-1]按递增有序进行直接插入排序
{
    int i,j,k;
    RecType temp;
    for (i = 1;i<n;i++)
    {
        temp = R[i];
        j = i-1;                     //从右向左在有序区 R[0..i-1]中找 R[i]的插入位置
        while (j> = 0 && temp. key<R[j]. key)
        {
            R[j+1] = R[j];           //将关键字大于 R[i]. key 的记录后移
            j--;
        }
        R[j+1] = temp;               //在 j+1 处插入 R[i]
```

228

```c
        printf("i = %d,",i);          //输出每一趟的排序结果
        printf("插入%d,结果为：",temp);
        for (k = 0;k<n;k++)
            printf("%3d",R[k].key);
        printf("\n");
    }
}


void ShellSort(RecType R[],int n)      //希尔排序算法
{
    int i,j,d,k;
    RecType temp;
    d = n/2;                           //d取初值 n/2
    while (d>0)
    {
        for (i = d;i<n;i++)            //将R[d..n-1]分别插入各组当前有序区中
        {
            j = i-d;
            while (j> = 0 && R[j].key>R[j+d].key)
            {
                temp = R[j];           //R[j]与R[j+d]交换
                R[j] = R[j+d];
                R[j+d] = temp;
                j = j-d;
            }
        }
        printf("d = %d：",d);          //输出每一趟的排序结果
        for (k = 0;k<n;k++)
            printf("%3d",R[k].key);
        printf("\n");
        d = d/2;                       //递减增量 d
    }
}


void main()
{
    int i,k,n = 10;
    KeyType a[] = {9,8,7,6,5,4,3,2,1,0};
    RecType R[MAXE],S[MAXE];
    for (i = 0;i<n;i++){
        R[i].key = a[i];
        S[i].key = a[i];
    }
    printf("初始关键字：");            //输出初始关键字序列
```

```
        for (k = 0;k<n;k++)
            printf(" %3d",R[k].key);
    printf("\n");
    InsertSort(R,n);
    printf("直接插入排序的结果：");//输出初始关键字序列
    for (k = 0;k<n;k++)
        printf(" %3d",R[k].key);
    printf("\n");
    ShellSort(S,n);
    printf("希尔排序的结果：");        //输出初始关键字序列
    for (k = 0;k<n;k++)
        printf(" %3d",S[k].key);
    printf("\n\n");
}
```

9.3 交 换 排 序

9.3.1 冒泡排序

1. 基本思想

冒泡排序是交换排序中一种简单的排序方法。它的基本思想是从前向后对所有相邻记录的关键字值进行比效，如果是逆序（$a[j]>a[j+1]$），则将其交换，最终达到有序化。其处理过程如下。

（1）将整个待排序的记录序列划分成有序区和无序区，初始状态有序区为空，无序区包括所有待排序的记录。

（2）对无序区从前向后依次将相邻记录的关键字进行比较，若逆序则将其交换，从而使得关键字值小的记录向上"飘浮"（左移），关键字值大的记录如同水中石块，向下"沉落"（右移）。每经过一趟冒泡排序，都使无序区中关键字值最大的记录进入有序区，对于由 n 个记录组成的记录序列，最多经过 $n-1$ 趟冒泡排序，就可以将这 n 个记录重新按关键字顺序排列。

例如，使用冒泡排序法对序列{49,38,65,97,76,13,27,49}进行排序。

下面进行第一趟冒泡排序。

（1）1 号和 2 号比较，49>38，交换。

结果：38,49,65,97,76,13,27,49

（2）2 号和 3 号比较，49<65，不交换。

结果：38,49,65,97,76,13,27,49

（3）3 号和 4 号比较，65<97，不交换。

结果：38,49,65,97,76,13,27,49

（4）4 号与 5 号比较 97>76，交换。

结果：38,49,65,76,97,13,27,49

（5）5 号与 6 号比较 97>13，交换。

结果:38,49,65,76,13,97,27,49

(6) 6 号与 7 号比较 97>27,交换。

结果:38,49,65,76,13,27,97,49

(7) 7 号与 8 号比较 97>49,交换。

结果:38,49,65,76,13,27,49,97

一趟冒泡排序结束,最大的 97 被交换到了最后,97 到达了最终的位置。接下来对{38,49,65,76,13,27,49}按照同样的方法进行第二趟冒泡排序。经过若干趟冒泡排序后,最终序列有序。要注意的是,冒泡排序算法结束的条件可以是在一趟排序过程中没有发生元素交换为止。

2. 算法介绍

(1) 原始的冒泡排序算法:对由 n 个记录组成的记录序列,最多经过 $n-1$ 趟冒泡排序,就可以使记录序列成为有序序列,第一趟定位第 n 个记录,此时有序区只有一个记录;第二趟定位第 $n-1$ 个记录,此时有序区有两个记录;依此类推,算法框架(假设用数组 a 存储待排序记录):

```
void  BubbleSort1 (DataType a, int n)
{
    for (i = n; i>1; i--)
    {
        for (j = 1; j<=i-1; j++)
        if(a[j].key>a.[j+1].key)
        {
            temp = a[j]; a[j] = a[j+1]; a[j+1] = temp;
        }
    }
}
```

(2) 改进的冒泡排序算法:在冒泡排序过程中,一旦发现某一趟没有进行交换操作,就表明此时待排序记录序列已经成为有序序列,冒泡排序再进行下去已经没有必要,应立即结束排序过程。

```
void  BubbleSort2 (DataType a, int n)
{
    for (i = n; i>1; i--)
    {
        exchange = 0;
        for (j = 1; j<=i-1; j++)
            if (a[j].key>a.[j+1].key)
            {   temp = a[j]; a[j] = a[j+1]; a[j+1] = temp; exchange = 1; }
        if (exchange == 0) break;
    }
}
```

(3) 进一步地改进冒泡排序算法:在算法(2)给出的冒泡排序算法的基础上,如果我们同时记录第 i 趟冒泡排序中最后一次发生交换操作的位置 $m(m \leqslant n-i)$,就会发现从此位置以后的记录均已经有序,即无序区范围缩小在 $a[1] \sim a[m]$ 之间,所以在进行下一趟排序操作时,就不必考虑 $a[m+1] \sim a[n]$ 范围内的记录,而只在 $a[1] \sim a[m]$ 范围内进行。

```
void   BubbleSort3 (DataType a,int n)
{
     last = n - 1;
     for (i = n;i>1;i--)
     {   exchange = 0;
          m = last;              //初始将最后进行记录交换的位置设置成 i-1
        for (j = 1;j< = m;j++)
            if(a[j].key>a.[j+1].key)
            {   temp = a[j];a[j] = a[j+1];a[j+1] = temp;
                exchange = 1;
                last = j;         //记录每一次发生记录交换的位置
            }
          if(exchange = = 0)break;
     }
}
```

冒泡排序比较简单,当初始序列基本有序时,冒泡排序有较高的效率,反之效率较低;其次冒泡排序只需要一个记录的辅助空间,用来作为记录交换的中间暂存单元;冒泡排序是一种稳定的排序方法。

3. 性能分析

(1)时间复杂度分析

由冒泡排序算法代码可知,可选取最内层循环中的元素交换操作作为基本操作。

① 最坏情况,待排序列逆序,此时对于外层循环的每次执行,内层循环中 if 语句的条件 $R[j]<R[j-1]$ 始终成立,即基本操作执行的次数为 $n-i$。i 的取值为 $1\sim n-1$。因此,基本操作总的执行次数为 $n(n-1)/2$,由此可知时间复杂度为 $O(n^2)$。

② 最好情况,待排序列有序,此时内层循环中 if 语句的条件始终不成立,交换不发生,且内层循环执行 $n-1$ 次后整个算法结束,可见时间复杂度为 $O(n)$。

综合序列可能出现的各种情况,该算法的在一般情况下的时间复杂度为 $O(n^2)$。

(2)时间复杂度分析

由算法代码可以看出,额外辅助空间只有一个 temp,因此空间复杂度为 $O(1)$。

9.3.2 快速排序

1. 基本思想

快速排序也是"交换"类的排序,其基本思想是:通过一趟排序将待排序的记录分成独立的两部分,一部分记录的关键字比另一部分记录的关键字小。然后对这两部分再继续排序,一直达到整个序列有序。

设待排序序列为 $\{L.r[1],L.r[2],\cdots,L.r[n]\}$,首先任意选取一个记录(通常选择第一个记录 L. r[1])作为"枢轴"(pivot),然后按照下述原则排列其余记录:将所有关键字比 L. r[1]. key小的记录都安排在它的位置之前,将所有关键字比 L. r[1]. key 大的记录都安排在它的位置之后。可以发现,通过该过程,L. r[1]的确切位置将被最终确定,并将序列分割为左右两部分。这个过程称为一趟快速排序。

2. 具体步骤

设待排序序列用数组 e[low...high]保存。设置两个指针 low 和 high,分别指向数组的开始位置和终止位置。设"枢轴"记录为 e[low],并将之暂存于 t。

首先,从 high 的位置向前搜索,找到第一个小于 t 的记录,将这个记录和 e[low]的值交换;然后,从 low 所指向的位置向后搜索,找到第一个值大于 t 的记录,将这个记录和 e[high]的值交换。重复以上步骤,直到 low==high。完成一趟排序,low(或者 high)指向的位置就是第一个元素的确切位置。

第一趟完成后,确定了第一个元素的确切位置,同时生成了两个子序列,然后再对这两个序列使用同样的办法,最终实现整个序列的有序。

举例:利用快速排序法对以下序列进行排序:

$$(49,38,65,97,76,13,27,\underline{49})$$

过程如下。

初始状态:

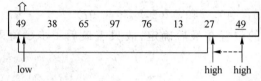

high 向左移动(high－－),直到找到小于 t(49)的关键字 27,将 27 的值赋给 e[low],如下:

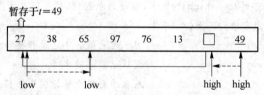

接着 low 开始向右移动(low＋＋),直到找到大于 t(49)的关键字 65,将 65 的值赋给 e[high],如下:

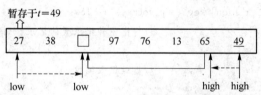

high 继续左移(high－－),直到一个小于 t 的数 13,将其赋给 e[low],如下:

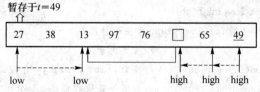

low 继续右移(low＋＋),直到找到大于 t(49)的关键字 97,将其赋给 e[high],如下:

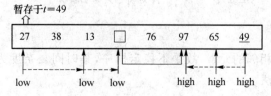

high 继续左移(high——),没有找到比 $t(49)$ 还小的数,但是由于出现了 high==low 的情况,结束左移,如下:

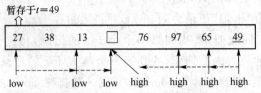

此时 low(或者 high)指向的位置就是第一个元素的确定位置:$e[low]=t$。

经过以上一趟快速排序,可将原序列分为了两个序列,同时确定关键字 49 的确切位置,如下:

$$\{27,38,13\}\ 49\ \{76,97,65,\underline{49}\}$$

下面再分别对两个子表进行快速排序,得最终结果:

$$\{13\}\ 27\ \{38\}\qquad 49\qquad \{\underline{49},65\}\ 76\ \{97\}$$
$$\underline{49}\ \{65\}$$

则最终得有序序列:$(13,\ 27,\ 38,\ 49,\ \underline{49},\ 65,\ 76,\ 97)$。

说明:在一趟排序中,"枢轴"的位置在最后确定,故只需最后一步赋值即可,中间不必交换。

3. 算法描述

```
int Partition(SqList &L,int low,int high){
    //交换顺序表 L 中子表 r[low…high]的记录,枢轴记录到位,并返回其所在位置
    //此时在它之前(后)的记录均不大(小)于它
    L.r[0] = L.r[low];                    //用子表的第一个记录作枢轴记录
    pivotkey = L.r[low].key;              //枢轴记录关键字
    while(low<high){                      //从表的两端交替地向中间扫描
        while(low<high&&L.r[high].key> = pivotkey) – high;
        L.r[low] = L.r[high];            //将比枢轴记录小的记录移到低端
        while(low<high&&L.r[high].key> = pivotkey) ++ low;
        L.r[high] = L.r[low];            //将比枢轴记录大的记录移到高端
    }
    L.r[low] = L.r[0];                    //枢轴记录到位
    return low;
}//Partition

void QSort(SqList &L,int low,int high){
    //对顺序表 L 中的子序列 L.r[low…high]作快速排序
    if(low<high){                         //长度大于 1
        pivotloc = Partition(L,low,high); //将 L.r[low…high]一分为二
        QSort(L,low,pivotloc – 1);        //对低子表递归排序,pivotloc 是枢轴位置
        QSort(L,pivotloc + 1,high);       //对高子表递归排序
    }
}//QSort
```

该算法需要交换不相邻的元素,故是不稳定排序,其时间复杂度为 $O(n\log_2 n)$,是内部排序中平均性能最好的方法。

234

例 9-1 我们知道,对于 n 个元素组成的线性表进行快速排序时,所需进行的比较次数与这 n 个元素的初始排序有关。问:

(1) 当 $n=7$ 时,在最好情况下需进行多少次比较? 请说明理由。

(2) 当 $n=7$ 时,给出一个最好情况的初始排序的实例。

(3) 当 $n=7$ 时,在最坏情况下需进行多少次比较? 请说明理由。

(4) 当 $n=7$ 时,给出一个最坏情况的初始排序的实例。

解:(1) 在最好情况下,假设每次划分能得到两个长度相等的子文件,文件的长度 $n=2^k-1$,那么第一遍划分得到两个长度均为 $\lfloor n/2 \rfloor$ 的子文件,第二遍划分得到 4 个长度均为 $\lfloor n/4 \rfloor$ 的子文件,依此类推,总共进行 $k=\log_2(n+1)$ 遍划分,各子文件的长度均为 1,排序完毕。当 $n=7$ 时,$k=3$,在最好情况下,第一遍需比较 6 次,第二遍分别对两个子文件(长度均为 3,$k=2$)进行排序,各需 2 次,共 10 次即可。

(2) 在最好情况下快速排序的原始序列实例:4,1,3,2,6,5,7。

(3) 在最坏情况下,若每次用来划分的记录的关键字具有最大值(或最小值),那么只能得到左(或右)子文件,其长度比原长度少 1。因此,若原文件中的记录按关键字递减次序排列,而要求排序后按递增次序排列时,快速排序的效率与冒泡排序相同,其时间复杂度为 $O(n^2)$。所以当 $n=7$ 时,最坏情况下的比较次数为 21 次。

(4) 在最坏情况下快速排序的初始序列实例:7,6,5,4,3,2,1,要求按递增排序。

9.3.3　交换类排序的 C 语言实现

```
# include <stdio.h>
# define MAXE 20                     //线性表中最多元素个数
typedef int KeyType;
typedef char InfoType[10];
typedef struct                       //记录类型
{
    KeyType key;                     //关键字项
    InfoType data;                   //其他数据项,类型为 InfoType
} RecType;
void BubbleSort(RecType R[],int n)    //冒泡排序算法
{
    int i,j,k;
    RecType temp;
    for (i = 0;i<n-1;i++)
    {
        for (j=n-1;j>i;j--)          //比较,找出本趟最小关键字的记录
            if (R[j].key<R[j-1].key)
            {
                temp = R[j];         //R[j]与 R[j-1]进行交换,将最小关键字记录前移
                R[j] = R[j-1];
                R[j-1] = temp;
            }
        printf("i = %d,冒出的最小关键字:%d,结果为:",i,R[i].key);//输出每一趟的排序结果
```

```c
        for (k = 0;k<n;k ++ )
            printf(" % 2d",R[k].key);
        printf("\n");
    }
}

void QuickSort(RecType R[],int s,int t)   //对 R[s]至 R[t]的元素进行快速排序
{
    int i = s,j = t,k;
    RecType temp;
    if (s<t)                        //区间内至少存在一个元素的情况
    {
        temp = R[s];                //用区间的第 1 个记录作为基准
        while (i! = j)              //从区间两端交替向中间扫描,直至 i = j 为止
        {
            while (j>i && R[j].key>temp.key)
                j-- ;               //从右向左扫描,找第 1 个关键字小于 temp.key 的 R[j]
            R[i] = R[j];
            while (i<j && R[i].key<temp.key)
                i ++ ;              //从左向右扫描,找第 1 个关键字大于 temp.key 的记录 R[i]
            R[j] = R[i];
        }
        R[i] = temp;
        printf(" 划分区间为 R[% d.. % d],结果为:",s,t);   //输出每一趟的排序结果
        for (k = 0;k<10;k ++ )
            if (k == i)
                printf(" [ % d]",R[k].key);
            else
                printf(" % 4d",R[k].key);
        printf("\n");
        QuickSort(R,s,i - 1);        //对左区间递归排序
        QuickSort(R,i + 1,t);        //对右区间递归排序
    }
}

void main()
{
    int i,k,n = 10;
    KeyType a[] = {9,8,7,6,5,4,3,2,1,0};
    RecType R[MAXE],S[MAXE];
    for (i = 0;i<n;i ++ ){
        R[i].key = a[i];
        S[i].key = a[i];
    }
    printf("初始关键字:");           //输出初始关键字序列
    for (k = 0;k<n;k ++ )
```

236

```
            printf(" %2d",R[k].key);
        printf("\n");
        BubbleSort(R,n);
        printf("冒泡排序的结果: ");        //输出初始关键字序列
        for (k = 0;k<n;k ++)
            printf(" %2d",R[k].key);
        printf("\n");
        QuickSort(S,0,n-1);
        printf("快速排序的结果: ");        //输出初始关键字序列
        for (k = 0;k<n;k ++)
            printf(" %2d",S[k].key);
        printf("\n");
}
```

9.4 选 择 排 序

9.4.1 简单选择排序

1. 基本思想

简单选择排序的基本思想是:每一趟在 $n-i+1(i=1,2,3,\ldots,n-1)$ 个记录中选取关键字最小的记录作为有序序列中的第 i 个记录。它的具体实现过程如下。

(1) 将整个记录序列划分为有序区域和无序区域,有序区域位于最左端,无序区域位于右端,初始状态有序区域为空,无序区域含有待排序的所有 n 个记录。

(2) 设置一个整型变量 index,用于记录在一趟的比较过程中,当前关键字值最小的记录位置。开始将它设定为当前无序区域的第一个位置,即假设这个位置的关键字最小,然后用它与无序区域中其他记录进行比较,若发现有比它的关键字还小的记录,就将 index 改为这个新的最小记录位置,随后继续与后面的记录进行比较,并根据比较结果,随时修改 index 的值,一趟结束后 index 中保留的就是本趟选择的关键字最小的记录位置。

(3) 将 index 位置的记录交换到无序区域的第一个位置,使得有序区域扩展了一个记录,而无序区域减少了一个记录。

不断重复(2)、(3),直到无序区域剩下一个记录为止。此时所有的记录已经按关键字从小到大的顺序排列就位。

2. 算法介绍

```
void SelecSort(DataType a[],int n)
{
  int i,j,index,temp;
  for( i = 1; i<n; i ++)            //对 n 个记录进行 n-1 趟的简单选择排序
  {
    index = i;                      //初始化第 i 趟简单选择排序的最小记录指针
    for (j = i + 1;j< = n;j ++)      //搜索关键字最小的记录位置
```

```
            if  (a[j].key<a[index].key) index = j;
        if (index! = i)
        {  temp = a[i];  a[i] = a[index];  a[index] = temp; }
    }
}
```

简单选择排序算法简单,在排序过程中只需要一个用来交换记录的暂存单元,但是速度较慢,其时间复杂度为 $O(n^2)$。

举例:利用简单选择排序算法对以下序列排序:

$$(72,73,71,23,94,16,5,68)$$

过程如下。

第一趟:【5】,73,71,23,94,16,72,68

第二趟:【5,16】,71,23,94,73,72,68.

第三趟:【5,16,23】,71,94,73,72,68

第四趟:【5,16,23,68】,94,73,72,71

第五趟:【5,16,23,68,71】,73,72,94

第六趟:【5,16,23,68,71,72】,73,94

第七趟:【5,16,23,68,71,72,73】,94

完成。

9.4.2 堆排序

1. 算法介绍

堆可将其看成一棵完全二叉树,这棵完全二叉树满足:任何一个非叶结点的值都不大于(或不小于)其左右孩子结点的值。若父结点的值不大于其左右孩子结点的值,则称为小顶堆;若父结点的值不小于其左右孩子结点的值,则称为大顶堆。

由 n 个元素组成的序列 $\{k_1,k_2,\cdots,k_{n-1},k_n\}$,当且仅当满足如下关系时,称之为**堆**:

$$\begin{cases} k_i \leq k_{2i} \\ k_i \leq k_{2i+1} \end{cases} \quad \text{或} \quad \begin{cases} k_i \geq k_{2i} \\ k_i \geq k_{2i+1} \end{cases} \quad \text{其中} \ i=1,2,3,\ldots,\lfloor n/2 \rfloor$$

例如序列(47,35,27,26,18,7,13,19)满足:

$k_1 \geq k_2 \quad k_2 \geq k_4 \quad k_3 \geq k_6 \quad k_4 \geq k_8$

$k_1 \geq k_3 \quad k_2 \geq k_5 \quad k_3 \geq k_7$

即对任意 $k_i(i=1,2,3,4)$ 有:

$k_i \geq k_{2i}$

$k_i \geq k_{2i+1}$

所以这个序列就是一个堆。

若将堆看成是一棵以 k_1 为根的完全二叉树,则这棵完全二叉树中的每个非终端结点的值均不大于(或不小于)其左、右孩子结点的值。由此可以看出,若一棵完全二叉树是堆,则根结点一定是这 n 个结点中的最小者或最大者。

根据堆的定义知道,代表堆的这棵完全二叉树的根结点的值是最大(或最小)的,因此将一个无序序列调整为一个堆,就可以找出这个序列的最大(或最小)值,然后将找出的这个值交换到序列的最后(或者最前),这样有序序列元素增加 1 个,无序序列中元素减少 1 个,对新的无

238

序序列重复这样的操作,就实现了排序。这就是堆排序的思想。

堆排序中最关键的操作是将序列调整为堆。整个排序的过程就是通过不断调整使得不符合堆定义的完全二叉树变为符合堆定义的完全二叉树的过程。图 9-2 和图 9-3 给出两个堆的示例。

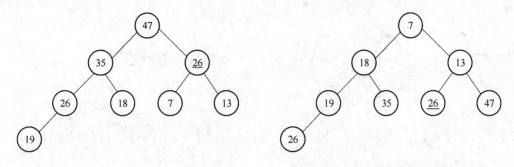

图 9-2　大顶堆　　　　　　　　　　　　　　图 9-3　小顶堆

2. 执行流程

原始序列:49,38,65,97,76,13,27,49

(1) 建堆

先将这个序列调整为一个大顶堆。原始序列对应的完全二叉树如图 9-4 所示。

在这个完全二叉树中,结点 76、13、27、49 是叶子结点,它们没有左右孩子,所以它们满足堆的定义。从 97 开始,按 97、38、65、49 的顺序依次调整。

① 调整 97。97>49,所以 97 和它的孩子 49 满足堆的定义,不需要调整。

② 调整 65。65>13,65>27,所以 65 和它的孩子 13、27 满足堆的定义,不需要调整。

③ 调整 38。38<97,38<76,不满足堆定义,需要调整。在这里,38 与较大的孩子结点交换,即和 97 交换(如果和 76 交换,则 76<97 仍然不满足堆的定义)。交换后 38 成了 49 的根结点,49>38,仍然不满足堆定义,需要继续调整,将 38 和 49 交换,结果如图 9-5 所示。

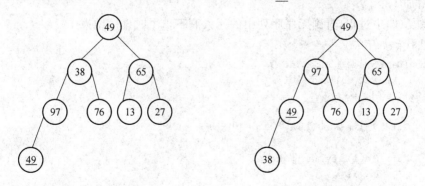

图 9-4　原始序列对应的完全二叉树　　　　图 9-5　调整 38 后的结果

④ 调整 49。49<97,49<65 不满足堆定义,需要调整,找到较大的孩子 97,将 49 和 97 交换,交换后 49<76 仍不满足堆定义,继续调整,将 49 与 76 交换,结果如图 9-6 所示。

(2) 排序

可以看出,此时已经建立好了一个大顶堆,对应的顺序为:97 76 65 49 49 13 27 38。将堆顶记录 97 和序列最后一个记录 38 交换。第一趟堆排序完成。97 到达其最终位置。将除 97

外的序列 38 76 65 <u>49</u> 49 13 27 重新调整为大顶堆。目前,只有 38 不满足堆的定义,因此只需对 38 进行调整。

调整 38,结果如图 9-7 所示。

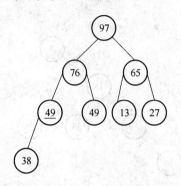

图 9-6　调整 49 后的结果

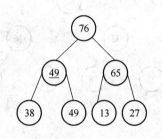

图 9-7　再次调整 38 后的结果

现在的序列为:76 <u>49</u> 65 38 49 13 27 97。将堆顶 76 和无序序列的最后一个记录 27 交换,第二趟堆排序完成。76 到达其最终位置,此时序列如下:27 <u>49</u> 65 38 49 13 76 97。然后对除 76 和 97 以外的无序序列依照上面的方法继续处理,直到树中只剩 1 个结点时排序完成。

堆排序执行过程描述(大顶堆)如下。

(1) 从无序序列所确定的完全二叉树的第一个非叶子结点开始,从右至左,上下至上,对每个结点进行调整,最终将得到一个大顶堆。

对结点的调整方法:将当前结点(假设为 a)的值与其孩子结点进行比较,如果存在大于 a 值的孩子结点,则从中选出最大的一个与 a 交换。当 a 来到下一层的时候重复上述过程,直到 a 的孩子结点值都小于 a 的值为止。

(2) 将当前无序序列中第一个元素,反映在树中是根结点(假设为 a)与无序序列中最后一个元素交换(假设为 b)。a 进入有序序列,到达最终位置。无序序列中元素减少 1 个,有序序列中元素增加 1 个。

(3) 重复(2)中过程,直到无序序列中的元素剩下 1 个时排序结束。

本算法代码如下:

```
void sift (DataType a[],int k,int m)
    {   i = k;;j = 2 * i;temp = a[i];
        while (j< = m)
        {
            if  ( j<m && a[j].key<a[j+1].key )
                j++;
            if  ( a[i].key>a[j].key)
                break;
            else
            {  a[i] = a[j];
                i = j;
                j = 2 * i;
            }
        }
        a[i] = temp;
    }
void  heapsort (DataType a,int n)
```

```
{  h = n/2 ;                        //最后一个非终端结点的编号
   for(i = h ; i > = 1 ; i - - )    //初建堆,从最后一个非终端结点至根结点
      sift(a,i,n);
   for(i = n ; i>1 ; i - - )        //重复执行移走堆顶结点及重建堆的操作
   {
      temp = a[1] ; a[1] = a[i]; a[i] = temp ;
      sift(a ,1 ,i - 1 );
   }
}
```

在堆排序中,除建初堆以外,其余调整堆的过程最多需要比较树深次,因此与简单选择排序相比时间效率提高了很多;另外,不管原始记录如何排列,堆排序的比较次数变化不大,所以说,堆排序对原始记录的排列状态并不敏感。

在堆排序算法中只需要一个暂存被筛选记录内容的单元和两个简单变量 h 和 i,所以堆排序是一种速度快且省空间的排序方法。堆排序是一种不稳定排序,其时间复杂度为 $O(n\log_2 n)$。

例 9-2 已知待排序的序列为(503,87,512,61,908,170,897,275,653,462),试完成下列各题。

(1) 根据以上序列建立一个堆(画出第一步和最后堆的结果图),希望先输出最小值。

(2) 输出最小值后,如何得到次小值。(并画出相应结果图)

解:(1) 建小顶堆如图 9-8 所示。

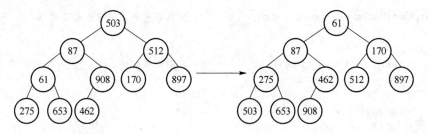

图 9-8 例 9-2 用图一

(2) 求次小值如图 9-9 所示。

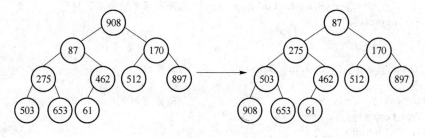

图 9-9 例 9-2 用图二

9.4.3 选择类排序的 C 语言实现

```
# include <stdio.h>
# define MAXE 20                      //线性表中最多元素个数
typedef int KeyType;
typedef char InfoType[10];
typedef struct                        //记录类型
{
```

```
    KeyType key;                                     //关键字项
    InfoType data;                                   //其他数据项,类型为 InfoType
} RecType;
void SelectSort(RecType R[],int n)                   //直接选择排序算法
{
    int i,j,k,l;
    RecType temp;
    for (i=0;i<n-1;i++)                              //进行第 i 趟排序
    {
        k=i;
        for (j=i+1;j<n;j++)                          //在当前无序区 R[i..n-1]中选 key 最小的 R[k]
            if (R[j].key<R[k].key)
                k=j;                                 //k 记下目前找到的最小关键字所在的位置
        if (k!=i)                                    //交换 R[i]和 R[k]
        {
            temp=R[i];R[i]=R[k];R[k]=temp;
        }
        printf(" i=%d,选择的关键字:%d,结果为:",i,R[i].key);
        for (l=0;l<n;l++)                            //输出每一趟的排序结果
            printf("%2d",R[l].key);
        printf("\n");
    }
}
void DispHeap(RecType R[],int i,int n)               //以括号表示法输出建立的堆
{
    if (i<=n)
        printf("%d",R[i].key);                       //输出根结点
    if (2*i<=n || 2*i+1<n)
    {
        printf("(");
        if (2*i<=n)
            DispHeap(R,2*i,n);                       //递归调用输出左子树
        printf(",");
        if (2*i+1<=n)
            DispHeap(R,2*i+1,n);                     //递归调用输出右子树
        printf(")");
    }
}
void Sift(RecType R[],int low,int high)              //调整堆
{
    int i=low,j=2*i;                                 //R[j]是 R[i]的左孩子
    RecType temp=R[i];
    while (j<=high)
    {
        if (j<high && R[j].key<R[j+1].key)           //若右孩子较大,把 j 指向右孩子
            j++;                                     //变为 2i+1
        if (temp.key<R[j].key)
        {
            R[i]=R[j];                               //将 R[j]调整到双亲结点位置上
            i=j;                                     //修改 i 和 j 值,以便继续向下筛选
            j=2*i;
        }
        else break;                                  //筛选结束
```

242

```
        }
        R[i] = temp;                            //被筛选结点的值放入最终位置
}
void HeapSort(RecType R[],int n)                //对 R[1]到 R[n]元素实现堆排序
{
        int i,j,count = 1;
        RecType temp;
        for (i = n/2;i> = 1;i--)                //循环建立初始堆
            Sift(R,i,n);
        printf("初始堆:");DispHeap(R,1,n);printf("\n"); //输出初始堆
        for (i = n;i> = 2;i--)                  //进行 n-1 次循环,完成堆排序
        {
            printf("第 % d 趟排序:\n",count ++);
            printf("  交换 % d 与 % d,输出 % d\n",R[i].key,R[1].key,R[1].key);
            temp = R[1];                        //将第一个元素同当前区间内 R[1]对换
            R[1] = R[i];
            R[i] = temp;
            printf("  排序结果:");              //输出每一趟的排序结果
            for (j = 1;j< = n;j++)
                printf(" % 2d",R[j].key);
            printf("\n");
            Sift(R,1,i-1);                      //筛选 R[1]结点,得到 i-1 个结点的堆
            printf("筛选调整得到堆:");DispHeap(R,1,i-1);printf("\n");
        }
}
void main()
{
        int i,k,n = 10,m = 5;
        KeyType a[] = {6,8,7,9,0,1,3,2,4,5};
        RecType R[MAXE],S[MAXE];
        for (i = 0;i<n;i++)
            R[i].key = a[i];
        for (i = 1;i< = n;i++)
            S[i].key = a[i-1];
        printf("初始关键字:");                  //输出初始关键字序列
        for (k = 0;k<n;k++)
            printf(" % 2d",R[k].key);
        printf("\n");
        SelectSort(R,n);
        printf("直接选择排序的结果:");          //输出初始关键字序列
        for (k = 0;k<n;k++)
            printf(" % 2d",R[k].key);
        printf("\n");
        for (i = n/2;i> = 1;i--)                //循环建立初始堆
            Sift(S,i,n);
        HeapSort(S,n);
        printf("堆排序的结果: ");               //输出最终结果
        for (k = 1;k< = n;k++)
            printf(" % d ",S[k].key);
        printf("\n");
}
```

9.5 2-路归并排序

9.5.1 2-路归并排序

归并排序(merging sort)是另一类不同的排序方法。"归并"的含义是将两个或两个以上的有序表组合成一个新的有序表。归并排序的基本思想是将一个具有 n 个待排序记录的序列看成是 n 个长度为 1 的有序列,然后进行两两归并,得到 $\lceil n/2 \rceil$ 个长度为 2 的有序序列,再进行两两归并,得到 $\lceil n/4 \rceil$ 个长度为 4 的有序序列,如此重复,直至得到一个长度为 n 的有序序列为止。

假设记录序列被存储在一维数组 a 中,且 $a[s] \sim a[m]$ 和 $a[m+1] \sim a[t]$ 已经分别有序,现将它们合并为一个有序段,并存入数组 $a1$ 中的 $a1[s] \sim a1[t]$ 之间。2-路归并排序的算法如下:

```
void  merge (DataType a,DataType a1,int s,int m,int t) {
    //a[s]~[m]和 a[m+1]~a[t]已经分别有序,将它们归并至 a1[s]~a1[t]中
    k = s; i = s; j = m + 1;
    while(i< = m && j< = t)
    {   if (a[i].key< = a[j].key) a1[k ++ ] = a[i ++ ];
        else   a1[k ++ ] = a[j ++ ];
    }
    if (i< = m)                          //将剩余记录复制到数组 a1 中
        while(i< = m)   a1[k ++ ] = a[i ++ ];
    if (j< = t)
        while (j< = t)   a1[k ++ ] = a[j ++ ];
}
```

2-路归并排序是一种稳定的排序方法,其时间复杂度为 $O(n\log_2 n)$。

9.5.2 2-路归并排序的 C 语言实现

```
# include <stdio. h>
# include <malloc. h>
# define MAXE 20                          //线性表中最多元素个数
typedef int KeyType;
typedef char InfoType[10];
typedef struct                           //记录类型
{
    KeyType key;                         //关键字项
    InfoType data;                       //其他数据项,类型为 InfoType
} RecType;
void Merge(RecType R[],int low,int mid,int high)
//将两个有序表 R[low..mid]和 R[mid+1..high]归并为一个有序表 R[low..high]中
{
    RecType * R1;
    int i = low,j = mid + 1,k = 0;        //k 是 R1 的下标,i、j 分别为第 1、2 段的下标
    R1 = (RecType * )malloc((high - low + 1) * sizeof(RecType));   //动态分配空间
    while (i< = mid && j< = high)         //在第 1 段和第 2 段均未扫描完时循环
        if (R[i].key< = R[j].key)         //将第 1 段中的记录放入 R1 中
```

```
        {
            R1[k] = R[i];
            i++;k++;
        }
        else                                    //将第 2 段中的记录放入 R1 中
        {
            R1[k] = R[j];
            j++;k++;
        }
    while (i<= mid)                             //将第 1 段余下部分复制到 R1
    {
        R1[k] = R[i];
        i++;k++;
    }
    while (j<= high)                            //将第 2 段余下部分复制到 R1
    {
        R1[k] = R[j];
        j++;k++;
    }
    for (k = 0,i = low;i<= high;k++,i++)        //将 R1 复制回 R 中
        R[i] = R1[k];
}
void MergePass(RecType R[],int length,int n)    //实现一趟归并
{
    int i;
    for (i = 0;i + 2 * length - 1<n;i = i + 2 * length)  //归并 length 长的两相邻子表
        Merge(R,i,i + length - 1,i + 2 * length - 1);
    if (i + length - 1<n)                       //余下两个子表,后者长度小于 length
        Merge(R,i,i + length - 1,n - 1);        //归并这两个子表
}
void MergeSort(RecType R[],int n)               //二路归并排序算法
{
    int length,k,i = 1;                         //i 用于累计归并的趟数
    for (length = 1;length<n;length = 2 * length)
    {
        MergePass(R,length,n);
        printf(" 第 %d 趟归并:",i++);            //输出每一趟的排序结果
        for (k = 0;k<n;k++)
            printf(" %4d",R[k].key);
        printf("\n");
    }
}
void main()
{
    int i,k,n = 10;
    KeyType a[] = {18,2,20,34,12,32,6,16,5,8};
    RecType R[MAXE];
    for (i = 0;i<n;i++)
        R[i].key = a[i];
    printf("初始关键字:");                       //输出初始关键字序列
    for (k = 0;k<n;k++)
        printf(" %4d",R[k].key);
    printf("\n");
```

```
    MergeSort(R,n);
    printf("归并排序的结果: ");          //输出初始关键字序列
    for (k = 0;k＜n;k++)
        printf(" % 4d",R[k].key);
    printf("\n");
}
```

9.6 基 数 排 序

9.6.1 基数排序

1. 算法介绍

基数排序是一种基于多关键字的排序方法。该方法将排序关键字 K 看作是由多个关键字组成的组合关键字,即 $K=k^1k^2\cdots k^d$。每个关键字 k^i 表示关键字的一位,其中 k^1 为最高位,k^d 为最低位,d 为关键字的位数。例如,对于关键字序列(101,203,567,231,478,352),可以将每个关键 K 看成由三个单关键字组成,即 $K=k^1k^2k^3$,每个关键字的取值范围为 $0\leqslant k^i\leqslant9$,所以每个关键字可取值的数目为 10,通常将关键字取值的数目称为基数,用符号 r 表示,在这个例子中 $r=10$。对于关键字序列(AB,BD,ED)可以将每个关键字看成是由两个单字母关键字组成的复合关键字,并且每个关键字的取值范围为 A～Z,所以关键字的基数 $r=26$。

基数排序有两种实现方式:第一种叫作最高位优先,即先按最高位排序成若干子序列,再对每个子序列按次高位排序。以扑克牌为例,先按花色排成 4 个子序列,再对每种花色的 13 张牌进行排序,最终使得所有扑克牌整体有序。第二种叫作最低位优先,这种方式不必分成子序列,每次排序全体元素参与。最低位可以优先这样进行,不通过比较,而是通过"分配"和"收集"。还是以扑克牌为例,可先按数字将牌分配到 13 个桶中,然后从第一个桶开始依次收集;再将收集好的牌按花色分配到 4 个桶中,仍然从第一个桶开始依次收集。经过两次"分配"和"收集操作",最终使牌有序。

2. 执行流程

下面通过一个例子来体会基数排序过程,初始桶如图 9-10 所示。

原始序列:278   109   063   930   589   184   505   269   008   083

每个元素的每一位都是由"数字"组成的,数字的范围是 0～9,所以准备 10 个桶用来存放元素。

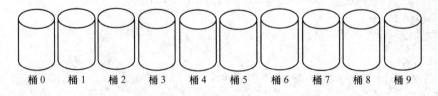

桶0   桶1   桶2   桶3   桶4   桶5   桶6   桶7   桶8   桶9

图 9-10 初始桶

(1) 进行第一趟分配和收集,要按照最后一位。

① 分配过程如下(数据从桶的上面进入)。

278 最低位是 8,放到桶 8 中,如图 9-11 所示。

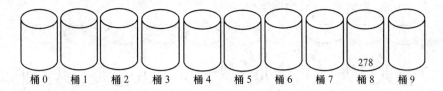

图 9-11 278 放入桶 8

109 最低位是 9，放入桶 9，如图 9-12 所示。

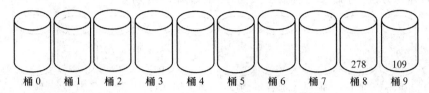

图 9-12 109 放入桶 9

照这样的方法，依次（按原始序列顺序）将原始序列的每个数放到对应的桶中。第一趟分配过程完成，结果如图 9-13 所示。

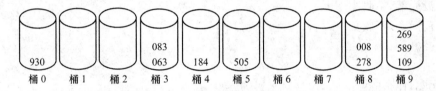

图 9-13 第一趟结果

② 收集过程是这样的：按桶 0 到桶 9 的顺序收集，数据从桶的下面出。

桶 0：930

桶 1：没元素，不收集

桶 2：没元素，不收集

桶 3：063，083

······

桶 8：278，008

桶 9：109，589，269

将每桶收集的数据依次排开，所以第一趟收集后的结果为：

930　　063　　083　　184　　505　　278　　008　　109　　589　　269

目前，最低位已经有序，这就是第一趟基数排序后的结果。

（2）在第一趟排序结果的基础上，进行第二趟分配和收集，这次按照中间位。

① 第二趟分配过程如下。

930 中间位是 3，放到桶 3 中，如图 9-14 所示。

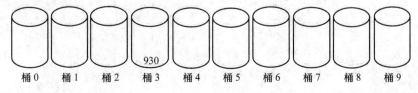

图 9-14 930 放桶 3 中

063 中间位是 6,放到桶 6 中,如图 9-15 所示。

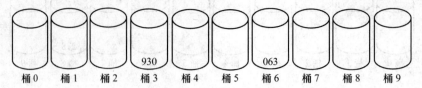

图 9-15　063 放桶 6 中

按照同样的方法,将其余元素依次入桶,结果如图 9-16 所示。

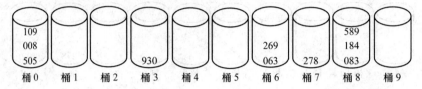

图 9-16　第二趟结果

② 进行第二趟收集。

桶 0:505,008,109

桶 1:没元素,不收集

桶 2:没元素,不收集

桶 3:930

……

桶 8:083,184,589

桶 9:没元素,不收集

第二趟收集的结果为:

505　008　109　930　063　269　278　083　184　589

此时,中间位有序了,并且中间位相同的元素,其最低位也是有序的,第二趟基数排序结束。

(3) 在第二趟排序结果的基础上,进行第三趟分配和收集,这次按照最高位。

① 第三趟分配过程如下。

505 最高位是 5,放到桶 5 中,如图 9-17 所示。

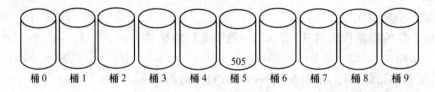

图 9-17　505 放桶 5 中

008 最高位是 0,放到桶 0 中,如图 9-18 所示。

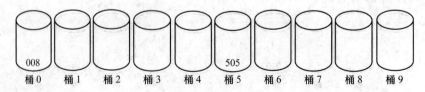

图 9-18　008 放桶 0 中

按照同样的方法,将其余元素依次入桶,结果如图 9-19 所示。

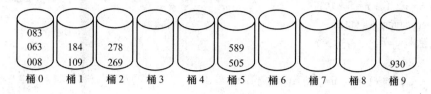

图 9-19　第二趟结果

② 进行第三趟收集。

桶 0:008,063,083

桶 1:109,184

桶 2:269,278

桶 3:没元素,不收集

……

桶 8:没元素,不收集

桶 9:930

第三趟收集的结果为:

008　063　083　109　184　269　278　505　589　930

现在最高位有序,最高位相同的元素按中间位有序,中间位相同的元素按最低位有序,于是整个序列有序,基数排序过程结束。

3. 算法介绍

在基数排序的"分配"与"收集"操作过程中,为了避免数据元素的大量移动,通常采用链式存储结构存储待排序的记录序列,若假设记录的关键字为 int 类型,则链表的结点类型可以定义如下:

```
typedef struct node
{   int   key;
    anytype data;
    int * next;
}List_Node;
```

基数排序的基本操作是按关键字位进行"分配"和"收集"。下面是基数排序的完整算法。

```
List_Node * radixsort( List_Node * h,int d,int r)
{   n = 10; m = 1;
    for(i = 1; i< = d;i + + )                    //共"分配""收集"d 次
    {   for(j = 0;j< = 9;j + + )                 //初始化队列
        {   f[j] = NULL;t[j] = NULL;}
        p = h;
        while(p) {
            k = p - >key % n/m                   //"分离"
            if(f[k] = = NULL)    f[k] = p;        //入队
                else t[k] - >next = p;
            t[k] = p;
            p = p - >next;                        //从单链表中获取下一个结点
```

```
            }
        m = m * 10; n = n * 10;
        h = NULL; p = NULL;                        //"收集"
        for(j = 0;j<r;j++)
            if (f[j]) {
                if (! h) { h = f[j];p = t[j]; }
                    else {p->next = f[j];p = t[j];}
            }
        }
    return(h);
}
```

时间复杂度:平均和最坏情况下都是 $O(d(n+r_d))$。

空间复杂度:$O(r_d)$。

其中,n 为序列中大的元素数;d 为元素的关键字位数,如 930,由 3 位组成,$d=3$;r_d 为关键字的取值范围,如 930,每一位都是十进制数,取值范围是 0~9,因此 $r_d=10$。

9.6.2 基数排序的 C 语言实现

```
# include <stdio. h>
# include <malloc. h>
# include <string. h>
# define MAXE 20                              //线性表中最多元素个数
# define MAXR 10                              //基数的最大取值
# define MAXD 8                               //关键字位数的最大取值
typedef struct node
{   char data[MAXD];                          //记录的关键字定义的字符串
    struct node * next;
} RecType;
void CreaLink(RecType * &p,char * a[],int n);
void DispLink(RecType * p);
void RadixSort(RecType * &p,int r,int d) //实现基数排序:*p为待排序序列链表指针,r为基数,d为关键字位数
{
    RecType * head[MAXR], * tail[MAXR], * t;      //定义各链队的首尾指针
    int i,j,k;
    for (i = d - 1;i>= 0;i--)                   //从低位到高位循环
    {
        for (j = 0;j<r;j++)                    //初始化各链队首、尾指针
            head[j] = tail[j] = NULL;
        while (p! = NULL)                       //对于原链表中每个结点循环
        {
            k = p->data[i] - '0';                //找第 k 个链队
            if (head[k] == NULL)                //进行分配
            {
                head[k] = p;
                tail[k] = p;
            }
            else
            {
                tail[k]->next = p;
                tail[k] = p;
```

```c
            }
            p = p - >next;                          //取下一个待排序的元素
        }
        p = NULL;
        for (j = 0;j<r;j++)                         //对于每一个链队循环
            if (head[j]! = NULL)                     //进行收集
            {
                if (p == NULL)
                {
                    p = head[j];
                    t = tail[j];
                }
                else
                {
                    t - >next = head[j];
                    t = tail[j];
                }
            }
        t - >next = NULL;                            //最后一个结点的 next 域置 NULL
        printf(" 按%d 位排序:",d - i - 1);DispLink(p);
    }
}
void CreaLink(RecType * &p,char * a[],int n)         //采用后插法产生链表
{
    int i;
    RecType * s, * t;
    for (i = 0;i<n;i++)
    {
        s = (RecType * )malloc(sizeof(RecType));
        strcpy(s - >data,a[i]);
        if (i == 0)
        {
            p = s;t = s;
        }
        else
        {
            t - >next = s;t = s;
        }
    }
    t - >next = NULL;
}
void DispLink(RecType * p)                           //输出链表
{
    while (p! = NULL)
    {
        printf("% s ",p - >data);
        p = p - >next;
    }
    printf("\n");
}
void main()
{
    int n = 10;
```

```
RecType * p;
char * a[] = {"75","23","98","44","57","12","29","64","38","82"};
CreaLink(p,a,n);
printf("初始关键字:");                          //输出初始关键字序列
DispLink(p);
RadixSort(p,10,2);
printf("基数排序的结果: ");                      //输出最终结果
DispLink(p);
printf("\n");
}
```

9.7 各种内部排序算法的比较

表 9-1 列出了各种内部排序算法的平均时间、最坏情况、辅助空间、稳定性以及对不稳定性的举例。

表 9-1   各种内部排序性能比较

排序方法	平均时间	最坏情况	辅助空间	稳定性
直接插入排序	$O(n^2)$	$O(n^2)$	$O(1)$	稳定
折半插入排序	$O(n^2)$	$O(n^2)$	$O(1)$	稳定
冒泡排序	$O(n^2)$	$O(n^2)$	$O(1)$	稳定
直接选择排序	$O(n^2)$	$O(n^2)$	$O(1)$	不稳定
希尔排序			$O(1)$	不稳定
快速排序	$O(n\log_2 n)$	$O(n^2)$	$O(\log_2 n)$	不稳定
堆排序	$O(n\log_2 n)$	$O(n\log_2 n)$	$O(1)$	不稳定
2-路归并排序	$O(n\log_2 n)$	$O(n\log_2 n)$	$O(n)$	稳定
基数排序	$O(d\ (n+r_d))$	$O(d\ (n+r_d))$	$O(r_d)$	稳定

按平均时间排序可以分为四类。

（1）平方阶（$O(n^2)$）排序，一般称为简单排序，例如直接插入、直接选择和冒泡排序。

（2）线性对数阶（$O(n\log_2 n)$）排序，如快速、堆和归并排序。

（3）$O(n)+\pounds$ 阶排序，$\pounds$ 是介于 0 和 1 之间的常数，即 $0<\pounds<1$，如希尔排序。

（4）线性阶（$O(n)$）排序，如基数排序。

简单排序中直接插入最好，快速排序最快，当文件为正序时，直接插入和冒泡均最佳。因为不同的排序方法适应不同的应用环境和要求，所以选择合适的排序方法应综合考虑下列因素：

① 待排序的记录数目 n；

② 记录的大小（规模）；

③ 关键字的结构及其初始状态；

④ 对稳定性的要求；

⑤ 语言工具的条件；

⑥ 存储结构；

⑦ 时间和辅助空间复杂度等。

不同条件下,排序方法的选择如下。

（1）若 n 较小（如 $n \leqslant 50$）,可采用直接插入或直接选择排序。当记录规模较小时,直接插入排序较好;否则因为直接选择移动的记录数少于直接插入,应选直接选择排序为宜。

（2）若文件初始状态基本有序（指正序）,则应选用直接插入、冒泡或随机的快速排序为宜。

（3）若 n 较大,则应采用时间复杂度为 $O(n\log_2 n)$ 的排序方法:快速排序、堆排序或归并排序。快速排序是目前基于比较的内部排序中被认为是最好的方法,当待排序的关键字是随机分布时,快速排序的平均时间最短;堆排序所需的辅助空间少于快速排序,并且不会出现快速排序可能出现的最坏情况。这两种排序都是不稳定的。若要求排序稳定,则可选用归并排序。但本章介绍的从单个记录起进行两两归并的排序算法并不值得提倡,通常可以将它和直接插入排序结合在一起使用。先利用直接插入排序求得较长的有序子文件,然后再两两归并之。因为直接插入排序是稳定的,所以改进后的归并排序仍是稳定的。

（4）在基于比较的排序方法中,每次比较两个关键字的大小之后,仅仅出现两种可能的转移,因此可以用一棵二叉树来描述比较判定过程。当文件的 n 个关键字随机分布时,任何借助于"比较"的排序算法,至少需要 $O(n\log_2 n)$ 的时间。

本 章 小 结

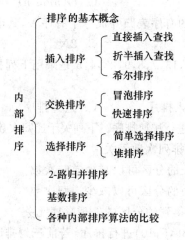

练 习 强 化

一、选择题

1. 在对 n 个元素进行直接插入排序的过程中,共需要进行（　　）趟。

A. n 　　　　　　B. $n+1$ 　　　　　　C. $n-1$ 　　　　　　D. $2n$

2. 在对 n 个元素进行冒泡排序的过程中,最好情况下的时间复杂度为（　　）。

A. $O(1)$ 　　　　　　B. $O(\log_2 n)$ 　　　　　　C. $O(n^2)$ 　　　　　　D. $O(n)$

3. 在对 n 个元素进行快速排序的过程中,平均情况下的时间复杂度为（　　）。

A. $O(1)$　　　　B. $O(\log_2 n)$　　　　C. $O(n^2)$　　　　D. $O(n\log_2 n)$

4. 假定对元素序列$(7,3,5,9,1,12)$进行堆排序,并且采用小顶堆,则由初始数据构成的初始堆为(　　)。

A. $1,3,5,7,9,12$　　B. $1,3,5,9,7,12$　　C. $1,5,3,7,9,12$　　D. $1,5,3,9,12,7$

5. 下面给出的四种排序法中(　　)排序法是不稳定性排序法。

A. 插入　　　　B. 冒泡　　　　C. 二路归并　　　　D. 堆积

6. 在下列排序算法中,哪一个算法的时间复杂度与初始排序无关?(　　)。

A. 直接插入排序　　B. 冒泡排序　　C. 快速排序　　D. 直接选择排序

7. 下列序列中,(　　)是执行第一趟快速排序后所得的序列。

A. $[68,11,18,69]$　$[23,93,73]$　　　　B. $[68,11,69,23]$　$[18,93,73]$

C. $[93,73]$　$[68,11,69,23,18]$　　　　D. $[68,11,69,23,18]$　$[93,73]$

8. 从未排序序列中依次取出一个元素与已排序序列中的元素依次进行比较,然后将其放在已排序序列的合适位置,该排序方法称为(　　)排序法。

A. 插入　　　　B. 选择　　　　C. 希尔　　　　D. 二路归并

9. 就排序算法所用的辅助空间而言,堆排序、快速排序、归并排序的关系是(　　)。

A. 堆排序<快速排序<归并排序　　　　B. 堆排序<归并排序<快速排序

C. 堆排序>归并排序>快速排序　　　　D. 堆排序>快速排序>归并排序

10. 对n个记录的文件进行堆排序,最坏情况下的执行时间是多少?(　　)。

A. $O(\log_2 n)$　　B. $O(n)$　　C. $O(n\log_2 n)$　　D. $O(n^2)$

11. 将两个各有N个元素的有序表归并成一个有序表,其最少的比较次数是(　　)。

A. N　　　　B. $2N-1$　　　　C. $2N$　　　　D. $N-1$

12. 若数据元素序列$11,12,13,7,8,9,23,4,5$是采用下列排序方法之一得到的第二趟排序后的结果,则该排序算法只能是(　　)。

A. 冒泡排序　　　B. 插入排序　　　C. 选择排序　　　D. 二路归并排序

13. 采用递归方式对顺序表进行快速排序。下列关于递归次数的叙述中,正确的是(　　)。

A. 递归次数与初始数据的排列次数无关

B. 每次划分后,先处理较长的分区可以减少递归次数

C. 每次划分后,先处理较短的分区可以减少递归次数

D. 递归次数与每次划分后得到的分区的处理顺序无关

14. 对一组数据$(2,12,16,88,5,10)$进行排序,若前三趟排序结果如下:

第一趟:$2,12,16,5,10,88$

第二趟:$2,12,5,10,16,88$

第三趟:$2,5,10,12,16,88$

则采用的排序方法可能是(　　)。

A. 冒泡排序　　B. 希尔排序　　　C. 归并排序　　　D. 基数排序

15. 为实现快速排序算法,待排序序列宜采用的存储方式是(　　)。

A. 顺序存储　　B. 散列存储　　　C. 链式存储　　　D. 索引存储

16. 已知序列$25,13,10,12,9$是大顶堆,在序列尾部插入新元素18,将其再调整为大顶堆,调整过程中元素之间进行的比较次数是(　　)。

A. 1　　　　　B. 2　　　　　C. 4　　　　　D. 5

17. 排序过程中,对尚未确定最终位置的所有元素进行一遍处理称为一趟排序。下列排序方法中,每一趟排序结束时都至少能够确定一个元素最终位置的方法是(　　)。

Ⅰ.简单选择排序　　Ⅱ.希尔排序　　Ⅲ.快速排序　　Ⅳ.堆排序　　Ⅴ.二路归并排序

A. 仅Ⅰ、Ⅲ、Ⅳ　　　B. 仅Ⅰ、Ⅲ、Ⅴ　　　C. 仅Ⅱ、Ⅲ、Ⅳ　　　D. 仅Ⅲ、Ⅳ、Ⅴ

18. 对同一待排序列分别进行折半插入排序和直接插入排序,两者之间可能的不同之处是(　　)。

A. 排序的总趟数　　　　　　　　B. 元素的移动次数

C. 使用辅助空间的数量　　　　　D. 元素之间的比较次数

19. 对给定的关键字序列 110,119,007,911,114,120,122 进行基数排序,则第 2 趟分配收集后得到的关键字序列是(　　)。

A. 007,110,119,114,911,120,122　　　　B. 007,110,119,114,911,122,120

C. 007,110,911,114,119,120,122　　　　D. 110,120,911,122,114,007,119

20. 已知关键序列 5,8,12,19,28,20,15,22 是小顶堆(最小堆),插入关键字 3,调整后得到的小顶堆是(　　)。

A. 3,5,12,8,28,20,15,22,19　　　　　　B. 3,5,12,19,20,15,22,8,28

C. 3,8,12,5,20,15,22,28,19　　　　　　D. 3,12,5,8,28,20,15,22,19

二、填空题

1. 每次直接或通过支点元素间接比较两个元素,若出现逆序排列时就交换它们的位置,此种排序方法叫作_____排序;每次使两个相邻的有序表合并成一个有序表的排序方法叫作_____排序。

2. 对 n 个记录进行冒泡排序时,最少的比较次数为_____,最少的趟数为_____。

3. 若对一组记录(46,79,56,38,40,80,35,50,74)进行直接插入排序,当把第 8 个记录插入到前面已排序的有序表时,为寻找插入位置需比较_____次。

4. 假定一组记录为(46,79,56,38,40,84),在冒泡排序的过程中进行第一趟排序后的结果为_____。

5. 假定一组记录为(46,79,56,38,40,80),对其进行快速排序的过程中,共需要_____趟排序。

6. 假定一组记录为(46,79,56,25,76,38,40,80),对其进行快速排序的第一次划分后,右区间内元素的个数为_____。

7. 假定一组记录为(46,79,56,38,40,80,46,75,28,46),对其进行归并排序的过程中,第二趟归并后的子表个数为_____。

8. 假定一组记录为(46,79,56,38,40,80,46,75,28,46),对其进行归并排序的过程中,共需要_____趟完成。

9. 在时间复杂度为 $O(n^2)$ 的所有排序方法中,_____排序方法是不稳定的。

10. 在所有排序方法中,_____方法使数据的组织采用的是完全二叉树的结构。

11. _____排序方法使键值大的记录逐渐下沉,使键值小的记录逐渐上浮。

12. _____排序方法能够每次从无序表中顺序查找出一个最小值。

13. 下面的 c 函数实现对链表 head 进行选择排序的算法,排序完毕,链表中的结点按结

点值从小到大链接。请在空框处填上适当内容,每个空框只填一个语句或一个表达式:

```
# include <stdio.h>
typedef struct node {char data; struct node * link; }node;
node * select(node * head)
{node * p, * q, * r, * s;
 p = (node * )malloc(sizeof(node));
      p->link = head; head = p;
  while(p->link! = null)
        {q = p->link; r = p;
      while ((1))
        { if (q->link->data<r->link->data) r = q;
          q = q->link;
        }
      if ((2)) {s = r->link; r->link = s->link; s->link = ((3)); ((4));}
      ((5)) ;
      }
p = head; head = head->link; free(p); return(head);
}
```

14. 设用希尔排序对数组{98,36,−9,0,47,23,1,8,10,7}进行排序,给出的步长(也称增量序列)依次是 4,2,1,则排序需_____趟,写出第一趟结束后,数组中数据的排列次序_____。

15. 对于 7 个元素的集合{1,2,3,4,5,6,7}进行快速排序,具有最小比较和交换次数的初始排列次序为_____。

三、判断题

1. 当待排序的元素很大时,为了交换元素的位置,移动元素要占用较多的时间,这是影响时间复杂度的主要因素。   (   )

2. 内排序要求数据一定要以顺序方式存储。   (   )

3. 排序算法中的比较次数与初始元素序列的排列无关。   (   )

4. 排序的稳定性是指排序算法中的比较次数保持不变,且算法能够终止。   (   )

5. 在执行某个排序算法过程中,出现了排序码朝着最终排序序列位置相反方向移动,则该算法是不稳定的。   (   )

6. 直接选择排序算法在最好情况下的时间复杂度为 $O(N)$。   (   )

7. 两分法插入排序所需比较次数与待排序记录的初始排列状态相关。   (   )

8. 在初始数据表已经有序时,快速排序算法的时间复杂度为 $O(n\log_2 n)$。 (   )

9. 在待排数据基本有序的情况下,快速排序效果最好。   (   )

10. 当待排序记录已经从小到大排序或者已经从大到小排序时,快速排序的执行时间最省。   (   )

11. 快速排序的速度在所有排序方法中为最快,而且所需附加空间也最少。 (   )

12. 堆肯定是一棵平衡二叉树。   (   )

13. 堆是满二叉树。   (   )

14. (101,88,46,70,34,39,45,58,66,10)是堆。 （　　）

15. 在用堆排序算法排序时,如果要进行增序排序,则需要采用"大顶堆"。 （　　）

16. 堆排序是稳定的排序方法。 （　　）

17. 归并排序辅助存储为 $O(1)$。 （　　）

18. 在分配排序时,最高位优先分配法比最低位优先分配法简单。 （　　）

19. 冒泡排序和快速排序都是基于交换两个逆序元素的排序方法,冒泡排序算法的最坏时间复杂度是 $O(n^2)$,而快速排序算法的最坏时间复杂度是 $O(n\log_2{}^n)$,所以快速排序比冒泡排序算法效率更高。 （　　）

20. 交换排序法是对序列中的元素进行一系列比较,当被比较的两个元素逆序时,进行交换,冒泡排序和快速排序是基于这类方法的两种排序方法,冒泡排序算法的最坏时间复杂度是 $O(n^2)$,而快速排序算法的最坏时间复杂度是 $O(n\log_2 n)$,所以快速排序比冒泡排序效率更高。 （　　）

21. 快速排序和归并排序在最坏情况下的比较次数都是 $O(n\log_2 n)$。 （　　）

22. 在任何情况下,归并排序都比简单插入排序快。 （　　）

23. 归并排序在任何情况下都比所有简单排序速度快。 （　　）

24. 快速排序总比简单排序快。 （　　）

25. 中序周游(遍历)平衡的二叉排序树,可得到最好排序的关键码序列。 （　　）

26. 外部排序是把外存文件调入内存,可利用内部排序的方法进行排序,因此排序所花的时间取决于内部排序的时间。 （　　）

27. 在外部排序时,利用选择树方法在能容纳 m 个记录的内存缓冲区中产生的初始归并段的平均长度为 $2m$ 个记录。 （　　）

28. 为提高在外排序过程中,对长度为 N 的初始序列进行"置换—选择"排序时,可以得到的最大初始有序段的长度不超过 $N/2$。 （　　）

29. 排序速度,进行外排序时,必须选用最快的内排序算法。 （　　）

30. 在完成外排序过程中,每个记录的 I/O 次数必定相等。 （　　）

四、操作题

1. 已知一组记录为(46,74,53,14,26,38,86,65,27,34),给出采用冒泡排序法进行排序时每一趟的排序结果。

2. 已知一组记录为(46,74,53,14,26,38,86,65,27,34),给出采用简单选择排序法进行排序时每一趟的排序结果。

3. 已知一组记录为(46,74,53,14,26,38,86,65,27,34),给出采用归并排序法进行排序时每一趟的排序结果。

4. 对数据表(125,11,22,34,15,44,76,66,100,8,14,20,2,5,1),写出采用希尔排序算法排序的每一趟的结果,并标出数据移动情况。

5. 对给定记录(28,07,39,10,65,14,61,17,50,21)选择第一个元素 28 进行划分,写出其快速排序第一遍的排序过程。

6. 判断下列序列是否是堆(可以是小堆,也可以是大堆,若不是堆,请将它们调整为堆)。

(1) 100,85,98,77,80,60,82,40,20,10,66

(2) 100,98,85,82,80,77,66,60,40,20,10

(3) 100,85,40,77,80,60,66,98,82,10,20

(4) 10,20,40,60,66,77,80,82,85,98,100

7. 设某文件中待排序记录的排序码为 72,73,71,23,94,16,05,68,试画图表示出树形选择排序(增序)过程的前三步。

8. 给出一组关键字 $T=(12,2,16,30,8,28,4,10,20,6,18)$,写出用下列算法从小到大排序时第一趟结束时的序列:

(1) 希尔排序(第一趟排序的增量为5);(2) 快速排序(选第一个记录为枢轴(分隔));

(3) 链式基数排序(基数为10)。

9. 给出如下关键字序列 321,156,57,46,28,7,331,33,34,63,试按链式基数排序方法,列出一趟分配和收集的过程。

10. 设有6个有序表 A、B、C、D、E、F,分别含有 10、35、40、50、60 和 200 个数据元素,各表中元素按升序排列。要求通过5次两两合并,将6个表最终合并成1个升序表并在最坏情况下比较的总次数达到最小。请回答下列问题:

(1) 给出完整的合并过程,并求出最坏情况下比较的总次数;

(2) 根据你的合并过程,描述 $n(n{\geqslant}2)$ 个不等长升序表的合并策略,并说明理由。

五、算法设计题

1. 编写一个双向冒泡的排序算法,即相邻两趟向相反方向冒泡。

2. 输入50个学生的记录(每个学生的记录包括学号和成绩),组成记录数组,然后按成绩由高到低的次序输出(每行10个记录)。排序方法采用选择排序。

练 习 答 案

一、选择题

1. C　2. D　3. D　4. B　5. D　6. D　7. C　8. A　9. A　10. C

11. A　12. B　13. D　14. A　15. A　16. B　17. A　18. D　19. C　20. A

二、填空题

1. 快速　归并

2. $n-1$　1

3. 4

4. (46,56,38,40,79,84)

5. 3

6. 4

7. 3

8. 4

9. 直接选择

10. 堆排序

11. 冒泡

12. 直接选择

13. 题中为操作方便,先增加头结点(最后删除),p 指向无序区的前一记录,r 指向最小值结点的前驱,一趟排序结束,无序区第一个记录与 r 所指结点的后继交换指针。

(1) q->link! = NULL　(2) r! = p　(3) p->link　(4) p->link = s　(5) p = p->link

14. 3　(10,7,−9,0,47,23,1,8,98,36)

15. (4,1,3,2,6,5,7)

1. √　　2. ×　　3. ×　　4. ×　　5. ×　　6. ×　　7. ×　　8. ×　　9. ×　　10. ×
11. ×　　12. ×　　13. ×　　14. √　　15. √　　16. ×　　17. ×　　18. ×　　19. ×　　20. ×
21. ×　　22. ×　　23. ×　　24. ×　　25. √　　26. ×　　27. √　　28. ×　　29. ×　　30. ×

四、操作题

1. (0) [46　74　53　14　26　38　86　65　27　34]
　　(1) [46　53　14　26　38　74　65　27　34]　86
　　(2) [46　14　26　38　53　65　27　34]　74　86
　　(3) [14　26　38　46　53　27　34]　65　74　86
　　(4) [14　26　38　46　27　34]　53　65　74　86
　　(5) [14　26　38　27　34]　46　53　65　74　86
　　(6) [14　26　27　34]　38　46　53　65　74　86
　　(7) [14　26　27　34]　38　46　53　65　74　86

2. (0) [46　74　53　14　26　38　86　65　27　34]
　　(1) 14　[74　53　46　26　38　86　65　27　34]
　　(2) 14　26　[53　46　74　38　86　65　27　34]
　　(3) 14　26　27　[46　74　38　86　65　53　34]
　　(4) 14　26　27　34　[74　38　86　65　53　46]
　　(5) 14　26　27　34　38　[74　86　65　53　46]
　　(6) 14　26　27　34　38　46　[86　65　53　74]
　　(7) 14　26　27　34　38　46　53　[65　86　74]
　　(8) 14　26　27　34　38　46　53　65　[86　74]
　　(9) 14　26　27　34　38　46　53　65　74　[86]

3. (0) [46] [74] [53] [14] [26] [38] [86] [65] [27] [34]
　　(1) [46　74] [14　53] [26　38] [65　86] [27　34]
　　(2) [14　46　53　74] [26　38　65　86] [27　34]
　　(3) [14　26　38　46　53　65　74　86] [27　34]
　　(3) [14　26　27　34　38　46　53　65　74　86]

4.
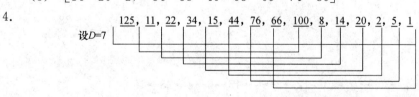

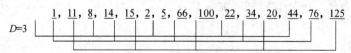

　　　　1,11,2,5,15,8,14,34,20,22,66,100,44,76,125
$D=1$　　1,2,5,8,11,14,15,20,22,34,44,66,76,100,125

5. 初始序列:[28],07,39,10,65,14,61,17,50,21
　　21 移动:21,07,39,10,65,14,61,17,50,[]
　　39 移动:21,07,[],10,65,14,61,17,50,39

17 移动：21,07,17,10,65,14,61,[ ],50,39

65 移动：21,07,17,10,[ ],14,61,65,50,39

14 移动：21,07,17,10,14,[28],61,65,50,39

6. （1）是大堆；（2）是大堆；（4）是小堆；

（3）不是堆,调成大堆　100,98,66,85,80,60,40,77,82,10,20

7. 树形选择排序(增序)过程的前三步如题四、7用图所示。

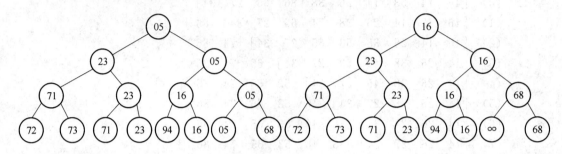

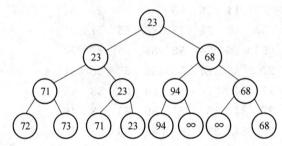

题四、7用图

8. （1）一趟希尔排序：12,2,10,20,6,18,4,16,30,8,28($D=5$)

（2）一趟快速排序：6,2,10,4,8,12,28,30,20,16,18

（3）链式基数排序 LSD

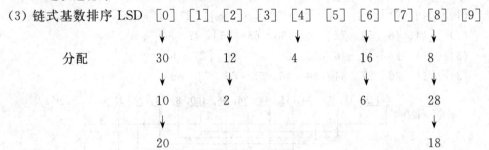

	[0]	[1]	[2]	[3]	[4]	[5]	[6]	[7]	[8]	[9]
分配	30	12		4		16		8	
	10	2				6		28	
	20							18	

收集：→30→10→20→12→2→4→16→6→8→28→18

9. （1）按 LSD 法 →321→156→57→46→28→7→331→33→34→63

　　分配 [0][1][2][3][4][5][6][7][8][9]

　　　321　　33　34　　　156　57　28

　　　331　　63　　　　　46　　7

收集 →321→331→33→63→34→156→46→57→7→28

10. 本题可以采用构造赫夫曼二叉树或者最佳归并树的方法来解决,这里给出构造赫夫曼二叉树的方法。

（1）以每个表的长度为赫夫曼二叉树的叶子结点,可以构造出一颗指示归并顺序的赫夫

260

曼二叉树,如题四、10用图所示。

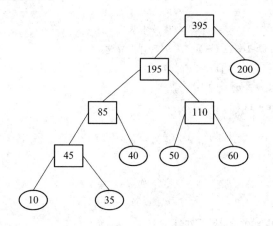

题四、10用图

依据上图中的赫夫曼树,6 个序列的合并过程如下。

第 1 次合并:表 A 和表 B 合并,生成含 45 个元素的表 AB。

第 2 次合并:表 AB 和表 C 合并,生成含 85 个元素的表 ABC。

第 3 次合并:表 D 和表 E 合并,生成含 110 个元素的表 DE。

第 4 次合并:表 ABC 和表 DE 合并,生成含 195 个元素的表 ABCDE。

第 5 次合并:表 ABCDE 和表 F 合并,生成含 395 个元素最终表。

由于合并两个长度分别为 m 和 n 的有序表,最坏情况下需要比较 $m+n+1$ 次,故最坏情况下比较的总次数计算如下。

第 1 次合并:最多比较 $10+35-1=44$ 次

第 2 次合并:最多比较 $45+40-1=84$ 次

第 3 次合并:最多比较 $50+60-1=109$ 次

第 4 次合并:最多比较 $85+110-1=194$ 次

第 5 次合并:最多比较 $195+200-1=394$ 次

综上比较的总次数最多为 825 次。

（2）各表的合并策略可以描述为:借用赫夫曼树的构造思想,依次选择当前最短的两个表进行合并,这样可以获得最坏情况下最佳的合并效率。原因是在表长不同的情况下对多个有序表进行两两合并时,最坏情况下总的比较次数和表的合并次序有关。从合并次序上入手,使得结果尽可能好(即最坏情况下最佳合并效果)要采用赫夫曼二叉树来优化。

五、算法设计题

1.

```
void Bubble_Sort2(int a[ ],int n)      //相邻两趟是反方向冒泡的冒泡排序算法
{   low = 0;high = n−1;                //冒泡的上下界
    change = 1;
    while (low<high&&change)
    {   change = 0;
        for(i = low;i<high;i++)        //从上向下冒泡
        if (a[i]>a[i+1])
        {   a[i]<−>a[i+1];
```

```
                change = 1;
            }
        high--;                        //修改上界
        for (i = high;i>low;i--)       //从下向上冒泡
            if (a[i]<a[i-1])
            {   a[i]<->a[i-1];
                change = 1;
            }
        low++;                         //修改下界
    }//while
}//Bubble_Sort2
```

2.
```
    typedef struct
    {int num; float score; }RecType;
    void SelectSort(RecType R[51],int n)
    {for(i=1; i<n; i++)
    {  //选择第 i 大的记录,并交换到位
      k=i;           //假定第 i 个元素的关键字最大
      for(j=i+1;j<=n;j++)      //找最大元素的下标
        if(R[j].score>R[k].score)  k=j;
      if(i!=k)   R[i]<-->R[k];   //与第 i 个记录交换
    }//for
      for(i=1; i<=n; i++) //输出成绩
        { printf("%d,%f",R[i].num,R[i].score); if(i%10==0) printf("\n");}
    }//SelectSort
```

参 考 文 献

[1]　彭波. 数据结构. 北京：北京邮电大学出版社,2011.

[2]　单忆南,孙涵,唐军军. 数据结构(C 语言版)答疑解惑与典型题解. 北京：北京邮电大学出版社,2010.

[3]　肖波,徐雅静. 数据结构与 STL. 北京：北京邮电大学出版社,2010.

[4]　周桂红. 数据结构. 北京：北京邮电大学出版社,2010.

[5]　马睿,孙丽云. 数据结构(C 语言版). 北京：北京邮电大学出版社,2009.

[6]　蹇强,罗宇. 数据结构. 北京：北京邮电大学出版社,2004.

[7]　唐国民,王国钧. 数据结构(C 语言版). 北京：清华大学出版社,2009.

[8]　李春葆,尹为民,李蓉蓉,等. 数据结构教程.3 版. 北京：清华大学出版社,2009.

[9]　李春葆,尹为民,李蓉蓉,等. 数据结构教程(第 3 版)学习指导. 北京：清华大学出版社,2009.

[10]　严蔚敏,吴伟民. 数据结构(C 语言版). 北京：清华大学出版社,2010.

[11]　范策,等. 算法与数据结构(C 语言版). 北京：机械工业出版社,2004.

[12]　许卓群,等. 数据结构与算法. 北京：高等教育出版社,2005.

[13]　徐孝凯. 数据结构实用教程.2 版. 北京：清华大学出版社,2006.

[14]　徐孝凯. 数据结构辅导与提高实用教程.2 版. 北京：清华大学出版社,2003.

[15]　谢楚屏,等. 数据结构. 北京：人民邮电出版社,2001.

[16]　张乃孝,等. 算法与数据结构——C 语言描述. 北京：高等教育出版社,2002.

[17]　殷人昆. 数据结构. 北京：清华大学出版社,2001.

[18]　苏德富. 计算机算法设计与分析. 北京：电子工业出版社,2001.

[19]　傅清祥,等. 算法与数据结构. 北京：电子工业出版社,1998.

[20]　胡学刚. 算法与数据结构算法设计指导. 北京：清华大学出版社,1999.

[21]　张选平,等. 数据结构. 北京：机械工业出版社,2002.

[22]　张乃孝,等. 数据结构——C++与面向对象的途径. 北京：高等教育出版社,2001.

[23]　严蔚敏,吴伟民,米宁.数据结构题集(C 语言版). 北京：清华大学出版社,2006.

[24]　梁田贵,等. 算法设计与分析. 北京：冶金工业出版社,2004.

[25]　耿国华,等. 数据结构——C 语言描述. 西安：西安电子科技大学出版社,2002.

[26]　金远平. 数据结构(C++描述). 北京：清华大学出版社,2005.

[27]　殷人昆. 数据结构——用面向对象方法与 C++语言描述. 北京：清华大学出版社,2007.

[28]　殷人昆. 数据结构习题解析——用面向对象方法与 C++语言描述. 北京：清华大学出版社,2007.

[29]　范策,周世平,胡潇琨,等.算法数据结构(C 语言版).北京：机械工业出版社,2004.

［30］ Ellis Horowitz,等.数据结构基础(C语言版).李建中,等,译.北京:机械工业出版社,2006.

［31］ 邓俊辉.数据结构与算法(Java描述).北京:机械工业出版社,2006.

［32］ Michael Main.数据结构——Java语言描述.孔芳,等,译.北京:机械工业出版社,2007.

［33］ 陈守孔,胡潇琨,李玲.算法与数据结构考研试题精析.北京:机械工业出版社,2004.

［34］ 张选平,雪咏梅.数据结构.北京:机械工业出版社,2002.

［35］ 廖明宏,郭福顺,张岩,等.数据结构与算法.4版.北京:高等教育出版社,2007.

［36］ 刘振鹏,张晓丽,郝杰.数据结构.北京:中国铁道出版社,2003.

［37］ 耿国华,等.数据结构——C语言描述.西安:西安电子科技大学出版社,2002.

［38］ 徐凤生.数据结构与算法.北京:机械工业出版社,2010.

［39］ http://baike.baidu.com.

［40］ http://zhidao.baidu.com.